곤충의 광주기성

Danilevskii 저

현 재 선 역

아카데미서적

서 문

일장을 정확하게 측정하고 그의 변화에 반응할 수 있는 능력은 여러 가지 생물군에서 서로 독립적으로 발달한 특별한 적응현상이다. 광주기에 대한 적응성의 비교 연구는 진화 생리학이나 생태학적 면에서 대단히 흥미 있는 문제다. 그러나 지금까지 이 문제에 관하여는 주로 식물을 대상으로 한 것이었으며 동물에 관하여는 주로 새와 포유류에 관한 것이었다. 이들 동물들에서 얻은 중요한 결과들은 잘 알려져 있다. 이들 외의 동물 특히 무척추동물에 관하여는 지금까지 단편적인 정보밖에 없다.

곤충학에서 광주기 문제에 흥미를 끌게 된 것은 몇 년 안 된다. 많은 실험결과는 곤충류에 있어서도 생태학적 조건의 연간 변화에 대응하여 일으키고 이것은 발육이나 생식을 조절하는데 일장은 극히 중요한 요인임이 밝혀지고 있다. 일장의 계절적 변화나 지리적 차이에 대한 곤충류의 반응에 대한 문제를 생각하지 않고는 곤충류의 주년 경과나 분표 그리고 개체군 동태학을 완전히 이해하기는 힘들다는 것이 밝혀지고 있다. 즉 이런 현상들은 곤충학의 기초적 중요 연구대상이다. 또 지역계통들 간의 생리적 차이가 광주기에 대한 적응 현상에 중요하다는 사실도 알려지게 되어 새로운 입장에서 종 분화의 초기 단계를 이해하고 순화나 분포지역 확대의 문제 등을 평가할 수 있게도 되었다.

곤충류의 광주기 적응에 관한 여러 가지 자료가 지금까지 많이 축적되어 이제는 그것을 분석하고 체계화 할 필요가 생겼다.

이 책은 주로 Leningrad 대학교의 곤충학 연구실에서 행한 실험적 연구 결과를 바탕으로 한 것인데 이 연구실은 이와 같은 문제를 연구하기 위하여 그에 알맞은 계획과 시설을 많이 갖추고 있다. 문헌 목록에는 절지동물에 미치는 일장의 영향에 관한 문헌을 가능한 한 많이 수록하였다.

이 책에서는 생태학적 측면만을 다루었다. 곤충류의 광주기 반응의 생리학적 측면은 이 책에서는 거의 다루지 않았는데 이 분야의 자료는 아직까지는 적다. 다른 생태학적 요인들의 광주기 반응에 미치는 영향이나 광주기나 온도 조건의 지리척 변이에 대한 종내 적응의 문제 등에 대하여는 특별한 배려를 하였다. 자연상태 하에서의 곤충류의 발육의 분석이나 평가에 실험 결과를 얼마나 활용할 수 있을까 하는 문제도 고려하였다.

이 책에서 인용한 자료들은 대부분은 원저 자료로 주로 나비목 곤충류를 대상으로 한 것인데 이것은 저자가 이 곤충류의 분류학이나 생태학을 잘 알고 있기 때문이다. 몇 가지 식식성 응애류를 포함한 다른 동물들을 비교를 위하여 다루었다.

일장이 곤충에 미치는 가장 중요한 영향은 휴면에 미치는 영향이기 때문에 휴면이 생활사와 생태에 미치는 영향에 관한 것을 먼저 제1장에서 간단히 설명하였다.

물론 이 책에서 다룬 많은 문제들은 아직 해결을 보지 못한 것들인 고로 설명들은 개략적인 것이 될 수밖에 없었다. 그러나 이 책이 이런 새롭고 중요한 곤충생태학의 분야에 대한 관심을 환기시킨다면 그 목적은 충분히 달성될 것이다.

끝으로 저자는 Leningrad 대학교 곤충학과의 동료들, 학생들 그리고 격려를 아끼지 않은 여러 사람들의 도움에 깊은 감사의 뜻을 표하는 바이다. 그들의 도움이 없었더라면 이 책의 자료를 얻기 위한 오랜 동안의 연구는 이룩될 수 없었을 것이다. 저자는 특이 K. F. Geispits, E. I. Glinyanaga, N. I. Goryshino 그리고 G. G. Shel' deshova 등에 힘입은 바 크며 이들과 같이 저자는 연구를 시작하였고 10년 이상이나 이 문제를 그들과 같이 연구하여 왔다.

범 례

종명 : 본문 중의 학명은 모두 원문에 따랐다. 한국명은 한국곤충명집에 따랐으며 한국명을 밝히려 노력하였으나 없는 것 또는 확실치 않은 것은 그 종의 과명을 이용하였다.

인명 : 본문 중의 러시아인명은 영어로 표기하였으며 영역본의 그것을 따랐다.

지명 : 지점이나 지역명은 영역본의 그것을 따랐다.

문헌 : 문헌은 영역본의 것을 실었으며 러시아어 문헌은 영역한 것을 사용하였다.

목 차

제 1 장

곤충의 생태와 휴면

곤충의 생활에 있어서 외부 조건의 계절적 변화의 영향은 가장 중요한 생태학적 조건 중의 하나이다. 이런 조건들이 각 종의 특이한 생활환을 나타내게 하는 적응 체계를 형성하게 한다. 이런 계절적 적응의 역할은 연간 기후적 변동이 명백한 온대나 고위도의 북부지방에서 특히 중요하다.

곤충류의 생활환은 종에 따라 큰 차이가 있다. 생물은 종에 따라 연간 세대 수, 계절에 따르는 발육단계출현, 먹이나 행동에 차이가 있으며 흔히 계절적 다형이나 생식방법에 있어서의 양성생식과 단성생식의 교대 등과 같은 여러 가지 현상에 차이를 보인다.

생물의 생활환은 변이가 극히 다양하나 거기에는 언제나 활동이 활발한 기간과 생장이나 형태변화가 억제 또는 완전히 정지되는 시기가 교체되고 있다. 이와 같이 생리적으로 정지되어 있는 상태를 휴면(Diapause, 休眠)이라고 한다.

생태학적으로 활동상태와 휴면상태는 큰 차이가 있고 연중 두 시기의 적응 즉 온대 지방에서는 여름과 겨울, 열대지방에서는 건기와 우기에 있어서의 적응현상은 특이적이어서 일반적으로 활동기 발육단계의 것들에 비하여 보다 다양하고 복잡하다.

일반적으로 휴면은 생활환상 소극적인 시기로 생각하고 있다. 그러나 이 발육단계는 단순히 불리한 시기에 살아남기 위한 것만이 아니고 그에 못지않게 중요한 것은 휴면은 일정한 생활환을 유지하고 발육을 계절의 진행에 일치시키는 또 다른 중요한 역할을 한다. 이런의미에서 휴면의 생리생태학적 특성은 곤충류 생활환 전체의 기초가 되고 있다.

1. 휴면의 전제 조건과 유형

곤충류의 생장이나 변태는 일정 범위의 온도 내에서만 일어날 수 있다. 그의 하한은 종이나 발육단계에 따라 다르나 대체로 그 범위는 5~10℃ 정도이고 상한 온도는 30°~35℃ 사이이다. 이와 같이 생물학적으로 유효한 온도 범위는 25°~30℃에 불과하다. 실제로는 한계 근처의 온도에서는 생장이 저해되고 사망률이 증가하는 고로 보다 좁은 범위 내에서만 발육이 제대로 일어나겠다. 곤충류의 계절적 변화에 대한 적응 현상에 있어서의 온도에 대한 적응 현상의 역할은 그리 큰 것은 아니다. 온도에 대한 적응력은 기껏해야 최적온도나 생물학적 유효온도를 몇 도 변화시킬 정도이고 이것은 앞서의 범위를 넘은 일은 드물다. 극단적인 예를 들면 고온성인 *Locusta migratorioides* 메뚜기와 *Schistocera* *gregaria*는 20℃에서 40~45℃의 범위에서 발육이 가능하며 (Hamilton 1936) 늦가을에 활동하는 겨울물결자나방(*Operophtera brumata*)의 활동유효온도 범위는 0°~20℃(Kozhanchikov 1950c)이다.

생물학적으로 불리한 온도는 생육에 유해하여 그 조건이 오래 지속되면 생물은 죽고 만다. 곤충이 생활환 중 활동발육단계는 특히 불리한 온도 조건에 대하여 취약하며 경우에 따라서는 단기간이라 할지라도 그것이 치명적 일 수 있다.

이런 사실들을 생각할 때 연중 온도범위가 곤충류의 발육한계 온도를 넘는 일이 없는 열대나 아열대에서 만은 생활환에 특별한 온도적응현상이 필요 없겠다. 그러나 저온이 오래 계속되고 서리가 내리는 온대지방이나 고산지대에서는 곤충류는 그들의 생활환에 휴면과 같은 특별한 상태가 포함되어야만 살아남을 수 있겠다.

물론 다른 여러 가지 생태학적 조건도 발육의 주기적 정지와 관련이 있겠다. 활동기의 곤충류는 대부분이 호습성이다. 따라서 건기와 습기가 명백한 지역의 많은 곤충류는 하면(Aestivation 夏眠)이라는 특별한 형태의 휴면을 한다. 온대지방의 곤충류 중에는 생활환에 하면과 동면 두 가지를 하는 것들이 있다. 예를 들면 겨울물결자나방(*Operophtera brumata*)와 *Exapate congelatella* 잎말이나방은 용기에 하면하고 동면은 알로 한다.

끝으로 휴면은 주기적인 먹이 부족에 대한 적응현상으로 발달할 수도 있겠는데 이것은 특히 특정발육단계가 식물과 밀접한 관계가 있을 때 생긴다. 생활환이 먹이에 대한 특이성과 밀접한 관계가 있는 예를 사과의 꽃을 가해하는 *Anthonomus pomorum*

바구미에서 볼 수 있다. 이 해충은 알에서부터 성충이 될 때까지 사과의 꽃눈에서 경과하며 성충으로 우화한 다음에는 다음해 봄까지 10~11개월을 비활동 상태의 성충으로 지낸다. 이와 비슷한 생활환을 가진 것에는 과실을 가해하는 해충류에 많다.

거의 모든 곤충류와 지상 절지동물들에 있어서 엄밀하게 말하면 휴면은 계절적 적응현상의 하나인데 휴면이 주기적인 것은 이것과 관련이 있다. 그런데 때로는 생리학적 기작이나 생태학적 기능으로 보아 휴면과 비슷한 적응현상이 주기성이 없는 환경조건에 대한 반응으로 생기는 수가 있다. 흡혈성 절지동물(예 *Rhodnius* 노린재나 진드기류)은 흡혈을 위하여 지나가는 동물을 기다리는데 먹이의 불확실성 때문에 휴면성인 일시적 발육정지현상이 먹이부족으로 일어난다. 계절과 명백한 관련이 없는 것으로 보이는 휴면이 물이 마르기 쉬운 작은 물웅덩이 같은 곳에 사는 *Aédes* 모기류 같은 것에서 일어난다. 이렇게 비슷한 생리학적 적응현상이 특히 환경조건이 불안정하고 정상적 발육활동범위를 벗어나는 일이 잦은 경우에 흔히 발달한다.

원래 휴면은 생물에 직접 불리한 영향을 미치는 외부조건 때문에 일어나는 것으로 생각했었으며 이런 생각은 현재에도 있다. 그러나 곤충류의 계절적 활동조절작용은 좀 더 복잡한 것임이 알려지게 되었다. 휴면은 본질적으로 아치사 조건들에 대한 반응으로 아무 때나 일어날 수 있는 마비현상과는 차이가 크다. 자연 상태에서 저온으로 일어나는 마비는 극히 흔하다. 그러나 이와 같은 상태는 오래 지속될 수 없고 차차 병리적인 것으로 변하여 결국에는 죽음에 이르게 된다.

휴면은 마비와는 달리 생활환내의 특별한 발육단계에 발달하는 적극적인 적응현상의 하나로 활동시기에는 불리한 조건들일지라도 이때에는 생태학으로 정상적인 것이 된다. 휴면기에는 발육단계에 치명적인 조건에서도 오랫동안 살아남을 수 있는 특별한 생리적 대응 방안을 갖고 있는 것이 특징이다. 휴면의 또 하나의 중요한 특성은 외적조건들과는 상당히 독립적이라는 점이다. 휴면은 그 생물이 불리한 조건에서 살아남기 위한 적응이나 불리한 조건과는 관계없이 시작되고 끝나며 자연 상태에서는 항상 불리한 조건이 다가오기 전에 앞서 일어난다.

휴면의 조절에서 중요한 열활을 하는것은 외적인 환경의 영향을 받는 내부적인 현상 때문이다. 이런 생리적 요인과 생태학적 요인은 서로가 무관한 것이지만 이 두가지 현상은 계절적으로 주기성을 가진 적응현상 모두에서 볼 수 있는 특성이다. 그리고 이것은 후에 설명하는 바와 같이 생활환과 변화하는 외부환경조건간의 일치에 극히 중요한 것이다.

휴면조절에 있어서 외부조건과 내부조건간의 관계는 다양하다. 1화성 곤충에 있어서는 휴면은 개체발육과정에서 빠질 수 없는 한 단계이다. 휴면은 매 세대마다 특정 발육단계에 생기는데 이것은 유전적으로 정해진 내적기구에 의한 것이다. 다화성 곤충류에서는 휴면은 외인성인 것이어서 특별한 외부환경조건의 영향을 받게 되는 특정 세대에만 일어난다. 끝으로 연속발육(Homodynamic development, 連續發育)을 하는 곤충류에는 휴면은 없는 것이 보통이다.

휴면의 심도나 기간은 종에 따라 차이가 심하다. 어떤 종에서는 발육이 수개월 때로는 수년간이나 정지된다. 그러나 수일 내에 활동이 자동적으로 끝나는 일시적 정지현상인 경우도 있다.

때로는 휴면을 시작할 때의 외부조건의 영향을 받아 달라지기도 한다. 예를 들면 *Dendrolimus pini* 솔나방 유충의 경우 단일조건에서 12℃에서 생육하면 휴면기간은 1.5개월이나 30℃에서는 그 기간이 1~2일 밖에 안 된다. 그러나 이때에도 저온에 대한 저항성을 포함 모든 휴면 징후는 차이가 없다.

여기서 한해의 불리한 조건이 계속되는 동안 살아남기 위한 적응인 소위 곤충의 "동면"(Hibernation, 冬眠)과의 차이를 생각해 보아야 하겠다. 문헌에 따르면 동면은 내부적인 준비과정 없이 전적으로 외부조건에 의하여 결정되는 것으로 휴면과는 명백히 구별되는 현상이다. 동면은 불리한 조건의 직접적인 영향을 받아 일어나며 조건이 유리해지면 곧 바로 끝난다. 이런 점에서 동면은 거의 마비 현상과 같은 것이라고 하겠다.

동면 현상에 관하여는 아직 완전한 것이 밝혀진 것은 아니나 현재까지의 연구 결과로는 휴면과는 구별하기 힘든 듯하다. 동면이 전적으로 불리한 조건의 직접적인 영향이 아니고 휴면과 같이 그 생물의 생활환의 특정 발육단계에만 일어날 수 있다는 사실만으로도 이것은 내부적인 생리적 현상이 관련 되어 있음을 짐작할 수 있다. Ushatinskaya(1957)는 동면의 시작은 특별한 생리적 준비 단계를 요구하며 그의 종료는 특별한 활성화 기간이 필요하다고 결론을 내렸다. 이와 같은 두 가지 과정은 휴면에서도 볼 수 있는 과정으로 차이가 없다. 이와 같은 특성은 거세미나방(*Agrotis segetum*), *Dendrolimus pini* 솔나방, 불나방(*Arctia caia*), 풀무치(*Locusta migratoria*) 등에서 볼 수 있는데 이것은 전에는 동면의 예로 알려져 있었으나(Kozhanchikov 1939a, Lozina-Lozinskii와 Sokolov 1938) 후에 보다 많은 연구 결과 이것들은 확실히 간접적 요인의 영향을 받아 일어나는 틀림없는 휴면임이 밝혀졌다.

생태학적으로 생각할 때 휴면의 다양한 심도는 확실히 적응적 의의가 있다. 하면 또는 동면으로 알려진 정체 기간 중의 이동력은 그것 자체가 이동력이 없는 깊은 휴면보다는 유리한 것이며 이것은 생활환의 분화의 하나임이 틀림없다.

다른 계절적 적응과 마찬가지로 휴면은 생활환의 어떤 발육단

표 1. 몇 가지 나비목 곤충류에서의 휴면 발육단계

종		과	휴면발육단계
Bomhyx mori	누에나방	누에나방과	배자발육초기
Orgyia antigua	낡은무늬 독나방	독나방과	동상
Tortrix viridana	잎말이나방류	잎말이나방과	동상
Lymantria dispar	짚시나방	독나방과	난내 유충 형성기
Antheraea yamamai	참나무산 누에나방	산누에나방과	동상
Yponomeuta (Hyponomeuta) malinellus	사과집나방	집나방과	섭식개시까지의 부화유충
Aporia crataegi	상제나비	흰나비과	초기 유충
Dasychïra fascelina	독나방류	독나방과	동상
Orgyia gonostigma	독나방류	독나방과	동상
Dendrolimus pini	솔나방류	솔나방과	각령 유충
Loxostege sticticalis	깃노랑줄들 명나방	명나방과	전용
Enarmonia (Carpocapsa) pomonella	코드링나방	잎말이나방과	동상
Eriocrania sparmanella	자작나무 좀굴나방	좀날개나방과	동상
Antheraea pernyi	산누에나방	산누에나방과	번데기
Pieris brassicae	흰나비류	흰나비과	동상
Dasychira pudibunda	독나방류	독나방과	동상
Gonopteryx rhamni	멧노랑나비	흰나비과	미숙 성충
Scoliopteryx libatrix	왕잎밤나방류	밤나방과	동상
Vanessan io	네발나비류	네발나비과	동상

※ 종명은 Danilevskii에 의함

계에서도 일어날 수는 있으나 종에 따라 정해져 있는 것이 보통이다. 표1에 나비목 곤충들에 있어서 여러 가지 발육단계에서 일어나는 휴면의 몇 가지 예를 들었다.

발육이 일시적으로 정지되는 시기는 종에 따라 발육생육단계를 달리할 뿐 아니라 한 발육단계에서도 시기를 달리한다. 예를 들면 완전변태류에서는 발육과정에 큰 형태적 변화가 일어나는데 휴면이 배자발생기나 번데기시기에 일어날 때도 그의 시기는 다양하다. 성충기의 정체 상태는 성적으로 성숙하기 직전인 수가 많으며 휴면이 생식 초기에 끼이면 그때까지 형성된 난자를 재흡수 하게 되는 예가 흡혈성 모기류(Beklemishev 1944)나 콜로라도잎벌레(*Leptinotarsa decemlineata*) (De Wilde, Duintjur와 Mook 1959) 등에서 알려지고 있다.

분류학적 군에 따라 휴면발육단계에 특징이 있는 것이 있다. 예를 들면 대부분의 메뚜기목 곤충류는 배자발육단계, 여러 가지 식엽성 갑충류와 여러 가지 종류의 노린재류는 성충기, 나방류는 번데기시기에 흔하다. 그러나 휴면발육단계는 종의 분류학적 관계와 1차적인 관계가 있다기보다는 곤충생활사의 생태학적 특성과 보다 깊은 관계가 있다고 하겠다. 즉 분류학적으로 같은 속에 속하는 종에서도 휴면이 완전히 다른 발육단계에서 일어나는가 하면 분류학적으로는 유연관계가 먼 과에 속하는 종이 같은 발육단계에서 휴면하는 수도 있다(표1 참조). 이와 같은 예를 여러 가지 분류목군 곤충에서 볼 수 있다. 이것은 휴면이란 분류학적으로 다른 군에서 독립적으로 평행적으로 발달한 것으로 진화적 견지에서 보았을 때 손쉽게 생기는 적응현상임을 말해주는 것이다.

휴면상태는 그 형태나 그의 발육단계와는 관계없이 몇 가지 일반적인 생리학적 특성을 갖고 있는데 가장 기본적인 것은 대사작용의 명백한 저하이다. 그리고 다음과 같은 특성도 특징적인 것들이다. 즉 산화효소계의 큰 변화, 체내 총 수분량의 감소 그리고 유리수의 코로이드상태로의 변화, 조직 내 저장 물질의 다량 저장 등이 그것으로 이런 것을 통하여 휴지기간 중 생명현상이 유지되고 섭식활동이나 이동은 극도로 억제되거나 결여되어 있다.

이와 같은 특성 중 몇 가지는 휴면 발달의 직접적인 생리학적 현상으로 생각되기도 하나 그들 중 어느 것도 꼭 그러한 것은 아니다. 각각의 현상에는 활동적인 시기에 볼 수 있는 상태에서부터 휴면에 고유한 상태까지의 여러 가지 상태를 볼 수 있다. 따라서 휴면상태의 생물과 활동상태의 생물을 구별하는 것은 휴면의 전반적인 특성을 고려하였을 때만 가능하다고 하겠다.

2. 휴면발육단계의 외부조건에 대한 반응 특성

- 불리한 환경조건에 대한 저항성

생물의 활동발육단계의 생태학적 적응현상은 자극에 대하여 특이한 점을 갖고 있으나 휴면발육단계는 여러가지 외부조건에 대하여 폭넓은 총체적 저항성을 갖고 있는 것이 보통이다. 이와 같은 광범위한 저항성은 불리한 온도 때문에 일어나는 동면이나 건조 때문에 일어나는 하면 같은 경우와 같은 한 가지 불리한 조건에 대한 적응현상에서도 볼 수 있다. 이와 같은 다면성 저항성이 필요한 이유는 불리한 계절에는 기후적 조건 뿐 아니라 먹이 조건 같은 것도 변화한다는 사실을 생각하면 이해할 수 있을 듯하다. 그러나 우리는 휴면의 생리학적 특성 특히 낮은 대사 수준 같은 것이 불리한 외적조건에 대한 저항성을 증대시키기도 한다는 점도 알아야 하겠다. 그 결과 발육정지기간 중에는 독물에 대한 저항성과 같은 특별한 적응적 의미가 없는 성질도 강화되게 된다.

휴면기에는 그의 생태학적 형식에는 차이가 있어도 모두에서 오랫동안 절식에 견딜 수 있는 능력이 발달한다. 몇몇 경우 활발한 섭식이 이루어지는 경우가 있는데 이런 경우는 주로 성충태 휴면에서 볼 수 있는 현상이다. 그런 예는 *Anopheles maculipennis atroparvus, A. m. sacharovi, A. superpictus* 등 학질 모기류나 *Vanessa*속 네발나비류 그리고 몇 가지 나방류에서 볼 수 있다. 휴면기간 중의 생물학적 활동에는 주로 체내 영양물질을 이용하는데 이것은 준비기간 동안에 지방조직에 저장해 두었던 것이다. 따라서 지방조직의 조직학적 특성 변화는 휴면 여부를 반영하게 된다(Pospelov 1910, Larchenko 1937, Kuznetsova 1955).

저장물질 중에 가장 많은 것이 지방분이며 특별한 단백질의 축적도 보고되어 있는데 이것이 지방과 결합하여 세포내의 지방조직을 형성하는데 이 지방 단백질 입자는 휴면상태의 특징이다(Poslelov 1910, Larchenko 1937, 36). Glycogen 형태의 탄수화물이 다량 관찰되기도 한다(Ushatinskaya 1957). 이와 같은 축적물의 이용은 난기나 용기와 같은 비활동기의 난황물질이나 지방조직과 같은 저장물의 이용의 경우와 아주 유사한 것이다. 이와 같은 낮은 대사수준은 저장분을 경제적으로 이용할 수 있게 하여 휴면을 수개월 또는 심지어는 수년간 계속할 수 있게 한다. 대사율이 낮으면 낮을수록 휴면기간은 길어진다(Heller 1926, Danilevskii 1951).

휴면기의 또 다른 일반적 특성은 내건성이 크다는 것인데 이것은 섭식을 하지 않아 장내에서의 수분 흡수가 적어 생기는 당연한 결과이다. 내건성은 여름철 휴면에서는 특히 중요한 의미가 있는 것으로 특히 건조한 열대나 아열대 지방에서는 중요한 것이다. 그러나 이런 성질은 겨울철 휴면에서도 발견되어 흔히 동면종료의 징후가 되기도 한다(Ushatinskaya 1957).

휴면기간 중의 수분의 주 공급원은 저장양분으로 그의 산화로 생기는 소위 대사수분이다. 수분의 균형유지는 친수성 프라즈마코로이드에 수분을 결합시키고 체표면을 통한 수분소실은 호흡을 통한 수분소실의 억제로 이루어진다. 호흡을 통한 수분소실억제는 주로 호흡의 억제로 이루어지나 기문의 기능조절에 의해서 이루어지기도 한다. 즉 휴면 중에는 기문을 보통 닫거나 가끔 연다(Punt 1950, Schineiderman과 Willams 1953). 휴면 중인 알에는 수분소실 보호를 위한 왁스 층이 발달하는 것이 몇몇 메뚜기류와 *Petrobius* (*Machilis*) *latens* 응애 등에서 알려져 있다(Lees 1955).

휴면 중의 수분균형에는 온도의 영향이 크다. Ushatinskaya (1949, 1957)에 따르면 코드링나방(*Enarmonia* (*Carpocapsa*) *pomonella*)의 경우 겨울철 휴면 유충은 온도가 상승(11℃)하면 대사 수분량이 증발량을 보상하지 못하여 체내 수분함량이 감소한다고 한다. 같은 현상이 온도가 빙점이하(-5℃, -10℃)가 되어 체내의 산화작용이 증산량 보다 적어질 때도 일어나며 이것은 결국은 건조로 죽음에 이르게 한다. 0℃ 정도가 가장 유리한 조건이다. 이 정도의 온도에서는 수분함량은 일정해지거나 때로는 증가한다. 종에 따라 최적온도는 차이가 있는데 Karlash(1954)에 따르면 산누에나방(*Antheraea pernyi*)의 휴면용의 최적온도는 약 10℃라고 한다. 물론 휴면에서 깨어나는데 미치는 온도의 영향도 수분균형의 변동과 관계가 있는 듯하다

내한성은 온대나 한대의 기후조건에서는 중요한 적응현상의 하나인고로 학자들이 많은 연구를 해왔다. Ushatinskaya(1957)와 Lozina-Lozinskii(1952)는 많은 연구결과를 검토하여 종합한 바 있다. 따라서 여기서는 몇 가지 문제만을 설명하려 한다. 곤충의 저온에 대한 저항성 문제와 관련 내한성에는 그의 생리학적 측면과 생태학적 의의라는 두 가지 측면을 생각해야 하겠는데 이것은 활동기에는 치명적인 온도(0℃~10℃)이나 발육에 불리한 저온조건에서 오랫동안 견디는 것과 빙점이하의 온도조건에서 살아남는 능력 즉 내동성이 그것이다. 빙점 이상의 저온에서 오랫동안 살아남을 수 있는 능력은 모든 형태의 휴면에서 대단히 크다. 그의 생리학적 문제는 아직 명백히 밝혀지지는 않았으나 그것이 체내 저장물질의 이용과 최저의 호흡을 유지하는 대사기능과 관련이 있는 것은 확실하다(Kozhanchikov 1938c, 1930a).

내동성은 북부 고위도 지대에 서식하는 생물의 겨울철 휴면에서 잘 발달한 특별한 적응현상의 하나이다. 특별한 경우 곤충은 내동성 때문에 영하 30~40℃의 저온에서도 얼어 죽지 않고 과냉각 상태에서 오랫동안 견뎌낼 수 있는 능력을 발휘한다. 조직 내 수분이 결정체를 형성하여 돌이킬 수 없는 피해를 주게 되는 최저온도는 종이나 동면조건에 따라 차이가 있다. 고도의 과냉각 능력은 휴면상태에 한한 것은 아니다. 예를 들면 *Pieris brassicae* 흰나비나 *Chloridea obsoleta* 밤나방과 같은 몇 가지 곤충류의 비휴면용은 휴면용과 거의 같은 과냉능력을 나타내는 수가 있다.

그러나 비휴면상태의 과냉각 상태는 불안정하여 단시일 내에 자연히 또는 외부조건의 영향을 받아 사라진다. 그러나 휴면상태의 것은 수개월 계속된다.

이와 같은 과냉각성이 갖는 안정성은 오래전에 밝혀진 바와 같이(Robinson 1928, Sakharov 1928, 1930, Payne 1926, 1929) 생체가 상당히 탈수된 상태에 있고 조직 내의 유리수분을 코로이드상태의 수분으로 용이하게 전환 시킬 수 있는 능력에 의한 것이다. 이렇게 보면 과냉동현상은 건조에 대한 저항성과 많은 공통점을 갖고 있다. 따라서 남부지방 생물들 가중나무산누에나방(*Philosamia cynthia*)이나 목화다래나방(*Platyedra gossypiella*) 같은 곤충류의 휴면이 건기에 대한 적응현상으로 발달하나 이것이 저온에 대한 저항성으로 이어지는 것은 놀랄 일이 아니다.

곤충류 중에는 과냉각에 대한 저항성 외에 또 다른 형태의 내동성을 갖고 있는데 그것은 조직 내에 얼음이 생기는 것에 대한 저항성이다. 이런 것은 조명나방의 전용이나 *Macrothylacia rubi* 솔나방, 불나방(*Arctia caia*)의 유충(Lozina-Lozinskii 1937, 1942, 1952), *Croesus septemtriconella* 수염잎벌과 *Lasiocampa quercus* 솔나방의 유충(Kozhanchikov 1939a)에서도 알려지고 있다. 조명나방 전용은 -60℃의 저온 하에서도 생존이 가능하며 동결상태에서 장시간 생명을 유지할 수 있다. 이때에도 과냉상태에서와 마찬가지로 곤충의 조직 호흡은 정지되지 않고 지속된다(Kozhanchikov 1938,c 1939a, Lozina-Lozinskii 1942, 1952). 대부분의 생물에서 비교적 작은 양의 얼음 형성도 세포조직에 큰 영향을 미쳐 치사케 하는데 이런 내동성 곤충류에서는 조직에 얼음이 생기고 심지어는 완전히 동결되어도 죽지 않고 살아남을 수 있는 원인에 대하여는 현재까지도 모르고 있다.

휴면 곤충의 지나친 고온에 대한 저항성에 관한 연구는 거의 없다. 이것은 아마도 건조한 열대지방의 곤충류 휴면에 관한 연구가 얼마 안 되고 이런 지역의 곤충류에서는 이와 같은 생리학적 적응의 발달에 관한 연구가 생태학적으로 필요 없었기 때문으로 생각된다. 자연 조건하에서 곤충의 생명에 위협이 될 정도의 높은 온도가 지속되는 기간은 짧고 곤충류는 땅속이나 기타의 서늘한 곳으로 피하여 위험을 면할 수 있다. 휴면 중인 곤충류는 상당히 높은 온도에서도 상당한 기간 생존할 수 있는 것이 보통이다. 불리한 영향은 불리한 조건이 지나치게 오래 지속될 때에만 일어난다.

- 휴면기의 생태학적 요구조건의 특성

휴면을 흔히 생리적 휴지상태로 생각한다. 그러나 휴면은 완전한 비활동적 상태는 아니다. 휴면 중 생리학적 변화는 아주 느린 속도이지만 정해진 방향으로 진행되어 결국은 활동적인 발육을 할 수 있게 한다.

Zolotarev(1947, 1950a, 1950b)는 이런 비활동기의 변화의 적응적 의미의 중요성을 강조하고 이것을 휴면과정이라고 하였다. Andrewartha(1952)와 뒤따르는 몇몇 학자들(Lees 1955)은 같은 현상을 "휴면발육"(Diapause development)라고 하였는데 이 용어는 잘된 것은 아니라고 생각된다. 휴면기간 중에 체내에서 일어나는 현상은 보통 발육이라는 뜻에서의 발육과는 완전히 다른 것이다. 보통발육이란 점진적인 생장과 형태적 분화를 의미하고 있는데 휴면 중에 일어나는 현상은 다시 활동이 일어날 수 있는 조건을 조성하는 일종의 발육과정을 정지상태에서 해방시키는 것이다. 따라서 이것은 활성화(Reactivation)라고 하는 것이 보다 정확하다고 하겠다. 휴면단계의 생리적 요구조건의 특수성이란 결국 이와 같은 발육재개에 필요한 조건을 마련하는 것이 되겠다.

활성화는 자발적으로 진행되는 몇 가지 생리적 현상을 바탕으로 하고 있다. 휴면은 자율적인 현상이며 외적조건이 변하지 않고 그대로 있어도 자연적으로 끝난다. 그러나 외적조건은 활성화에 상당히 큰 영향을 미쳐 활성화를 촉진하기도 하고 지연시키기도 하여 휴면기간에 영향을 미친다. 휴면의 중요한 특성 중의 하나는 활성화가 온도의 특이한 영향을 받는 것이다. 잘 알려져 있는 바와 같이 발육하고 있는 생물의 생장율이나 그 밖의 생명현상은 온도의 상승과 더불어 빨라지는데 생물학적으로 유효한 범위에서는 직선적으로 증가하는 것이 보통이다. 그런데 휴면의 활성화 과정은 이와는 달라 다른 생물학적 현상과는 명백한 차이가 있다.

휴면상태에 있는 생물의 온도에 대한 반응특성은 누에에서 Duclaux(1869, 1981, 1876)가 처음으로 보고하였다. 그는 배자는 충분한 저온을 겪지 않으면 발육이 재개되지 않는다는 것을 밝혔다. 20℃에서는 휴면은 1년 이상 지속되며 결국 죽어버린다. 활성화율은 온도가 낮아지면서 크게 높아진다. 그러나 이것은 0℃ 이상의 온도에서만 그렇게 되는 것으로 0℃ 이하에는 활성화가 크게 억제된다. 이렇게 활성화 과정은 온도와 직선적인 관계가 있는 것만은 아니다. 그러나 다른 생물학적 현상들과 마찬가지로 여기에도 최적온도와 한계온도가 존재한다. 이것은 누에를 대상으로 한 Muroga(1951)의 연구로 잘 증명된 사실이다(그림 1).

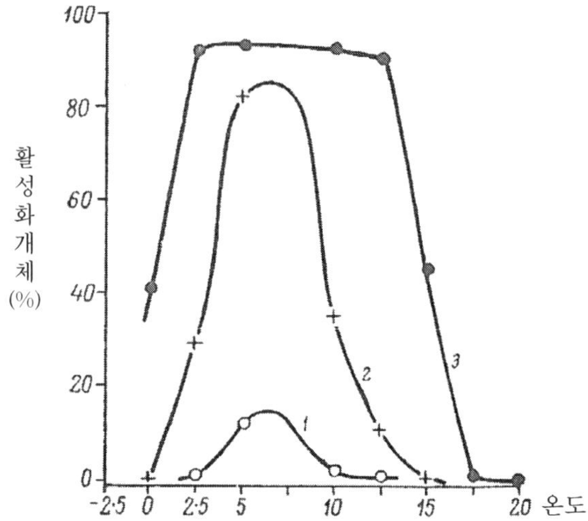

그림 1. 누에(*Bombyx mori*)의 휴면난 활성화에 미치는 온도의 영향 (Muroga의 연구를 Lees(1955)가 인용한 것)

곡선 : 여러 가지 온도에서 처리기간을 달리한 다음 23.5℃에 저장하였을 때의 발 육난 백분율, 1:40일, 2:60일, 3:120일

Duclaux의 연구의 생태학적 중요성이 이해된 것은 최근 다른 학자들에 의하여 많은 곤충류에서 같은 현상이 알려지면서였다.

이상과 같은 관계는 추운 겨울의 조건에 적응한 휴면의 특성이다. 여기서 명심해야 할 것은 활성화 온도영역이 활동기 발육의 한계온도보다 낮다는 점이다. 이때의 최적온도는 종에 따라 차이가 있으나 대체로 5℃~10℃ 사이가 보통이나 *Austroicetes cruciata* 메뚜기(Andrewartha 1943, 1952), *Polychrosis botrana* 애기잎말이나방(Komarova 1954), *Gryllulus commodus* 귀뚜라미(Browning 1952, 1952b) 등에서는 12℃

~15℃ 사이가 최적온도이고 *Malacosoma disstria* 텐트나방 (Hodson과 Weinman 1945), 북방솔잎벌(*Gilpinia polytoma*) (Prebble 1941), *Phalera bucephala* 재주나방, 줄홍색박각시 (*Sphinx ligustri*)나 기타 곤충(Danilevskii 1950) 등에서는 0℃ 정도가 최적온도이다. 종에 따라서는 활성화를 위하여 동결이 꼭 필요한 경우도 있는 듯하나 이점에 관하여는 자료가 없다.

최적온도가 종에 따라 다르다는 것은 적응적 의미가 있는 것은 확실하다. 부적당한 조건하에서 활성화되면 그 때문에 발육이 방해를 받고 활력이 감소되고 비정상적 생장을 하게 되어 결국에는 성충의 생식력을 저하시킨다. 따라서 휴면상태의 온도요구조건에 대한 지식은 그 종의 생태학을 이해하는데 필요한 것이다.

지리적으로 분포지역을 달리하는 한 종 내의 집단 간 비교연구

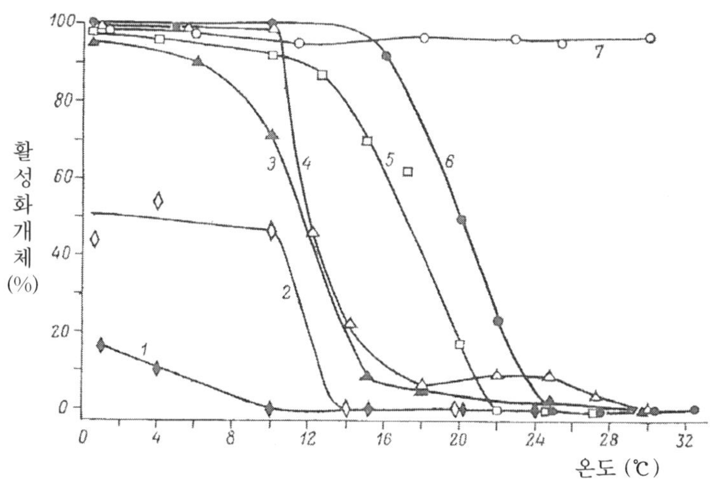

그림 2. 각 온도에서 5개월 처리 후 25℃에서 활성화 된 번데기의 백분율

1. *Eriogaster lanestris* 솔나방 2. *Saturnia pavonia* 산누에나방 3. *Smerinthus ocellatus* 박각시나방 4. *Phalera bucephala* 재주나방 5. *Pieris brassicae* 흰나비 6. 산누에나방(*Antheraea pernyi*) 7. *Philosamia cynthia* 산누에나방

결과 휴면기의 온도요구조건이 지역개체군 간에 차이가 있는 것이 밝혀져 이런 차이가 분포범위내의 기후적 조건과 밀접한 관계가 있음이 밝혀졌다(Danilevskii 1946, 1949, 1950). 활성화에 필요한 온도 상한의 종간 차이의 예를 그림 2에서 볼 수 있다.

주로 아시아의 열대지방에 분포하는 *Philosamia cynthia* 가중나무산누에나방의 휴면용은 좀 더 북부지방의 곤충류와는 달리 냉동을 필요로 하지 않으며 그들의 활성화 재개는 온도의 상승으로 촉진된다. 같은 반응을 Goryshin(1958b)은 *Chloridea obsoleta* 밤나방의 휴면용에서 보고하였다. 이와 같은 고온을 요구하는 휴면의 또 다른 예가 열대 아프리카의 목화해충인 *Diparopsis castanea* 나방에서 알려져 있는데 이 해충의 경우 활성화 재개의 최적온도는 28℃로 이 보다 높거나 낮은 온도에서는 번데기의 휴면기간이 크게 길어진다(Lees 1955). 이런 휴면은 물론 고온 건조한 조건에 적응한 것이다.

휴면에 대한 습도의 영향은 그리 많이 밝혀져 있지 않다. 이 문제는 생물체에서의 탈수현상이 휴면의 중요한 원인이 되는 것으로 생각하고 주로 생리학적인 측면에서 연구되어 왔다.

발육이 재개될 때 수분의 흡수가 활발해지는 것이 여러 가지 곤충에서 관찰되었으나 그것이 활동재개의 원인인지 결과인지는 확실하지 않다. 배자발육에 미치는 수분의 영향에 관하여는 메뚜기에서 많이 연구되었는데 배자의 발육은 환경으로부터의 많은 수분흡수를 동반하는 것이 보통이다. Slifer(1938, 1946)에 따르면 *Melanoplus differentialis* 메뚜기의 휴면난의 발육은 수분을 흡수하기 위한 특수 장치 즉 수공(Hydropyle ; 水孔)을 덮고 있는 왁스층이 파괴되어야만 시작된다고 한다. 이 왁스층을 크시렌으로 제거하면 알의 수분흡수가 증가하고 휴면은 언제나 끝난다. 수분흡수가 배자발육재개에 도움이 되는 것은 *M. differentialis* 메뚜기의 배자를 링거액에 넣으면 배자발육이 곧 재개되는 것으로도 알 수 있다(Bucklin 1953).

한편 *Austroicetes cruciata* 메뚜기(Birch와 Andrewartha 1942), *Melanoplus bivittatus*메뚜기(Solt 1949, 1952), *Locustana parlolina* 메뚜기(Matthee 1951) 그리고 풀무지(*Locusta migratoria*)(Shumakov와 Yakimovich 1950) 등을 대상으로 한 비교연구결과를 보면 수분의 흡수가 휴면의 개시나 종료에 영향을 미치지는 않는 듯 하며 반대로 수공의 활동변화는 배자의 생리학적 변화로 일어나는 듯하다. 어떤 경우에는 배자의 활동재개가 건조로 촉진되기도 한다. 아프리카의 *Locustana pardalina* 메뚜기의 휴면난의 경우 습한 환경에서 35℃로 보존하면 발육은 느리게 일어나며 휴면기간의 변이가 크다(36일~95일). 그러나 건조한 곳에 1.5개월 놓아두었다 습한 곳에 옮기면 8일 후에 일제히 부화한다(Matthee 1951).

비슷한 현상이 다른 형태의 휴면에서도 알려지고 있다. 충분히 연구된 예를 검토해 보면 모든 경우 활동의 재개과정에 수분흡수가 꼭 필요한 경우는 발견하지 못하였다. *Cephus cinctus* 나무벌(Church 1953, 1955b)의 경우 체내 수분균형의 회복은 활성의 회복으로 자연히 이루어지며 휴면종료 후에 수분과의 접촉이 강력히 요구된다. 자주 인용되는 코드링나방(*Enarmonea* (*Carpocapsa*) *pomonella*) 유충휴면은 높은 습도에 의하여 종료시킬 수 있다는 Townsend(1926)의 실험결과는 다른 연구자들의 연구결과로는 뒷받침되지 않고 있다(Theron 1943,

Andrewartha 1952). 조명나방(*Pyrausta nubilalis*)의 경우 발육의 재개를 위한 수분의 흡수는 저온으로 활성화 된 유충에서만 요구된다(Babcook 1927a, Monchadskii 1935, Ladyzhenskaya 1935). Roubaud(1928)에 따르면 이 해충은 휴면 중에 심한 건조를 요구하기까지 한다고 한다. 이와 같이 건조는 저온과 마찬가지로 활성화 재개를 촉진하다. 따라서 습도는 활성화 재개에 직접적인 관계가 있는 온도와는 달리 간접적으로 영향을 미치는 것이 확실하다. 물론 이것은 수분이 휴면기간 중에 중요한 것이 아니라는 의미는 아니다. 따라서 북부지방 생물들에서 활성화의 회복은 0°~12℃ 정도에서 최고가 되며 Ushatinskaya(1949)에 따르면 이런 조건하에서 생물체내에는 안정된 수분균형이 이루어져 있어야 한다고 한다. 수분조건은 휴면기의 건조에 대한 저항성과도 관계가 있을 수 있겠다.

휴면의 활성화 재개가 광조건과 관계가 있는 예가 몇 가지 곤충에서 알려지고 있다. Geispits(1953)에 따르면 유럽의 *Dendrolimus pini* 솔나방의 유충 휴면은 일장 12시간, 온도가 20℃일 때는 1개월 정도 계속되나 같은 온도라도 24시간 조명 하에서는 17일이면 휴면이 끝난다. 그는 불나방(*Arctia caia*)이나 광대불나방(*Parasemia plantaginis*)의 휴면재활성화에도 광선이 밀접한 관계가 있음을 밝혔다. 같은 결과가 여러 가지 나방류에서도 알려져 있다(Baker 1935). 그러나 많은 생물에서 휴면상태에 있을 때는 광선의 영향은 받지 않는다.

3. 휴면의 생활사 조절

– 외부환경조건의 계절적 변동과 곤충의 생물학적 현상의 동기화에 미치는 휴면의 영향

휴면발육단계는 특별한 온도조건을 요구하는데 이 문제는 외부환경조건의 계절적 변동과 생활환의 일치와 관련 온도의 역할 이해가 필요하다. 환경조건의 계절적 변동과 생활사 진행의 동기화(Synchronization, 同期化)의 중요성은 겨울철에 휴면하는 생물에서 특히 명백하다. 활동기에는 그들의 발육이 온도의 직접적 영향을 받게 되는 고로 다양한 미기상조건 때문에 발육이 고르지 못하여 비동기성은 불가피해지고 이것은 세대를 거듭하면서 심해져 다화성 생물에서는 생육기간의 끝 무렵이 되면 여러 가지 생육단계를 동시에 발견할 수 있게 된다. 따라서 생활환을 조절하는 특별한 적응현상이 없다면 겨울철이 다가왔을 때 월동에 유리한 발육단계까지 발육하지 못한 개체들은 상당한 것들이 죽어버리겠다.

겨울철에 휴면을 하는 생물은 다음에 설명하는 바와 같이 영상의 온도에 대하여 활동기의 그것과는 정반대의 반응을 보이는데 이것은 이와 같은 손실을 방지하는 역할을 한다. 실제로 휴면을 하는 시기의 온도는 발육이 가능한 때이다. 이와 같은 발육이 가능한 조건하에서 활동이 억제되게 되면 휴면에 들어간 개체들은 가을철까지 그 상태를 그대로 유지할 것이다. 이런 방법으로 다음 세대를 끝낼 충분한 시간, 정확히는 유효 온도량이 부족한 시기에 발육이 재개되는 것을 막아 손실을 막는다. 또 한 가지 중요한 것은 온도가 높으면 높을수록 활성화 재개는 강하게 억제된다는 것인데 이것은 서로 다른 시기에 휴면에 들어간 개체들이라도 겨울철이 될 때에는 모든 개체가 생리적으로 조건이 같아지게 하는데 도움이 된다. 이렇게 하여 저온에 대한 저항성이 큰 균질화된 월동 개체들이 점점 증가하여 전체 개체군에 파급되게 되겠다.

가을철 온도가 활발한 발육의 한계온도 이하로 떨어지면 휴면 중인 곤충류는 휴면의 다음 단계에 들어간다. 온도가 10°~0℃ 사이를 유지하는 기간 동안에 재활성화 작용이 활발히 진행된다. 보통 엄동기 이전에 이런 활동이 완전히 끝나지는 않으며 겨울철에서 봄철에 걸쳐 서서히 완료한다. 야외에서 조사된 것을 보면 휴면에 개체 간 차이가 있기 때문에 다시 활성화 된 개체의 비율은 겨울철이 깊어지면서 점점 높아진다. 이때에는 온도가 발육한계보다 상당히 낮기 때문에 재활성화 된 개체들은 저온으로 강제적인 휴지상태에 놓여 있으며 이때에 휴면상태에서 볼 수 있는 내동성은 그대로 유지된다. 그러나 봄이 되면 모든 개체들은 조건만 맞으면 곧 발육을 재개할 수 있는 준비가 되어 있어 온도가 적당해지면 곧 일제히 발육을 시작한다.

이와 같이 활발한 발육의 최적온도와 활성화의 최적온도를 달리 함으로써 생활환을 시간적으로 조절하고 있는 것이다. 이와 같은 양식은 온대지방 생물에서 볼 수 있는 전형적인 것이나 여기에는 그 밖의 조건들이 복잡하게 얽혀있다. 예를 들면 수분에 대한 요구와 같은 것이 있는데 몇몇 나비목 곤충의 월동 유충이나 메뚜기류의 알 등에서는 활성화 되었어도 수분이 없으면 활동이 재개되지 않는다. 봄철의 발육재개는 *Chloridea obsoleta* 밤나방(Goryshin 1958b)의 경우와 같이 휴면 후 전반기의 발육한계온도가 높아 이 때문에 발육이 늦어지게 되기도 한다. 이와 같은 여러 가지 적응현상은 아직 충분히 연구된 것은 아니나 활동기의 안정된 생활사 단계의 적응과 더불어 자연 상태 하에서의 생물의 다양한 생활환 양식으로 나타난다. 또 한 가지 지적해 둘 것은 휴면이 생물의 발육기간을 제한하여 이것이 연간 세대수에도 상당한 영향을 미친다는 것이다.

열대나 아열대 지방에서의 곤충류의 발육과 기후적 조건과의 동기성에 관하여는 연구된 바가 별로 없다. 이런 것이 잘 알려진 것은 버드나무얼룩자나방(*Abraxus miranda*)과 도둑나방(*Barathra brassicae*)(Masaki 1956a, 1958)에 관한 것 뿐이다. *Nomadacris septemfaciata* 메뚜기(Norri 1959), 목화다래나방(*Platyedra gossypiella*)(Squire 1939, 1940), *Diatrea lineolata* 명나방(Kevan 1944), *Diparopsis castanea* 밤나방(Pearson과 Mitchell 1945) 그리고 *Chloridea obsoleta* 밤나방 등 그 밖의 남방계 곤충류에 대한 야외와 실험실내 연구를 보면 모든 경우 생활환의 진행(Parsons와 Ullyett 1934)과 계절진행 간에는 동기성이 있으며 이것은 휴면을 통하여 성취되고 있다. 그러나 열대지방에서의 동기성은 저온으로 활성화가 회복되는 온대지방의 종들에서의 그것과는 상당한 차이가 있다. Masaki와 Norris의 연구 결과를 토대로 생각할 때 여기서 중요한 것은 휴면기의 온도조건이 아니고 휴면준비기간 중의 생태학적 요인들로 이런 요인들이 휴지기간 동안에 여러 가지 다양한 영향을 미치는 것으로 보인다.

- 곤충류의 지리적 분포와 휴면 현상

열대지방의 곤충과 온대지방의 곤충에 있어서 활동기 발육단계의 온도에 대한 적응성을 보면 그들의 분포지역 기후조건에 따르는 차이는 없다(Danlevskii 1946, 1949, 1950). 이것은 활동기의 지리적 온도 차이는 비교적 적기 때문이다. 그런데 앞서 말한 바와 같이 휴면발육단계의 온도에 대한 적응현상은 훨씬 다양하다. 이것은 위도에 따라 겨울철의 온도조건은 차이가 크다는 것을 생각하면 이해가 되겠다. 현재의 이런 휴면 특성은 오랜 역사를 거치면서 형성된 것으로 현재의 지리적 분포는 그 결과 산물이다. 가장 명백한 관계는 지리적 분포와 휴면기의 내동성 한계의 관계에서 알 수 있다. 곤충류의 분포북한이 겨울철의 최저온도의 등온선과 일치한다는 사실은 오래전부터 알려진 사실이다(Grevillius 1905, Sanderson 1908, Uvarov 1931). Grevillius에 따르면 *Euproctis chrysorrhoea* 독나방의 부포한계는 -35℃의 등온선과 일치하는데 이 온도는 휴면유충의 치사온도에 가까운 온도이다. Kozhanchikov는 구북구 생물의 분포북한의 일반적 형태는 종이 내동성과 생활사를 완료하는데 필요한 유효적산온도량을 바탕으로 상당히 정확하게 추정할 수 있음을 여러 가지 종에 대한 연구로 밝혔다.

조명나방(*Pyrausta nubilalis*)이나 *Phaedon cochlearie* 잎벌레 그리고 *Loxostege stictiocalis* 들명나방(Kozhanchikov 1938b, 1939e, 1941) 등은 휴면발육단계의 강한 내동성 때문에 겨울의 최저온도가 그들의 북부한계 확대에 방해가 되지는 않는다. 이런 종들은 유라시아 지역에 널리 분포하는데 그들의 북부 분포한계는 주로 발육의 유효적산온도량 즉 여름철의 조건에 의하여 결정된다. 그런데 내동성이 약한 종들의 경우는 여름철의 온도조건이 북부로의 분포확대에 방해가 되는 것은 겨울철이 따뜻한 서부지역에서 뿐이고 겨울이 추운 동북부지방에서의 분포북한은 겨울철의 최저온도에 의하여 결정된다. 따라서 *Pieris brassicae* 흰나비와 *Gastroidea viridula* 잎벌레의 경우(Kozhanchikov 1936, 1939c) 그의 분포는 시베리아의 내륙지방까지 미치지 못한다. 일부 분포지역이 넓은 종들에서는 분포북한이 동계의 등온선에 따라 꾸불꾸불 해진다(예 *Agrotis segetum* (거세미나방)) (Kozhanchikov 1937b). 영하의 온도에 대한 저항성이 약한 종일수록 이와 같은 경향이 크다. 따라서 겨울물결자나방(*Operophtera brumata*)(Kozhanchikov 1950c)의 경우와 같이 분포범위가 동쪽과 서쪽에서 명백한 차이가 생기는 경우가 생긴다. 끝으로 남방계 종들의 북부 분포한계가 휴면기의 약한 내동성에 의하여 완전히 결정되는 경우도 있겠다. 이런 예는 *Philosamia cynthia* 산누에나방(Danilevskii 1940), *Polychrosis botrana* 잎말이나방(Komarova 1954) 그리고 *Chloridea obsoleta* 밤나방(Goryshin 1958b) 같은 것에서 알려져 있다. 이상의 결과로 보아 휴면기 저온에 대한 저항성은 그 생물의 분포범위나 심한 추위가 있는 지역으로의 분포확대에 대단히 중요한 것임을 알 수 있다.

한편 생활환의 분화나 휴면기의 요구온도조건은 생활환을 외부환경조건의 계절적 변동에 일치시키기 위하여 발달한 것인데 이것이 생물의 지리적 분포에 제약이 될 수도 있다. 예를 들면 *Loxostege sticticalis* 들명나방은 미국의 남부에는 분포하지 않는데 이것은 겨울철이 따뜻하여 휴면상태의 전용이 활성화하는데 이것이 방해가 되기 때문으로 생각되고 있다(Pepper 1938).

이와 같이 생물의 지리적 분포를 결정하는데 생활환의 분화와 온도의 계절적 영향이 중요하다는 것은 분포역이 명백히 다른 종들을 비교해 보면 명백하다(Danilevskii 1946, 1949). 그림 3은 지리적 분포가 다른 산누에나방과 4종 곤충의 생활환이 갖는 활동기와 휴지기의 온도반응관계를 나타낸 것이다. *Philosamia ricini* 산누에나방은 아시아 열대지방에서만 분포하며 *Philosamia cynthia* 산누에나방은 주로 열대와 아열대에 분포하며 산누에나방(*Antheraea pernyi*)는 중국의 온대지방에 분포하며 또 하나의 산누에나방의 일종인 *Saturnia pavonia*는 전형적인 구북구종으로 북극권까지 분포한다. 이들 중 *Philosamia ricini* 산누에나방은 휴면하지 않으며 다른 3종은 모두가 번데기 시기에 휴면한다.

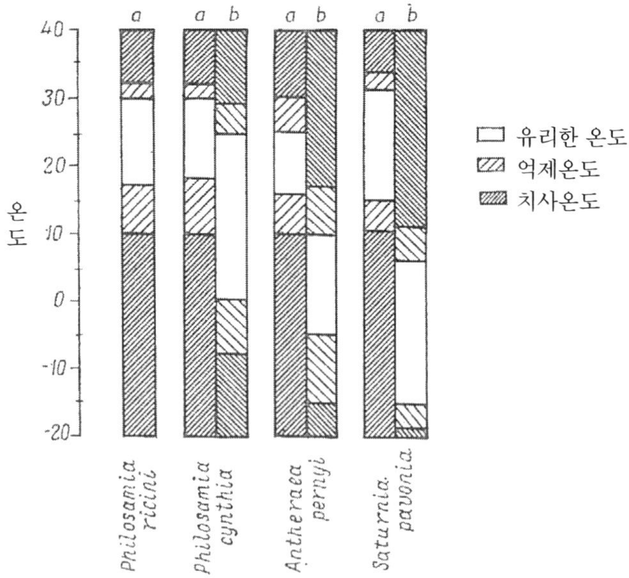

그림 3. 산누에나방류 4종의 활동기와 휴면기의 온도 반응

a : 활동기 , b : 휴면기

그림에서 보는 바와 같이 이들 4종의 생장과 변태가 활발한 시기는 대체로 비슷한 양상을 보이며 그것은 좁은 온도범위 내에서 일어나고 있다. 이들의 활동이 정상적으로 이루어지는 범위는 15°~30℃ 사이이며 그의 하한과 상한은 약 10℃와 33℃이다. 이 시기의 종간 특이성은 현저하지 않아 분포범위의 특성과도 특별한 관계는 없다. 그런데 휴면기의 온도에 대한 요구는 종들 간에 차이가 뚜렷하여 휴면기와 활동기의 온도에 대한 요구조건의 차이에 따라 생활환에 명백한 차이가 있다. 이것들은 다음과 같은 생태지리적군으로 분류할 수 있을 듯하다.

(1) *Philosamia ricini* 산누에나방형 : 이 형에서는 휴지기가 없고 전체 발육이 비교적 좁은 온도범위 내에서 일어나도록 적응하였으며 이 범위를 벗어난 온도영역이 오래 계속 되면 죽어버린다. 이런 종들은 온도의 계절적 변동이 몇 도 밖에 안 되고 연중 발육이 가능한 열대나 일부 아열대 지역에 분포가 제한되어 있다.

(2) *Philosamia cynthia* 산누에형 : 이 군은 고온친화성 휴면을 한다. 이들에서의 휴면 재활성화 조건은 그들이 활동기 때 요구하는 조건과 일부 또는 전적으로 일치한다. 이런 종류는 온도조건이 항상 고온이거나 온도가 소폭으로 변동하는 지역 모두에서 생존이 가능하다. 이런 생태학적 군에는 *Chloridea obsoleta* 밤나방(,Goryshin 1958b), *Diparopsis castanea* 밤나방(Pearson과 Mitchell 1945), 목화다래나방(*Platyedra gossypiella*), 기타 남부에 분포하는 몇 가지 종들에서 그 예를 볼 수 있다. 그들의 분포영역은 뚜렷한 겨울철이 없는 열대와 아열대에 걸쳐 있다. 그들의 휴면은 건조와 고온에 대한 적응이 일차적 목적이었으나 이들에서는 건조에 대한 저항성과 저온에 대

한 저항성 간에는 상당한 공통점이 있기 때문에 상당한 저온에서도 장기간 살아남을 수 있고 심지어는 가벼운 동해에도 견뎌낼 수가 있다. 고로 그들 중 몇 종은 뚜렷한 겨울이 있는 구북구의 남부지역까지에도 분포한다.

(3) 끝으로 산누에나방의 일종인 *Saturnia pavonia*와 산누에나방 (*Antheraea pernyi*)을 포함한 생태지리적군은 저온에 의하여 휴면하며 활동기 한계온도보다 낮은 온도에서만 휴면에서 활성화가 일어나는 군이다. 활동기와 휴면기의 온도요구조건이 명백히 다르기 때문에 이 종류들은 온도가 일정한 곳에는 분포할 수 없다. 이들에서는 생활사 완료에 온도의 변동이 꼭 필요하다. 이 군에는 온대지방에 분포하는 대부분의 종이 포함된다. *Pieris brassicae* 흰나비, 줄흰나비(*Pieris napi*), 짚시나방(*Lymantria dispar*), 꼬마버들독나방(*Leucoma salicis*), 배저녁나방(*Acronycta rumicis*), 조명나방(*Pyrausta nubilatis*) 등이 이 군에 속하며 많은 연구가 되어 있다. 이 군에 속하는 곤충류는 생활양식이나 먹이 그리고 분포지역이 다양하다. 많은 종이 기후조건에 차이가 큰 아열대에서 지중해 지역까지 넓게 분포하며 이들의 분포남한은 비슷하다. 이들의 분포지역에서의 연중 온도는 명백한 계절성을 갖고 변동하며 겨울철이 평균 온도는 +12℃ 이하가 되는 일은 없으며 매년 서리가 내린다. 이들은 이러한 생태학적 한계를 벗어나거나 열대지방까지 분포하는 것은 없는데 그것은 열대지방에서는 그들의 생활환을 완료하는데 필요한 온도의 변화가 없기 때문이다.

그림 4는 산누에나방(*Antheraea pernyi*)을 대상으로 한 연구결과를 바탕으로 작성된 생물기후도(Bioclimatogram)이다. 이

그림은 이 곤충의 계절적 적응현상이 그의 분포지역의 온도변동상과 잘 일치하고 있음을 말해주고 있다. 이 그림을 보면 동부아시아 지역 몇 곳의 연중 온도 변화가 이 곤충의 활동기와 휴면기에 요구되는 조건과 잘 일치하고 있음을 알 수 있다. 동북부 중국(Siyangtsi)에서부터 남부 중국(Chengtu)까지 이 종의 분포지역 내의 각 지점은 모두 여름철의 온도는 활발한 활동영역과 일치하고 겨울철의 그것은 휴면기 영역과 잘 일치한다. 이 종의 분포한

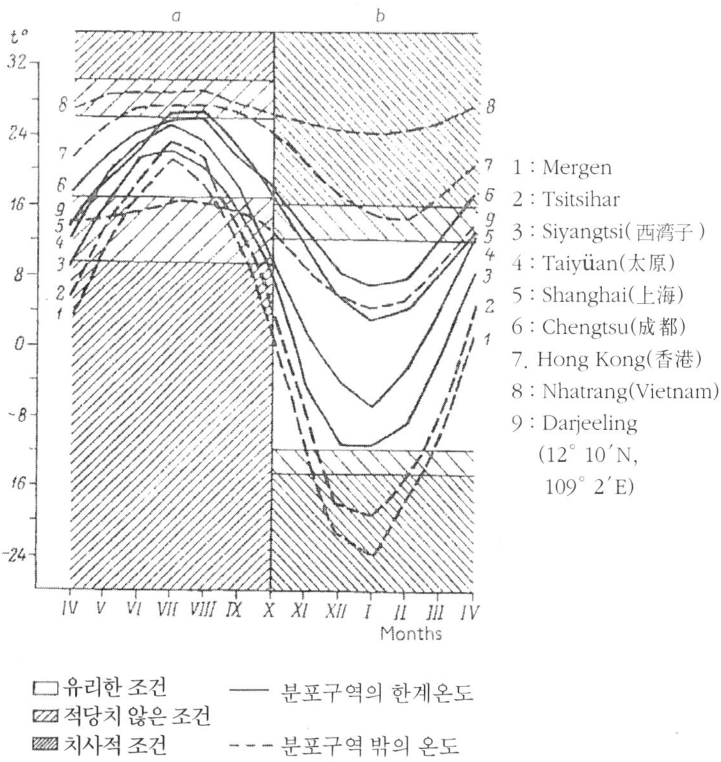

그림 4. 동아시아에서의 연간 온도변화와 산누에나방(*Antheraea pernyi*)의 발육기와 휴면 기 온도 요구와의 관계

a : 활동기, b : 휴면기,

계 밖에 있는 지점(Blagoveshchensk)의 여름철 온도는 생육에 알맞으나 겨울철 온도는 휴면용의 내동한계(-18℃, -20℃) 이하까지 떨어진다. 그리고 분포의 남한 이남의 지역에서는 겨울철 온도가 너무 높아 완전한 생활환을 성취 할 수 없다. 이 곤충은 다른 생태학적군과 마찬가지로 히말라야 남쪽 Darjeeling과 같은 산악지대에는 분포하지 못하는데 이것은 이 지역에서는 온도의 계절적 변화가 별로 크지 않기 때문이다.

온대지방에 분포하는 생물들의 분포에 미치는 계절적 온도변동의 중요성은 그들 생물이 자연계에서 분포영역 밖으로 옮겼을 때의 그들의 순화능력을 보면 알 수 있다. 이와 같은 특성을 가진 생물을 유럽에서 미국으로 이식하였을 때 그들의 원 분포지역의 기후적 조건을 벗어난 남부지역에 분포할 수 있는 것은 없었다. 남반구에 이식하였을 때도 계절은 반대이나 그들은 잘 적응할 수 있다. Duclaux(1871)는 이것을 고온으로 활성화가 지연되기 때문이라고 설명하였다. 그러나 적도의 남쪽에서도 온도의 연중 변동이 원산지와 같은 지역에서는 순화가 가능하다는 점은 주목해야 할 일이다. Shel'deshova(1956)는 유럽과 중앙아시아 원산인 코드링나방(*Enarmonia* (*Carpocapsa*) *pomonella*)를 재료로 이와 같은 사실을 명백히 하였다. 현재의 코드링나방 분포의 북반구와 남반구의 적도 부근 분포한계는 북반구에서는 1월, 남반구에서는 6월의 겨울철 온도가 12℃와 14℃의 등온선과 완전히 일치한다. 적도에 보다 가까운 지역에서는 온도의 계절적 변동이 너무 적어 순화가 불가능하다는 것이 알려지고 있다.

이와 같은 생태학적 특성을 가진 생물들이 겨울철 온도가 지나치게 따뜻하여 분포하지 못하는 것을 그들의 휴면상태가 단순히 물리적 이유로 재활성화 되지 못하기 때문으로 생각하여서는 안된다. 그보다는 이것은 그곳의 외적조건의 계절적 변동과 생활환이 맞아 떨어질 수(주로 저온에 의한 재활성화) 없기 때문이다. 그 이유는 정상적인 현상이 진행되려면 발육이 재개되는 것을 막는 긴 저온기가 있어야 하기 때문이다. 그런데 경계가 되는 아열대 지방에서는 평균온도는 활동기와 휴면기의 범주의 중간정도이고 온도가 갑자기 올라가거나 동결의 위험이 항존하여 이와 같은 겨울철의 조건이 불안정한 곳에서는 안정된 겨울철에 적응한 생물이 생활환은 크게 위협을 받겠다. 이것은 대단히 중요한 문제이나 아직까지 거의 연구된 것이 없다.

Milyanovskii(1956b)는 Abkazia(Sukhumi 지방) 지방에서 산간부에는 북방계 나비류 곤충이 분포하나 아열대적인 연안지대에는 분포하지 않는 원인에 관하여 다음과 같이 설명하였다. 이와 같은 분포상의 차이는 여름철의 온습도 차이나 먹이조건의 차이 때문이 아니고 그 근본적 원인은 연안지대는 겨울철이 따뜻하고 불안정하기 때문이라고 그는 생각하였다. 특히 불안정한 휴면유충은 먹이나 생장에 필요한 온도도 보장되어 있지 않은 시기에 활성화될 수 있어 문제가 되겠다.

산악지대는 겨울이 좀 더 춥고 안정되어 있어 이들 생물은 정상적인 발육을 한다. 몇몇 남방계 생물들 중 휴면하지 않는 것들에서는 따뜻한 해변지대의 겨울도 너무 저온이다. 예를 들면 *Daphnis nerii* 박쥐나방 개체군은 매년 죽어버리고 보다 남쪽지역에서 성충이 이동해 와서 분포하게 된다. Kuznetsov(1958)는 아열대인 Kopet-Dagh 지역에 분포하는 나비목 곤충의 수직분포를 조사 분석하여 겨울철 조건이 미치는 영향에 관하여 같은 결론을 내렸다.

기후조건의 계절적 변동의 동물지리학적 중요성과 그에 대한 생리학적 적응의 문제는 전북구와 열대구를 구분하는 경계선이 겨울철 온도가 12℃의 등온선과 일치하며 이것은 연중 발육이 불가능하게 하는 온도조건이라는 것으로도 알 수 있다. 이 지역은 저온에 대한 저항성이 없는 열대 동물들의 북부로의 분포확대를 방해하며 겨울철이 추운 지역에 분포하는 동물들에 대해서는 남쪽으로의 분포확대를 방해하고 있는 것이다.

이런 경계선을 넘는 생물들은 많지는 않으나 흥미 있는 것들이다. 이런 생물들에는 *Philosamia* 산누에나방류나 *Chloridea* 밤나방류 그리고 *Platyedra* spp. 목화다래나방류와 같은 친고온성 휴면을 하는 것이거나 *Plutella maculipennis* 좀나방, 거세미나방(*Agrotis segetum*) 그리고 *Agrotis margritosa* 밤나방 등과 같은 휴지상태로 이동성을 가진 동물들이 있다. 휴지현상은 부적당한 온도 조건하에서 생명을 이어갈 수 있게 하는 생리적 상태로 유리한 조건만이 있을 때는 발육이 계속된다. *Plutella* 좀나방은 전 세계에 분포하는데 이것은 이런 생활환을 가진 생물의 예외적 적응능력의 융통성을 말해주는 것이다. 그러나 이런 생물의 생활환 문제에 대하여는 밝혀진 바가 전혀 없다.

4. 휴면의 생리학적 기구

휴면을 유기하는 생리학적 요인들에 관한 여러 가지 가설이 지금까지 제기되었으나 그들 대부분은 실험적 결과의 뒷받침이 없어 현재 폐기된 상태이다.

Wigglesworth(1934, 1936, 1954), Williams(1946, 1956), Fukuda(1951a, 1951b, 1951c, 1952), Hasegawa(1952) 그리고 그 밖이 여러 학자들의 연구로 이제는 휴면은 곤충류의 생장이나 발육에 관련이 있는 내분비계에서 일어나는 변화가 그의 일차적 원인이라는 것이 확실해졌다. 이런 결론에 대한 확실한 실험적 결과들이 Wigglesworth(1954), Lees(1955, 1956, 1959a) 그리고 Novak(1959) 등의 초록이나 논총에 많이 인용되어 있다. 그러나 생물의 발육과정에서 볼 수 있는 계절적 특성과 외부환경조건과의 관계를 이해하려면 휴면조절에 관련된 호르몬의 작용에 관한 최근의 지식을 간단히 설명해 둘 필요가 있겠다.

휴면조절기구에는 휴면이 개시되는 발육단계에 따라 세 가지 형태가 있다. 첫 번째 것은 생장이나 변태에 나타나는 특성이다. Williams와 그의 일파는 *Platysamia cecropia* 산누에나방을 대상으로 이 문제를 깊이 연구하였는데 그들에 따르면 이 산누에나방은 번데기로 휴면하는데 그것은 생장이나 발육을 활성화시키는 호르몬을 분비하는 기관계의 일시적 활동중단에 의하여 일어난다고 한다. 여기에는 전흉선(Prothoracic gland, 前胸腺)의 활동을 자극하는 자극물질을 분비하는 전대뇌(Protocelebrum, 前大腦)와 그 자극을 받아 전흉선이 분비하는 전흉선 호르몬이 관련되어 있으며 전흉선 호르몬은 직접 변태와 탈피에 관여한다고 한다. 아마도 이때 측심체(Corpora cardiaca, 側心体)가 개제할 가능성이 있다(Novak 1959).

Butenandt와 Karlson(1954)은 누에의 번데기에서 전흉선 호르몬을 결정체의 형태로 분리하는데 성공하였다. 이것은 암수 모두에게 작용하며 다른 곤충류에도 같은 기능을 발휘한다. 활동

중인 것의 뇌와 전흉선을 휴면 중인 번데기에 이식하거나 정제된 호르몬을 주입하면 휴면이 타파되어 언제나 발육을 재개한다. 자연 상태에서 휴면상태가 타파되는 것은 뇌세포의 분피 기능이 되살아나기 때문인데 이것은 자동적으로 일어나는 것이기는 하나 저온으로 크게 촉진된다.

이와 같은 발육조절기능은 유충휴면(Sellier 1949, Rahm 1952, Church 1955a)이나 충분한 내분비계의 기능을 갖춘 단계까지 발육하였을 때는 후기배자휴면에도 적용될 수 있다.

두 번째 휴면조절형은 생식선의 발달정지를 특징으로 하는 성충휴면에서 볼 수 있다. 성적 성숙에 대한 조절 기작은 아직 충분히는 알려져 있지 않으며 실험결과도 상반된 것이 상당히 있다. 그러나 그것이 전흉선 기능과는 무관하다는 것은 확실한데 이것은 성충기에는 전흉선이 퇴화되어 있는 것이 보통이기 때문이다. 일차적으로 중요한 것은 뇌의 신경분비중추의 영향을 받는 아라타제(Corpora alata)가 분비하는 생식선 자극호르몬(Gonadotropic Hormone)인 것은 확실하다. 아라타체가 분비하는 생식선 자극호르몬은 직접 생식세포에 영향을 미치는 것이 아니고 노포세포(Follicular cell, 濾胞細胞)를 통하여 영향을 미친다. Detinova(1945)는 *Anopheles maculipennis* 학질모기의 성충휴면이 아라타체의 영향을 받는다고 하였다. Joly(1945)는 *Dytiscus* 물방개류의 성충휴면은 활동성 아라타체의 이식으로 끝나게 할 수 있다고 하였다. 이 경우에 있어서도 용 휴면의 경우와 같이 일차적으로 중요한 자극은 뇌에서 유래한 듯하다. 콜로라도잎벌레(*Leptinotarsa decemlineata*)의 경우 휴면 암컷의 성적성숙은 아라타체의 분비작용에 의해서 뿐 아니라(de Wilde

1959b) 활동중인 암컷의 상인두선(Epipharyngeal gland, 上咽頭腺)의 이식(Grison 1949)으로도 같은 결과를 얻을 수 있는 것을 보면 그 관계를 짐작할 수 있다. 휴면성충의 자율적 재활성화는 저온으로 촉진된다.

끝으로 세 번째 형태의 휴면조절은 배자에 아직 내분비계나 신경계가 형성되기 전인 초기 배자 발육상태일 때 휴면이 시작되는 경우이다. 이런 형태는 일본 학자들이 누에에서 많이 연구하였으며 메뚜기류의 배자휴면에서도 알려져 있다(Jones 1956a, 1956b). 누에의 알에서 휴면을 유기하는 요인은 암컷의 혈림프에 존재하며 이것이 난소를 통하여 알로 이전되는 것이 오래전부터 알려져 있었다(Umeya 1926). 그런데 Fukuda(1951a, 1951b, 1951c, 1952, 1953a, 1953b, 1953c)와 Hasegawa(1952)는 이 휴면 호르몬 분비원이 식도하신경절의 신경분비세포라는 것을 밝혔고 Fukuda(1953c), Morohoshi(1959), Lyui Khunshen(1960) 등은 이 신경분비세포의 활동이 신경연합을 통하여 뇌의 영향을 받는다는 것을 확실히 하였다. 그리고 이 호르몬은 이 종에 대한 고유성을 갖고 있지는 않다. 그래서 누에의 난 휴면은 알로 휴면하는 참나무산누에나방(*Antheraea yamamai*)나 짚시나방(*Lymantria dispar*)과 같은 난 휴면을 하는 종은 물론 산누에나방(*Antheraea pernyi*)과 같이 배자휴면을 하지 않는 나방류에서도 번데기의 식도하신경절을 이식하면 휴면이 유도된다. Hasegawa(1957)는 휴면을 유기하는 호르몬을 누에에서 분리하는데 성공하였다. 또 배자휴면은 저온의 영향을 받아 끝나는데 이것은 알의 발육억제호르몬이 저온으로 파괴되기 때문으로 생각된다.

이와 같이 휴면은 서로 다른 여러 가지 원인에 의하여 유기된다. 번데기나 성충의 휴면의 경우는 생장을 자극하는 호르몬의 결여 때문이고 초기 배자발육단계로 휴면할 때는 생장을 억제하는 휴면호르몬의 존재에 의한다. 이런 견해의 뒷받침이 된 대부분의 실험결과들은 믿을 만한 것이지만 모든 일반적 추론들이 결정적인 것이라고는 생각되지는 않으며 관찰된 현상들의 본질을 완전히 반영하고 있는 것이라고도 생각되지 않는다. 여러 사람들의 연구결과를 보면 그들의 대상이 달라 여러 가지 서로 상반되거나 애매한 결과를 낳고 있어 새로운 연구는 생각지 않은 의외의 결과를 낳기도 한다.

대부분의 연구에 나타난 결점은 문제에 대한 비교 연구가 없고 견해가 좁다는 점이다. 즉 번데기나 유충의 휴면에 관한 연구는 모두가 휴면의 종료에 관한 실험이고 누에의 배자휴면에 관한 연구는 휴면유기과정에 관한 것이 전부이다. 지금까지의 연구결과를 보면 휴면의 유기와 종료는 다같이 한 가지 호르몬에 의한 것으로 생각되어 오고 있다. 그러나 이 문제는 증명된 것은 아니며 의심이 가는 점까지 있다. 휴면은 활발한 생장을 하는 시기에 시작되어 생물의 생리에 큰 변화를 일으키는데 휴면의 준비과정에서의 호르몬의 문제에 대하여는 지금까지 연구된 것이 없다. 이 문제는 대단히 중요한 문제이며 아마도 몇 가지 내분비계가 관여되었을 가능성이 크다. 생물이 생리학적으로 준비가 되어 있지 않을 때는 뇌나 전흉선을 제거하여도 원래 휴면을 하지 않는 종이나 발육단계에 전형적인 휴면상태를 일으키지 못한다. 예를 들면 Novak(1959) 의 실험에 따르면 누에의 번데기에서 뇌를 제거하면 발육이 정지되고 호흡작용이 감소하며 청산에 대한 저항성이 증가하였으나 그 저항성은 정상적인 것에 비하면 약하였다고 한다. 꿀벌부채명나방(*Galleria melonella*)이나 *Dendrolimus pini* 솔나방 그리고 코드링나방(*Enarmonia pomonella*)를 재료로 한 저자의 실험결과를 보면 비휴면 유충의 몸 전단부를 절단하면 호흡이나 수분증발은 휴면하는 것에 비하여 컸다. 그에 따라 수술을 받은 것은 쇠약해지고 건조하여 곧 죽었다.

정상적인 생장이나 발육의 조절에 서로 다른 호르몬이 관여하고 있다는 사실에 관한 보다 완전한 지식을 갖게 되면 우리는 현재까지 개체발생의 여러 가지 발육단계에서 알려진 여러 가지 생리학적 현상을 하나의 일반적 양식으로 통합할 수 있겠다. 이 문제에 관한 여러 가지 흥미 있는 생각을 Hinton(1953, 1957)이 제기하였다. 그는 억제호르몬과 활성화 요인의 동시적 작용을 바탕으로 휴면에 관한 일반이론을 수립하려 하였다. 이런 점에서 Morohoshi(1959)가 누에(*Bombyx mori*)를 재료로 연구한 새로운 결과는 의미가 크다. 그는 휴면을 유도하는 식도하신경절의 호르몬 외에 이 곤충에는 휴면을 억제하는 아라타체가 분비하는 길항적 호르몬이 있음을 밝혔다. 이 두 기관의 호르몬 분비는 신경을 통하여 뇌의 지배를 받는다. 여러 가지 서로 다른 품종들에 있어서의 화성 차이는 이 두 가지 요인 간의 균형에 의하여 결정된다. 이 두 호르몬은 휴면에 관여할 뿐 아니라 유충의 발육기간이나 탈피횟수 그리고 견사의 생산량과도 관계가 있다. Morohoshi는 식도하신경절이 분비하는 호르몬은 생장을 억제하고 아라타체가 분비하는 호르몬은 생장을 촉진하는 기능을 갖고 있는 것으로 보고 있다.

다른 형태의 휴면에서도 비슷한 조절양식이 있는 것으로 생각된다. 식도하신경절이 분비하는 배자휴면호르몬의 존재가 번데기로 휴면하는 산누에나방(*Antheraea pernyi*)에서도 알려져 있는데 그에 관하여는 확실한 것은 아직 모르고 있다. 아마도 휴면은 각각 특별한 생리학적 원인에 의하여 결정되는 것이 아닌 것은 확실하고 정상적인 생장이나 변태에 영향을 미치는 호르몬들의 양적 변동의 결과인 듯하다. 이런 견지에서 보면 서로 다른 분류군에서 비슷한 형태의 휴면이 독립적으로 생기고 근연의 종들에서도 서로 다른 형태의 휴면의 존재 이유를 이해할 수 있을 듯하다. 여러 가지 서로 다른 생활환을 가진 종이나 계통에 대한 비교연구는 휴면을 결정하는 생리학적 기작이나 진화로 이어지는 과정을 밝히는데 도움이 되겠다.

5. 생활환에서 휴면 유기를 조절하는 조건

휴면의 생물학적 중요성을 논하면서 우리는 지금까지 휴면을 일으키는 시기를 결정하는 요인의 문제는 다루지 않았다. 그러나 이 문제는 생태학적으로 대단히 중요한 문제이다. 이것은 다른 계절적 적응과 마찬가지로 휴면이 제때에 일어나야만 그의 적응적 기능을 발휘할 수 있기 때문이다. 휴면 개시의 시기와 외부환경조건의 변화와는 일치하고 있어 이와 같은 동기성을 보장하려면 특별한 기구가 있어야 하겠다. 이 문제에 관하여는 여러 가지 의견이 발표되고 있으나 상반된 의견이 많으며 근거도 희박하다.

각 지역에서 종에 따라 휴면개시의 날짜가 정확하게 정해져 있다는 것은 외부조건과는 독립적으로 일어나는 내인적 발육의 연간주기의 존재로는 설명이 어렵다. 발육기간이나 비활동 발육단계의 출현일시는 실험적으로 외부환경조건을 변경시키면 쉽게 변동시킬 수 있는데 이것은 1년에 한 세대 밖에 경과하지 않는 1화성 곤충에서도 가능하다. 그런데 휴면조절이 외부조건에 의한 것이라고 만도 할 수 없다.

휴면이 신경내분비계의 작용에 의한 것이라는 사실은 계절적 발육을 조절하는 내적요인과 외적요인을 하나로 묶을 수 있게 한다. 뇌의 신경분비작용은 생물의 내적조건과 특수수용기관이 받는 외부로부터의 자극 또는 신경기관에 직접 영향을 미치는 자극 모두의 영향을 받는다. 이런 것을 생각할 때 우리는 휴면의 조절에는 두 가지 요인이 개재되어 있을 가능성을 짐작 할 수 있겠다. 즉 그 하나는 생물체내의 생리학적 기능에 관련된 내인적인 것이고 다른 하나는 외부환경조건이다.

내인적 조절의 예로는 내인성 휴면을 하는 1화성 곤충이 있겠다. 이런 곤충에서의 휴면은 매 세대마다 유전적으로 정해진 발육단계에 휴면이 일어난다. 이와 같은 엄밀한 1화성 곤충은 모든 곤충 분류목에서 그 예를 찾아볼 수 있다. 이런 경우 휴면유기는 외부환경조건에 의한 것은 아니나 생활환 전체는 환경의 영향을 받는데 특히 온도조건은 재활성화 속도와 활동기의 발육속도나 발육기간에 큰 영향을 미친다. 이와 같은 기능을 통하여 1화성 곤충류의 발육은 외부조건의 계절적 변동과 동기성을 발휘하게 된다.

유전적인 1화성 생활사는 온도나 그 밖의 조건들이 일년 1세대 밖에 경과할 수 없는 지역에서는 곤충류가 그들의 생활사를 외부조건들의 계절적 변동과 동기화시키는 간단하고도 가장 확실한 방법이 되겠다. 따라서 이와 같은 생활환은 북부지방 곤충류에 많으나 식물의 특정 생물학적 현상의 절대적 지배를 받는 곤충이나 사막지역에 일시적으로 분포하는 곤충류에서 그 예를 볼 수 있고 한편 생육이 가능한 기간이 한 세대 이상을 경과할 수 있는 곳에서는 1화성 생활환은 종의 번영을 제약할 수 있어 생물학적으로 불리하겠다. 이런 곳에서는 외인성 휴면을 하는 다화성 생활환이 발달하겠으며 이런 곤충에서의 휴면의 개시나 종료는 주로 외부환경조건의 지배를 받는다. 이런 종들은 생육기간 중 여러 세대를 거치며 다만 불리한 기간에만 휴면하게 된다. 이와 같은 생활환을 가진 것들의 번식의 가능성은 1화성인 것에 비하여 융통성이 크며 번식잠재력을 최대한으로 활용할 수 있겠다. 따라서 곤충류에는 이런 형태의 생활환을 가진 것이 많다.

휴면은 생존을 위한 적응현상이기 때문에 그 원인을 외부조건에서 찾았다. 따라서 휴면은 발육기간 중의 불리한 조건들에 대한 반응이라는 생각이 보통이다(Cousin 1932, Maercks 1934, Kozhanchikov 1937a 기타). 사실 저온이나 고온, 낮은 공중습도, 먹이의 함수량 감소, 먹이식물체의 생화학적 성분의 변화와 같은 불리한 환경조건이 휴면유기와 관련이 있다.

곤충들의 계절적 발육의 조절과 관련 최근 휴면현상이 광주기와 깊은 관계가 있다는 새로운 사실이 알려졌다. 일장은 생태학적 조건 중 특이한 역할을 한다. 온도나 습도 그리고 먹이조건과 달리 광선은 생명활동에 꼭 필요한 기본적인 것은 아니다. 야외조건하에서 생활하는 곤충류의 경우에도 생장과 발육은 어떤 일장조건하에서도 정상적으로 이루어지며 심지어 완전한 암흑조건하에서도 지장이 없다. 따라서 변동하는 일장의 영향 하에서 일어나는 휴면이나 기타의 현상은 광조건에 대한 직접적 적응현상은 아니다. 일장은 간접적인 요인으로 곤충이 다른 중요한 조건의 변화에 대한 적응을 시간적으로 조절하는 요인에 불과하다.

이와 같은 광주기의 "신호성" 역할이 밝혀지면서 휴면유기에 관련된 다른 생태학적 요인들의 작용기작에 대한 지금까지의 생각을 다시 생각해 보게 한다.

곤충류의 광주기에 대한 반응이나 휴면기간 중의 생리학적 특성에 관한 실험결과를 보면 휴면이 생장에 불리한 조건들에 대한 반응으로만 생각해서는 안 됨을 알 수 있다. 더욱이 휴면 과정을 보면 비활동기(휴면기)에 생명을 유지하는데 필요한 영양물질을 활동이 유리한 시기에 축적하고 동화한다. 이와 같은 준비과정은 활발한 활동이 가능한 외부조건의 존재 하에서만 가능하다. 생활환을 조절하는데 중요한 역할을 하는 휴면은 가을철 온도가 떨어지기 훨씬 전에 활동을 정지함으로써 그 역할을 달성한다. 따라서 자연 상태 하에서의 휴면조절은 일종의 "신호성" 요인에 의해서 이루어 질 수 있는데 이 신호는 조건이 발육에 불리해지기 전에 있어야 하며 동시에 이런 것은 상당히 규칙적으로 변하는 조건이어야 하겠다. 온도나 습도의 변화 그리고 가을철의 먹이조건(성분) 변화도 겨울철이 가까워졌다는 중요한 신호가 되겠다. 이렇게 자연계에서 휴면이 시기적절 하게 일어나는 것은 여러 가지 요인들과 평행하여 일어나는 조절계의 작용 때문이다. 신경내분비계는 여러 가지 요인의 영향을 받는데 그의 활동 특성을 보면 서로 다른 요인들이 직접 또는 간접적으로 그에 영향을 미쳐 그 결과 휴면을 조절하고 있음을 알 수 있다.

일장의 연중 변동은 정해져 있으며 휴면유기나 기타의 계절적 적응현상에 영향을 미치는 다른 생태학적 조건들과는 달리 천문학적인 정확성을 갖고 있다. 이런 이유 때문에 이것이 계절적 변동의 중요한 조절요인의 역할을 하는 것이다. 곤충류가 불리한 계절적 조건에서 생존할 수 있게 하는 적응현상에 직접 생리학적으로 중요한 요인이 아닌 일장을 계절적 적응현상을 조절하는 요인으로 이용하고 있는 것은 대단히 중요한 일이다.

생물지리학적 견지에서 볼 때 곤충류에 있어서 광주기성의 생물학적 역할을 생각해 보는 것은 중요한 일이다. 그림 5에서 보는 바와 같이 일장의 계절적 변동 폭은 위도에 따라 차이가 있다. 적도상에서는 일장은 12시간으로 일정하다. 때문에 연중 에너지 유입은 일정하여 온도는 극히 안정되어 있다. 적도에서 멀어지면서 일장과 복사에너지의 유입량의 계절적 변동은 커지고 그에 따라 기후 특히 기온의 계절적 변동이 커진다. 여러 지역에서의 광주기가 생물학적 현상에 미치는 영향은 차이가 있겠다. 이것은 특히 온대지방에서 명백한데 온대지방에서는 온도와 일장이 계절적으로 크게 변하나 아한대지방에서는 일장의 조절기능은 적어진다. 아한대 지방에서는 생장 가능한 기간이 짧고 여름철의 온도가 낮아 다화성 생활환을 허용하지 않는다.

저위도 지역에서는 일장의 계절적 변동이 극히 적고 고온이 계속되어 발육이 계속될 수 있기 때문에 이런 지역에서는 광주기가 그 역할을 발휘하지 못하여 비주기적 발육을 하는 것이 많다는 의견도 있다. 그런데 열대지방에서도 계속적인 발육이 습도의 심한 계절적 변동 때문에 불가능함이 알려지고 있다. 이와 같은 습도의 심한 계절적 변동으로 휴면하는 경우 휴면은 건기의 생존에 중요하기 때문으로 이런 경우 건기의 도래를 알려주는 정확한 징조가 요구되겠다. Norris(1959)는 위도 10° 부근(일장의 연중 변동

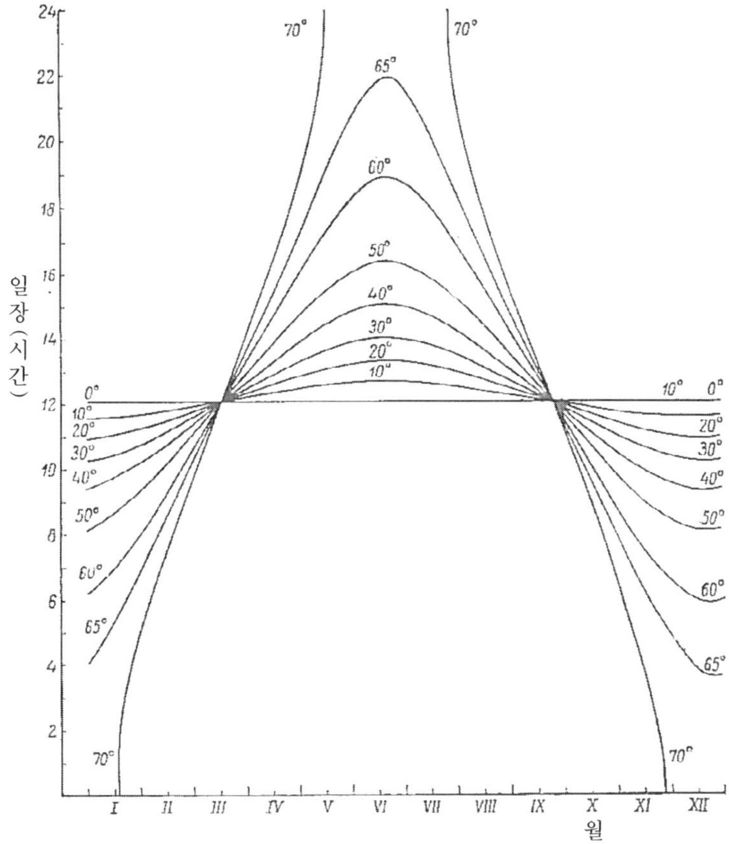

그림 5. 북반구 여러 위도에서의 일장의 계절적 변화

폭이 1시간을 넘지 않는다)에 서식하는 아프리카의 *Nomadacris septemfasciata* 메뚜기를 재료로 이들에서도 성충휴면을 조절하는 명백한 일장반응이 있다는 흥미 있는 결과를 밝혔다. 따라서 습도가 계절적으로 크게 변하는 열대지방에서는 일장이 일반적으로 생각하는 것 보다는 중요한 생태학적 요인일 가능성이 크다.

제 2 장

곤충의 광주기 반응 특성

일장의 계절적 변화가 곤충의 발육에 영향을 미친다는 실험적 증명은 식물에서의 광주기 현상이 발견된 다음 얼마 안가서 이루어졌다. Marcovith(1923, '24)는 진딧물의 복잡한 생활환의 계절적 변화가 일장에 의하여 결정된다는 것을 발견하였다. 그 후 Shull(1928, 1929, 1930)은 *Macrosiphum solanifolii* 진딧물의 유시형 출현에 미치는 광주기 조건을 상세하게 연구하였다. 그러나 이런 중요한 연구는 2화성 누에와 다화성 누에에서의 배자휴면조절에 미치는 일장의 중요성을 밝힌 Kogure(1933)의 연구와 같이 당시에는 그 중요성을 몰랐다. 그리하여 곤충학에서 광주기의 중요성에 관한 연구는 많이 늦어졌다. 그 후 약 20년 동안은 여러 가지 곤충류의 발육에 미치는 광조건의 영향에 관한 연구가 산발적으로 있었다(Sabrosky, Larsen과 Nabours 1933, Baker 1935, Tate와 Vincent 1936). 따라서 곤충 생태학에서의 광주기 조건의 역할은 최근까지 전혀 연구되지 않았다. 그 뿐 아니라 몇몇 연구에서는 곤충의 발육에 미치는 광조건의 영향에 대하여 의문을 갖게 하고 심지어는 부정하는 결과까지 있었다(Janisch와 Maercks 1933).

이런 중요한 요인의 생태학적 역할에 대한 관심이 적었던 이유는 당시까지는 아직도 곤충의 발육이 일장조건에 의하여 조절된다는 것을 충분히 이해하지 못하고 있었기 때문이라고 할 수 있겠다. 곤충에 있어서 이와 같은 적응현상의 중요성이 밝혀지면서 곤충학자들은 광주기에 의한 발육의 조절작용과 그의 실질적 중요성을 이해하게 되었다.

비교적 최근에 와서 비로소 몇몇 곤충학자들이 휴면의 조절이나 곤충류의 계절적 발육조절에 일장의 계절적 변동이 극히 중요한 역할을 한다는 사실을 공동으로 또는 단독으로 밝혔다(Andrianova 1948, Danilevskii와 Geispits 1948, Danilevskii 1948, Dickson 1949, Way와 Hopkins 1950). 특이한 계절적 생활환을 가진 곤충류를 대상으로 한 초기연구와는 달리 이와 같은 새로운 연구들은 비교적 간단한 생활환을 갖고 있는 많은 곤충류에서 볼 수 있는 것을 대상으로 한 연구였다. 이에 따라 일반적이면서도 중요한 생태학적 요인으로서의 일장의 중요성이 명백해졌다. 이제는 광범위한 실험결과가 축적되어 있어 곤충류의 광주기 반응에 관한 일반적 내용을 이해할 수 있게 되었다.

1. 곤충류의 광주기 반응 형태

우리 연구실에서는 약 90종의 곤충류와 식식성 응애류를 대상으로 광주기 반응에 관한 비교 연구를 해왔다. 다른 사람들의 연구결과를 합하면 대상 생물의 종수는 약 130종이나 된다. 그들의 목록을 그들의 간단한 반응양식과 더불어 부록에 수록하였다. 연구대상 종수는 분류군에 따라 차이가 있으나 얻은 자료를 통하여 우리는 여러 가지 분류군에서 광주기에 대한 적응현상의 특성을 상당히 명확하게 짐작할 수 있었다.

나비목 곤충류가 가장 체계적이고 상세한 연구의 대상이 되어왔다. 광선의 주야간 변동이 발육에 미치는 영향에 관하여 분류학적으로 원시적인 잎말이나방류나 자나방류에서부터 발달한 독나방류, 불나방류 그리고 밤나방류에 이르기까지 여러 가지 분류군에 속하는 60종 이상의 곤충류를 대상으로 연구하였다. 파리목 곤충류에 대한 연구도 상당히 있다. 모기류나 깔다구류 그리고 등에모기류 등 여러 가지 모기류나 집파리류나 기생파리류와 같은 파리류 발육도 일장의 영향을 크게 받았다. 이들 외의 완전변태 곤충류에 대한 연구는 많지 않으나 *Athalia* 무잎벌류나 *Lygaeonematus* 잎벌류와 같은 잎벌류 그리고 *Apanteles* 고치벌류, *Pteromalus* 금좀벌류와 같은 기생벌류, *Leptinotarsa* 잎벌레류나 *Chrysomela* 잎벌레류, *Haltica* 잎벌레류와 같은 잎벌레류 그리고 *Chrysopa* 풀잠자리류 등에서도 명백한 일장반응을 보이는 것이 알려지고 있다. 불완전변태 곤충류에서는 진딧물류나 매미류 그리고 매미충류 등에서 널리 알려져 있으며 *Acrydium, Nomadacris, Schistocera* 등 메뚜기류나 *Anax* 잠자리류 등에서도 이러한 사실이 알려져 있다.

일장의 변화에 대한 반응 능력의 존재는 나비목, 파리목, 벌목, 풀잠자리목, 딱정벌레목, 노린재목, 메뚜기목 그리고 잠자리목 등 여러 가지 분류목에 속하는 주요 곤충류에서 알려지고 있다. 여기에 응애류나 진드기류에 대한 계절적 생활환 변동에 미치는 일장의 영향을 더하면 일장변동에 대한 생활사의 적응현상은 거의 대부분의 절지동물에서 볼 수 있는 현상임을 알 수 있다.

일주기에 대한 적응현상은 극히 다양한 생활양식을 가진 생물들에서 관찰되고 있다. 이것은 지상생활이나 수중생활을 하는 생물은 물론 식식성 생물이나 흡혈이나 포식 또는 내부기생성 생물을 포함한 육식성 생물에서도 볼 수 있는 현상이다. 지금까지의 연구는 밝은 곳에서 생활하는 생물을 대상으로 한 것이 대분이나 부의 주광성을 갖고 있으면서 음폐물 밑에 숨어서 생활하는 것들에서도 발달한다. 예를 들면 도둑나방(*Barathra brassicae*), 조명나방(*Pyrausta nubilalis*), 화랑곡나방(*Plodia interpunctella*), 복숭아순나방(*Laspeyresia molesta*) 그리고 코드링나방(*Enarmonia (Carpocapsa) pomonella*) 등의 유충 같은 것도 광주기에 대하여 예민한 반응을 보인다. 심지어 땅속에서 살면서 식물뿌리를 가해하는 *Hylemyia brassicae* 고자리파리도 일장의 영향을 받는다. 이와 같이 광주기에 대한 반응은 아주 약한 광조건 하에서 생활하는 곤충들에서도 찾아 볼 수 있다. 그러나 이 현상은 꼭 내인성인 것은 아니다. 여러 가지 생물들 중에는 약한 반응을 보이는 것도 있고 어떤 것은 일장 변화에 전혀 반응을 보이지 않는 것도 있다.

일장변동에 대한 적응현상과 생활환의 특성 간의 관계는 명백하다. 광조건이 발육에 미치는 영향이 명백한 것은 특히 외인성 휴면을 하는 다화성 곤충류에서이며 휴면이 없는 생물이나 생활사의 분화가 극히 적은 생물에서는 일장의 영향은 없다. 우리 실험실에서의 연구 결과에 따르면 집파리(*Musca domestica*), *Calliphora erythrocephala* 검정파리류, 배추좀나방(*Plutella maculipennis*) 그리고 귤응애(*Metatetranychus citri*) 등이 이런 특성을 갖고 있었다.

문헌에 따르면 완전히 1화성인 곤충류는 일주기 반응이 없다(Kogure 1933, Danilevskii와 Geispits 1948). 광조건의 영향을 받지 않는 예로는 짚시나방(*Lymantria dispar*), 줄홍색박각시(*Sphinx ligustri*), 상제나비(*Aporia crataegi*), *Cacoecia rosana* 잎말이나방, *Tortrix viridana* 잎말이나방 등이 있다. 그러나 여러 가지 나비목 곤충 특히 유충으로 월동하는 곤충들의 경우 생활환이 유전적이어서 외적조건의 영향을 받지 않는 것으로 알려진 곤충류에 있어서도 생활환의 계절적 진행이 일장의 영향을 어느 정도는 받는 것으로 알려져 있다. 이런 예는 불나방(*Arctia caia*), *Agrotis triangulum* 밤나방, *Agrotis occulta* 밤나방, *Cosmotriche potatoria* 솔나방과 그와 유사한 솔나방류(Geispits 1953) 그리고 *Spilosoma menthastri* 불나방(Danilevskii 1957a, 1957b) 등에서 알려지고 있다. 자연 상태에서 이들 곤충은 어디서나 1화성이다. 그러나 일장이 조절된 실험실 조건에서는 휴면기간이 상당히 짧아지기도 하고 휴면하지 않는 경우도 있었다.

광주기에 대한 반응과 생활사의 계절적 적응과의 관계는 교미한 휴면상태의 성충으로 월동하는 *Anopheles maculipennis* 학질모기와 *Culex pipiens* 집모기에서 잘 알려지고 있다. 일장은 이들 모기류 암컷의 성적발육에 큰 영향을 미치는데 일장은 난소발육과정과 휴면개시 시기를 결정한다. 그러나 수컷의 발육이나 생리적 조건에는 아무런 영향도 미치지 않는다(Danilevskii와 Glinyanaya 1958). 이와 같은 것은 점박이응애(*Tetranychus urticae*)나 *Schizotetranychus tiliarium* 응애에서도 알려져 있는데 이들에서는 암컷만이 월동한다.

지금까지 학자들은 광주기에 대한 전형적 반응에만 주목해왔다. 그러나 그것이 그리 명백하지 않거나 어떤 조건하에서만 나타내는 것도 많다. 예를 들면 거세미나방(*Agrotis segetum*), *Peridroma margaritosa* 밤나방, *Athetis ambigua* 밤나방, *Notodonta ziczac* 재주나방, *Protophormia terraenovae* 검정파리 등이 이런 부류에 들어간다. 이와 같은 약한 반응을 일으키는 것들은 전형적인 외인성 휴면을 하면서 개방된 곳에서 생활하는 종에서도 발견된다. 이런 것들에 관한 연구는 광주기에 대한 적응현상의 진화에 관련된 조건들을 이해하는데 도움이 될 수 있겠다.

광주기 반응은 여러 가지 곤충류에서 발견되는 것으로 보아 외부조건들의 계절적 변동에 대한 이런 적응현상은 여러 분류군에서 독립적이고 평행적으로 발달한 것으로 생각된다. 이런 점에서 생각할 때 일장반응은 여러 분류군에서 독립적으로 발달한 것이 틀림 없는 휴면현상과 비슷하다.

2. 계절적 일장변동의 영향을 받는 현상

광주기 조건의 영향을 받는 생물학적 현상은 여러 가지가 있다. 휴면유기에 미치는 일장의 영향에 관한 연구는 많다. 광조건들은 배자휴면(예 : 누에(*Bombyx mori*), 유충휴면(예 ;

Pandemis ribeana 잎말이나방, *Dendrolimus pini* 솔나방, *D. sibiricus* 솔나방, *Euproctis chrysorrhoea* 독나방, 독나방(*E. similis*), *Agrotis triangulum* 밤나방 등), 전용휴면(예 : *Loxostege sticticalis* 들명나방, 화랑곡나방(Plodia interpunctella), 코드링나방(*Enarmonia* (*Carpocapsa*) *pomonella*), *Apanteles glomeratus* 학질모기, *Chrysopa* sp. 풀잠자리), 용 휴면(예 ; 배저녁나방(*Acronycta rumicis*), *Pieris brassicae* 흰나비, 기타 나비목 곤충류) 그리고 성충휴면(*Anopheles maculipennis* 학질모기, *Culex pipiens* 숲모기, 콜로라도잎벌레(*Leptinotarsa decemlineata* 등) 등과 깊은 관계가 있다.

일부 곤충류에서는 일장의 변화가 휴면이나 발육의 계절성 특히 변태의 계절성과 같은 개체발생에 영향을 미친다. 이와 같은 조절작용은 직접적일 수도 있고 휴면을 통한 간접적인 것일 수도 있다. 휴면을 거치는 간접적인 경우는 계절적 이형을 갖고 있는 북방거꾸로여덟팔나비(*Araschnia* levana-prorsa)가 좋은 예가 되겠다. 겨울을 난 번데기에서 우화한 봄 세대의 이 나비는 검은 점이 있는 황적갈색(Levana형)이다. 그런데 여름철에 자란 제2세대의 성충은 흰점을 가진 흑색이다(Prorsa형). 이런 현상은 오랫동안 번데기에 미친 온도의 영향으로 알려져 왔으며 아직도 그런 것으로 널리 알려지고 있다. 그러나 Süffert(1924)의 연구결과 이 현상에 미치는 온도의 영향은 그리 크지 않고 주요 원인은 휴면임이 밝혀졌다. 휴면용에서 우화한 성충은 온도와는 관계없이 춘형인 황갈색(Levana)이고 비휴면 용에서 우화한 것은 흑색형(Prorsa)이다. 이 나비의 휴면은 유충기의 일장조건에 의하여 결정된다는 사실이 후에 알려지기도 하였다(Danilevskii 1948, Müller 1955c, 1956, 1957b, 1959). 따라서 체색의 계절적 변이는 광주기 조건에 의하여 조절되는 것이다(표 2).

표 2. 북방거꾸로여덟나비(*Araschnia levana-prorsa*)의 계절형 출현에 미치는 광주기의 영향 (26℃)

일장(시간)	휴면용(%)	비휴면용	형
24	0	100	*prorsa*형뿐
9	100	0	*levana*형뿐
암조건	77.6	22.4	*levana*형 77.6% *prorsa*형 22.4%

우리는 비슷한 현상을 *Hylophila prasinana* 나무껍질밤나방에서도 관찰하였다. 남부(Sukhumi)계통의 유충을 단일조건(10시간)에서 사육하면 휴면용이 생기며 여기서 우화한 성충은 전형적인 *prasinana*형이 된다. 그러나 장일조건(24시간)하에서는 번데기는 휴면하지 않으며 여기서 우화한 성충은 형태나 체색이 완전히 다르다. 후자를 예전에는 독립된 종으로 보고 *Hylophila hongrica* Warr라고 하였었다.

같은 기작이 *Peronea fimbriana* Thnbg. 와 *P. lubricana* Mn. 잎말이나방 체색의 계절적 변동에도 관련되어 있다. 이 두 형은 예전에는 별개의 종으로 알려져 있었으나 최근 동종 이명임이 밝혀졌다(Kuznetsov 1955). 장일조건에서 자란 비휴면 여름세대 성충은 오렌지색을 띤 황토색(*lubricana*)이나 추형은 암회색(*fimbriana*)이다. Kuznetsov는 추형의 유충을 실험실에서 장일조건하에서 사육하여 하형의 체색을 가진 성충을 얻는데 성공하였다.

여러 가지 종류의 매미충류의 체색이나 체형의 계절적 변이도 일장의 변화와 관계가 있는 것이 알려져 있다. 나방류 곤충에서와 마찬가지로 여러 가지 경우 변태에 미치는 일장의 영향은 휴면을 통하여 나타난다. 끝동매미충(*Nephotettix cincticeps*)의 약충은 단일조건에서 휴면하는데 이 때에 우화하는 성충은 단시형으로 소형이다. 그러나 불변의 장일조건에서 발육한 것은 몸이 큰 장시형 성충이 된다(하형)(Kishimoto 1959a, 1959b). 애멸구(*Delphacodes striatella*)의 경우도 단일조건에서는 휴면하며 단시형율은 여름 세대보다 봄 세대에서 특히 높다(Kishimoto 1956). 등줄멸구(*Stenocranus minutus*)에 있어서도 형태적 변이는 휴면과 밀접한 관계가 있는데 이 멸구의 경우는 앞서의 경우와는 달리 휴면 개체에서 우화한 성충이 비휴면 개체에서 우화한 성충보다 대형이다(Müller 1957a).

*Euscelis*속 매미충류는 휴면하지 않는데 그들의 계절형에 미치는 광주기의 직접적 영향에 대하여는 Müller(1954, 1955a, 1955b, 1957b, 1958b, 1959)의 상세한 연구가 있다. 여기서 특히 주목할 점은 일장은 체색이나 몸의 크기에 영향을 미칠 뿐 아니라 종 동정의 기초가 되는 생식기관의 형태에도 영향을 미친다는 것이다.

그림 6은 약충기의 일장이 이 매미충 수컷 외부생식기의 형태와 크기에 미치는 영향이다. 단일조건(일장 4~15시간)하에서는 *incisus*형만이 생기는데 이런 것은 자연 상태에서는 봄철 휴면개체에서 우화한 것에서만 볼 수 있다. 이들의 특징은 몸이 작고 암색이며 삽입기 표면에 갈고리가 없는 것이다. 장일(일장 16시간 이상)조건하에서는 하형인 *plebejus*형이 생긴다. 이들은 비교적 몸이 크고 색이 연하며 삽입기 표면에 강력한 갈고리를 갖고 있

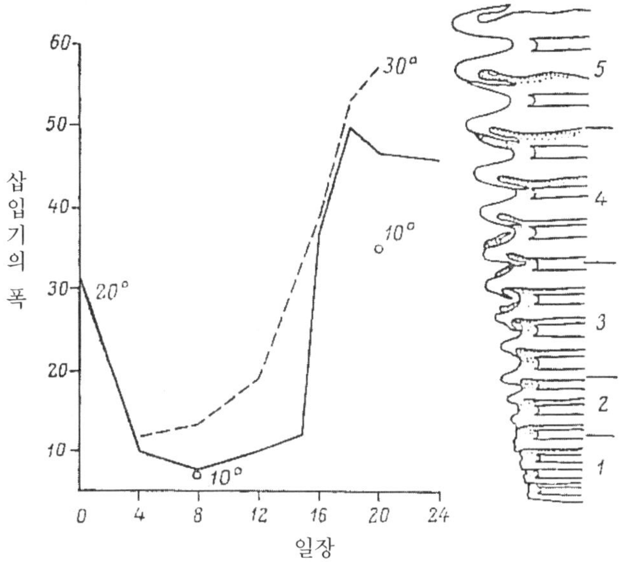

그림 6. 매미충의 일종 *Euscelis plebejus* 수컷 생식기 형태의 변화와 후배자 발생기의 광 주기와의 관계 (Müller 1959)

1. *incisus* 2. *abbingensis* 3. *subplebejus* 4. *plebejus* 5. *supperplebejus*
——: 20℃, -----: 30℃, ○: 10℃

는 것이 특색이다. 중간형은 좁은 광주기 범위 내에서만 생긴다. 온도는 이런 외부생식기 변화에 별 영향이 없다. 단일조건이거나 장일조건이거나를 막론하고 일정한 광주기 조건하에서는 *incisus*형이나 *plebejus*형이 계속 생기며 이런 현상은 14세대에 걸쳐 변함이 없었다. 외부생식기관에는 형태적 차이가 있었으나 이들 두 형 간에는 별 지장 없이 교미하였고 완전한 생식을 할 수 있었다.

일장의 변화는 진딧물류 생활사의 복잡성과 밀접한 관계가 있다. 이 문제에 관한 연구결과는 많다. 앞서 말한 바와 같이 이 사실은 Marcovitch(1923, 1924)가 처음 밝혔다. 그는 진딧물의 1

종인 *Aphis forbesi*와 몇몇 이동성 진딧물류는 여름철에는 단성생식을 하던 것이 가을철에는 양성생식을 하게 되며 그들이 이동형이 생기는 것은 일장의 계절적 변화에 의한 것임을 밝혔다. 이와 같은 결론은 감자수염진딧물(*Macrosiphum solanifolii*=*M. euphorbiae*)(Shull 1928, 1929), *Aphis fabae*(Davidson 1929), *Aphis chloris*(Wilson 1938), 양배추가루진딧물(*Brevicoryne brassicae*)와 복숭아혹진딧물(*Myzus persicae*)(Bonnemaison 1951), *Acyrthosiphon pisum*(Kenten 1955) 등의 진딧물류를 대상으로 한 연구결과로 확인되었다. 이런 연구들 중 Bonnemaison(1951)의 연구는 특히 훌륭한 것이다.

진딧물류의 발육에 미치는 광주기의 영향에 대하여는 볼록진딧물의 일종 *Megoura viciae*를 재료로 한 상세한 연구가 있다(Lees 1959b). 이 진딧물의 생활환은 비교적 간단하다. 봄철과 여름철에는 유시 또는 무시의 태생 단성생식 암컷이 몇 세대 계속된다(*Virginipara*)(단성생식암것). 이때 그들은 단성생식만을 하나 세대마다 소수의 수컷이 생긴다. 가을이 되면 양성생식을 하는 유시의 산란성 암컷(*Ovipara*)(양성생식암것)이 생긴다. 이것은 교미 휴 월동하는 알을 낳는다. 이렇게 단성생식 암컷은 수컷을 포함 3개형의 암컷을 생산한다. 세 개 형이란 무시의 단성생식 암컷, 유시의 단성생식 암컷 그리고 유시의 양성생식 산란성 암컷이 그것이다.

Lees는 볼록진딧물의 일종인 *Megoura viciae*의 태생 단성생식 암컷은 외부조건에 따라 배자의 발육 방향을 결정하는 특이한 호르몬성인 조절기능을 갖고 있음을 밝혔다. Lees는 여러 가지 발육단계의 모체를 단일 또는 장일 조건으로 처리하였을 때 시기적으로 태어나는 자식의 형태가 어떻게 다르며 배자발육단계의 이런 조건에 대한 반응이 어떻게 다른가를 밝혔다.

이 진딧물의 경우 먼저 성이 결정되는데 그 시기는 약충의 일령기로 아마도 다음 세대의 난자형성과정이 온도조건의 영향을 받는 듯하다. 임계온도의 상한과 하한인 25℃나 11℃를 벗어난 온도에서는 수컷 생산이 방해된다. 이 진딧물의 경우 광주기는 성 결정에는 영향을 미치지 않는데 다른 진딧물에서는 그 영향이 크다. 예를 들면 양배추가루진딧물(*Brevicoryne brassicae*)나 복숭아혹진딧물(*Myzus persicae*)의 경우 장일 조건하에서는 수컷 생산이 크게 감소하며 *Acyrthosiphon pisum*에서는 수컷은 전혀 생산되지 않고 단일 조건하에서만 수컷이 생산된다(Kenten 1955).

배자발생 초기에 앞으로 암컷이 단성생식을 하는 것이 될 것이냐 양성생식을 하는 암컷이 될 것이냐가 결정된다. 이것은 2령기 약충기에 배자가 생기면서 생기는데 일장조건과 온도조건에 의하여 결정된다. 고온 장일 조건하에서는 단성생식 암컷이 생기고 저온 단일조건하에서는 양성생식 세대의 산란성 암컷이 생긴다. 그림 7은 발육기간 중의 일장이 다음 세대 진딧물의 형태에 미치는 영향을 나타낸 것이다. 일장 14.5시간을 중심으로 임계일장 양측에서의 출현형에 완전한 차이를 볼 수 있다. 이 임계일장 근처에서나 완전한 암 조건에서는 이 진딧물은 두 가지 성이 나타남을 알 수 있다.

유시의 단성생식 암컷 출산은 배자발육의 후기에 결정된다. Shull(1928, 1929)이 감자수염진딧물(*Macrosiphum solanifolii*)을 재료로 하여 얻은 결과와는 달리 여기서는 일장조건은 별 영

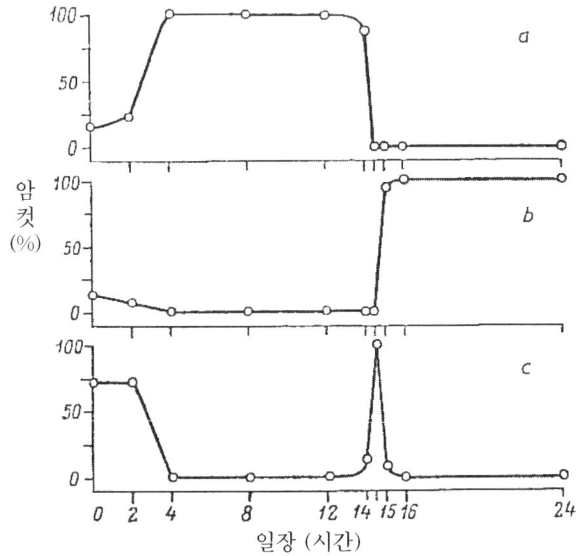

그림 7. 볼록진딧물의 일종 *Megoura viciae*에 있어서 발육기간 중의 광주기가 다음 세대 진딧물 형에 미치는 영향 (Lees 1959)

a. 산란성 암컷만을 생산하는 암컷의 %, b. 태생 암컷만을 생산하는 암컷의 %, c. 두 가지 형을 생산하는 암컷의 %, 온도 15℃

향이 없다. 유시의 단성생식 암컷 출현과 관계가 있는 것은 주로 정상적 먹이가 없거나 높은 밀도조건이다(Bonnemaison 1951)(*Macrosiphum solanifolii*의 반응을 조사한 Bonnemaison의 의견에 따르면 Shull의 결론은 그가 산자성(*Gynoparae* 産雌性) 이주개체를 유시 단성생식 개체로 취급하였기 때문에 생긴 잘못이라는 것이다).

Megoura viciae 볼록진딧물에서 관찰된 계절성 조절작용은 비이동성으로 정주성인 진딧물류에서의 전형적 특성이다. 그런데 단성생식 세대에 먹이 식물을 바꿔야 하는 다기주성 진딧물류에서는 사정이 보다 복잡하다. 다른 기주로 이동해야 하는 이동

형의 출현은 주로 1차 기주의 영양조건의 악화에 따른 것이다(Shaposhnikov 1959). 그러나 가을철에 월동기주로 이동하여 그곳에서 양성세대를 생산하는 양성생식 암컷의 출현은 Marcovitch(1924)가 소루쟁이진딧물(*Aphis rumicis*), *A. sorbi* 그리고 *Capitophorus hippophaes* 등에서 밝힌 바와 같이 기주의 영양조건 변화가 아니고 단일조건의 영향 때문이다.

이와 같은 사실들을 토대로 우리는 진딧물류의 생활환은 계절적으로 변화하는 먹이조건과 기후조건에 대한 서로 독립된 두 가지 적응현상을 바탕으로 하고 있다고 결론을 내릴 수 있겠다.

이동성 단성생식 암컷의 출현은 먹이조건의 악화와 관련이 있으며 그의 가장 간단한 형태는 단기주성 종에서 볼 수 있겠으나 기주가 두 종 이상일 때는 이동개체의 특별한 식성변화가 따르게 된다. 이동은 섭식이나 생식에 보다 유리한 식물로 이동할 수 있기 때문에 높은 밀도를 유지 할 수 있게 하는 중요한 수단이 된다. 이런 현상은 봄과 여름철에 일어나며 생존에 문제가 되는 불리한 기후조건의 제약을 받지 않는다. 따라서 이동형의 출현은 달력상으로 정확한 시기와 일치하지는 않는다. 이것이 이동형의 출현에 일장이 관련이 없는 이유이다.

진딧물에서 양성세대는 생태학적으로 또 다른 의미가 있다. 양성세대는 전반적으로 개체수가 적고 번식력도 단성세대에 비하여 작아 개체군의 밀도증가에는 중요한 의미가 없다. 이것은 보통 수정된 휴면난의 형태이지만 월동과 직접적인 관련이 있다. 가을철에 온도가 급격히 떨어지는데 이때에 맞춰 양성세대가 출현하는 것은 대단히 중요한 일이다. 따라서 온도와 더불어 일장조건은 양성세대와 그에 필요한 형의 출현을 결정하는데 중요한 역할을 한다. 생태학적 측면에서 볼 때 진딧물류의 양성세대 출현과 외부조건간의 밀접한 관계는 겨울철 휴면의 극히 복잡한 경우로 생각된다.

휴면을 비롯한 체색, 다형, 월동기주로의 이동형 출현, 성 결정 등과 같은 여러 가지 현상을 진딧물류에서 볼 수 있으나 이들에서 공통된 현상이 한 가지 있다. 즉 모든 현상은 주기적으로 되풀이 되며 외부조건의 계절적 변동에 대한 그 종의 적응현상으로 월동 발육단계와 깊은 관계가 있다는 점이다. 이런 현상들이 일장주기와의 관계에 있어서 비슷한 점을 갖고 있다는 것은(그림 6~9 참조) 그들 모두가 내적으로 공통된 조절기구의 지배를 받고 있는 것을 시사하는 것이 아닌가 생각된다. 사실 이들 현상들은 신경내분비계 활동의 영향을 받고 있다. 그러나 지금까지의 연구결과를 보면 모든 경우 광주기 조건은 활동기의 생명현상(생장속도, 발육기간, 불리한 조건에 대한 저항성, 증식력 등)에는 특별한 영향을 미치는 일은 없다. 이점은 이와 같은 일장변화라는 요인은 다른 생태학적요인과는 다른 측면을 갖고 있음을 말해주고 있다.

3. 일장에 대한 반응양식

곤충류의 일장변화에 대한 반응양식에는 두 가지 기본적 형태가 있으며 그것은 생태학적으로 식물의 그것과 비슷한 점이 많다. 소련에 분포하는 곤충류에서 가장 흔한 것은 그림 8에서 보는 것과 같은 장일형 반응이다. 이런 반응형의 특징은 연속조명이나 그 종의 임계일장을 넘는 장일 조건하에서는 휴면현상이 없고 세대가 계속된다는 점이다. 단일조건하에서와 임계일장이하의 일장조건에서는 이들은 휴면한다. 또 한 가지 특이한 점은 극단적인 단일조건 특히 완전한 암 조건이 계속되는 조건하에서는 비휴면 발육을 하기도 한다는 것이다. 이런 사실은 흰나비의 일종 *Pieris brassicae*(Danilevskii와 Geispits 1949), 배저녁나방(*Acronycta rumicis*)(Danilevskii 1948) 그리고 우리 연구실에서 연구한 여러 가지 나비목 곤충류에서 밝혀졌다. 복숭아순나방(*Laspeyresia molesta*)(Dickson 1949), 밤나방의 일종 *Polia oleracea*(Way와 Hopkins 1950), 산누에나방(*Antheraea pernyi*)(Belov 1951, Tanaka 1950b, 1950c), 사과응애(*Metatetranychus ulmi*)(Lees 1953a), 점박이응애(*Tetranychus urticae*)

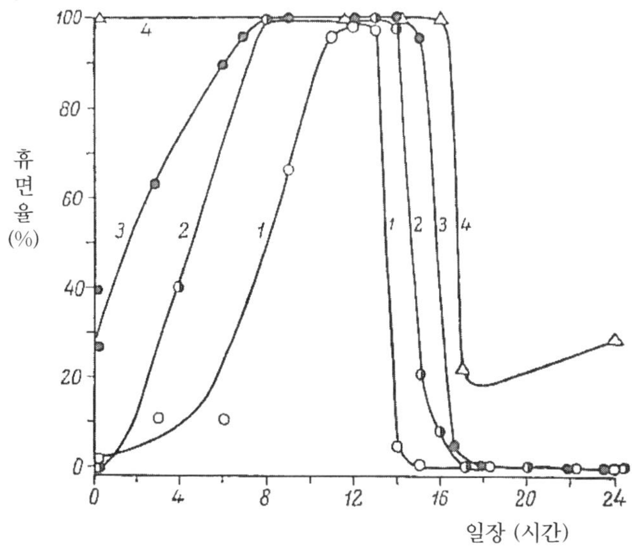

그림 8. 장일형 곤충류의 광주기 반응

1. 복숭아순나방(24℃) 2. 흰나비의 일종(*Pieris brassicae*)(24℃), 3. 배저녁나방 (26℃), 4. 콜로라도잎벌레(24℃)

(Bondarenko 1950) 등을 재료로 연구한 학자들도 같은 결과를 보고하고 있다. 연속조명과 완전 암 조건의 작용이 비슷한 것은 지상 절지동물의 광주기 반응에서 볼 수 있는 공통된 점의 하나이다. 그러나 그림 8에서 보는 바와 같이 완전한 암 조건하에서 발육이 계속된다고 해도 비휴면 발육의 정도에는 종에 따라 큰 차이가 있어 종의 임계일장이 중요함을 알 수 있다. 따라서 임계일장이 길어지면 완전 암 조건하에서의 비휴면 경향은 약해지며 완전히 사라지기까지 한다.

극단적인 광주기 조건에 대한 반응이 비슷하고 광주기에 대한 반응곡선이 대칭적이기는 하나 곡선의 각 부분은 생태학적으로는 의미가 다르다. 10시간 이하의 일장에 대한 반응으로 생기는 곡선의 좌측부분은 이와 같이 짧은 일장은 고위도 지방의 겨울철에만 있을 수 있는 것이어서 특별한 적응적 의미는 없다. 곡선의 이 부분은 모두가 자연 상태의 일장주기에 대하여 어떤 적응적 반응이 생겼을 때 그를 뒷받침하는 생리학적 기구 때문에 생긴 것으로 특별한 적응적 의미는 없는 것이다. 그러나 이 부분은 생리학적으로는 흥미 있는 부분이다.

그림의 우측 곡선은 완전히 다른 의미를 갖고 있다. 이것은 여름철과 가을철의 광조건에 대한 적응현상을 나타낸 것으로 일장주기에 대한 반응의 생태학적 의미를 나타내고 있다. 자연계에서 생활환의 조절에 결정적 역할을 하는 것은 비휴면에서 휴면으로의 이행을 결정하는 임계일장이다. 대부분의 곤충류에서 이와 같은 전환이 일어나는 것은 임계일장을 중심으로 갑자기 일어나는데 이것은 그림의 곡선 우측에 잘 나타나 있다. 임계일장 부근에서는 일장이 조금만 변하여도(1시간 미만) 발육이 완전히 변한다. 이 때 개체 간 변이는 극히 적으며 이것은 변이가 큰 곡선의 좌측 그림과는 딴판이다. 일장 변화에 대하여 이와 같이 정확하게 반응하게 된 것은 강력한 선택작용의 결과로 이것은 자연 조건하에서 생활사의 계절적 변화의 조절과 동면을 준비하는 데에 일장변화가 중요한 의의가 있기 때문이다.

장일성 반응은 온대지방에서 외인성 휴면을 하는 다화성 곤충류에서 특히 중요하며 1화성이나 2년 1회 발생하는 곤충류의 생활환에서는 이런 현상은 드물다. 나비목 곤충류 중에서 이와 같은 특성을 갖고 있는 것은 불안정한 휴면을 하는 유충태로 월동하는 종들에서 뿐이다. 예로는 유럽 솔나방(*Dendrolimus pini*)과 *Dendrolimus sibiricus*가 있으며 그에 관하여는 많은 연구가 있다(Geispits 1949, 1953). 그러나 1화성 곤충류에서는 그의 흔적만이 남아 있는 정도로 약한 반응을 보이는 것이 많다. 이와 같은 종들에 대한 연구는 전혀 없으며 그의 생물학적 의의에 관하여도 잘 모르고 있다. 여기서는 장일성이 약한 몇 가지 곤충의 예를 들었는데 이것은 모두가 어린 유충으로 월동하는 종들이다.

일장은 Leningrad 지방의 불나방(*Arctia caia*) 생활환에 큰 영향을 미치는데 이 곤충은 반응에 개체 간 차이가 커서 한 배의 개체들 간에도 차이가 크다. 23℃ 12시간 조명 하에서는 유충이 3령에 달하면 섭식을 중단하고 발육이 정지된다. 그러나 휴면은 오래가지 않고 얼마 후 부터 섭식을 재개하면서 천천히 생장한다. 이런 조건에서는 한 세대가 3개월 정도면 끝난다. 그런데 장일조건(20~21시간 조명)하에서는 대부분의 유충은 휴면 없이 발육하는데 40일에 용화하는 개체도 있고 70일이 되어도 아직 휴면상태인 것이 있다. 그리고 이들은 섭식은 계속한다. 불나방

(*Arctia caia*) 유충은 3령까지는 단일조건에서 경과하고 그 후에는 장일 조건에서 지낼 때 가장 균질의 발육을 한다.

밤나방의 일종인 *Agrotis occulta* 유충의 광조건에 대한 반응은 더욱 약하다. 일장의 변화는 주로 발육속도에 영향을 미친다. 사육온도가 23℃일 때는 일장과 관계없이 유충은 섭식을 중단하는 일 없이 발육하나 생장은 고르지 못하다. 생육은 장일 조건에서 가장 빠르다(표 3). 끝으로 솔나방의 일종 *Cosmotriche potatoria*의 경우를 보면 이 곤충의 경우 휴면은 없으나 생장은 단일조건하에서 보다 장일 조건하에서 빠르다.

표 3. 밤나방의 일종 *Agrotis occulta* 유충의 발육에 미치는 일장의 영향. 온도 23℃

일장 (시간)	20일 후의 유충 체중 (mg)	유충기간 (일)
24	58(23~155)	39(33~53)
20	46.5(27~136)	54(41~62)
16	44.3(26~105)	61(50~70)
12	41.0(32~51)	65(51~78)

단일성 곤충이라고 할 수 있는 곤충 중에는 위와는 반대의 반응을 보이는 것이 있다. 이런 곤충류에서는 장일성인 것과는 달리 단일조건에서는 발육을 계속하나 장일 조건에서는 생장이 정지되거나 휴면하게 된다(그림 9). 그런데 표 4에서 보는 바와 같이 완전한 암흑조건은 장일 조건과 같은 결과를 낳는다.

이런 류의 반응에 관한 연구 예는 적다. 가장 상세한 연구가 이루어진 것은 외인성 배자휴면을 하는 누에의 품종들에 관한 것이다. Kogure(1933)가 최초로 밝힌 것인데 누에의 배자휴면은 극히 특이하다. 단일 저온 조건하에서 난기와 유충기를 경과한 것은 비휴면 난을 낳는 성충을 우화시킨다. 그러나 장일 또는 고온 조건에서 유충이 자라면 그로부터 우화한 성충은 휴면난을 낳는

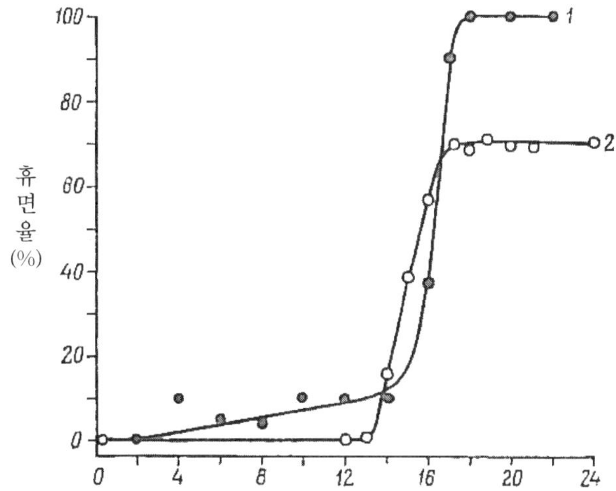

그림 9. 단일성 곤충류인 일장 반응

1. 멸구의 일종 (*Stenocranus minutus*), 20℃, (Müller 1958) 2. 누에(*Bombyx mori*), 15℃, (Kogure 1933)

다. S. S. Chetverikov 교수가 육성한 소위 'gor' kovskii 1화성 계통인 산누에나방(*Antheraea pernyi*)에서도 단일성 반응이 밝혀졌다(Danilevskii와 Geispits 1948)(표 4). 그런데 이 나방의 다른 계통들은 휴면용으로 월동하며 휴면은 장일 조건에 의하여 일어난다(Andrianova 1948, Belov 1951, Tanaka 1944, 1950a, 1950b, 1950c, 1951). 여름철에 번데기로 휴면하는 버드

표 4. 산누에나방(*Antheraea pernyi*) 1화성 gor' kovskii 품종의 발육과 휴면에 미치는 일장 의 영향. 온도 : 18~20℃

일장 (시간)	유충발육기간 (일)	휴면용율 (%)
22~19(자연상태)	52.0	63.7
12	48.4	5.4
8	42.4	6.2
4	50.9	40.0
암흑	51.3	62.0

나무얼룩가지나방(*Abraxas miranda*)의 특이한 생활환도 단일형 광주기에 의하여 조절된다(Masaki 1957a, 1958).

우리가 대상으로 하였던 나비목 곤충류에는 단일형 반응을 보인 종은 극히 적어 아직 깊은 연구가 이루어진 것이 없다. 이런 반응은 1화성인 사과독나방(*Dasychira pudibunda*)에서 알려져 있는데 자연 상태 하에서 이 독나방 유충은 여름철에 장기간 발육이 정지된다. Geispits의 연구에 의하면 단일조건하에서는 장일 조건하에서 보다 생장이 2배나 빠르다고 한다. 밤나방의 일종인 *Agrotis triangulum*에서도 단일성 경향을 볼 수 있다(표 5). 표에서 보는 바와 같이 유충의 생장은 단일조건 하에서 장일조건하에서 보다 상당히 빠르다. 광대불나방(*Parasemia plantaginis*)의 유충은 고온(23~24℃) 단일조건하에서는 휴면 없이 발육하며 발육은 극히 균질적이다. 그런데 24시간 조명 하에서는 발육이 느리고 고르지 못하며 상당한 유충이 전형적인 휴면을 하게 된다.

표 5. *Agrotis triangulum* 밤나방 유충 발육에 미치는 일장의 영향. 24℃

일장 (시간)	유충의 체중 (mg)			
	20일	30일	40일	50일
12	66.3(41~75)	144.7(141~183)	178.3(140~279)	180(147~237)
24	39.3(25~37)	64.2(45~96)	78.4(63~104)	90.1(74~120)

Müller(1957a, 1958a)는 1화성 멸구류의 1종인 *Stenocranus minutus*는 아주 특이한 단일성 발육을 한다고 하였다(그림 9). 이 멸구는 자연조건하에서는 여름철 장일 조건에서 발육하며 성충은 휴면상태로 오랜 기간 동면한다. 그러나 실험실에서 단일조건에서 사육하면 휴면 없이 발육하는데 이때의 성충은 휴면을 거친 것에 비하면 몸이 명백히 작다. 실험결과를 보면 단일성은 하면곤충류나 동면곤충류 모두에서 발견되며 러시아의 1화성 곤충

류에서 흔히 나타나는 현상이다. 이런 생물들은 여름철에 휴지기를 갖는 스텝이나 사막성 곤충에 많을 것으로 생각된다. Geispits (1953)는 꼬마버들독나방(*Leucoma salicis*)이나 독나방의 1종 *Euproctis chrysorrhoea* 그리고 독나방(*E. similis*)와 같은 몇 가지 1화성 나비목 곤충류에서 중간형이라고 할 수 있는 반응형을 발견하였다(그림 10). 이런 곤충들에서 휴면 없이 발육하는 것들은 최적일장(18~20시간) 범위가 극히 한정되어 있었으며 이 범위를 중심으로 상하에서는 언제나 휴면하였다.

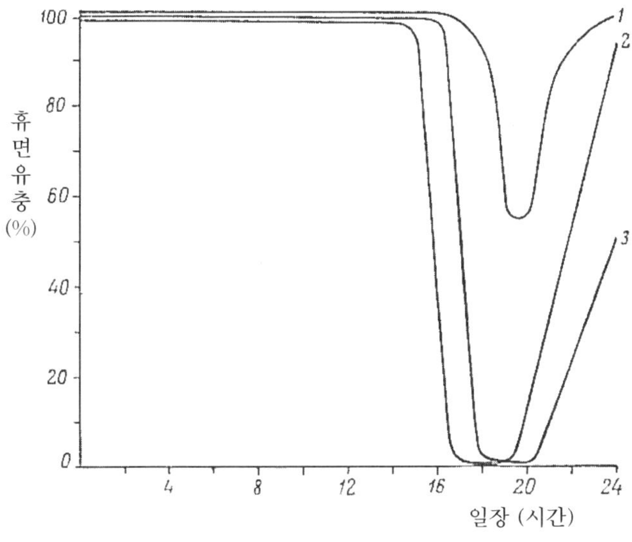

그림 10. 중간형 곤충류의 일장 반응

1. 꼬마버들독나방 2. 독나방의 일종 *Euproctis similis* (Geispts 1953) 3. 조명나 방 북방형 (Du Chzhen' -ven')

중간형 일장반응은 다른 두 형을 묶어 하나의 형을 만든다. 이것은 근본적으로는 단일형에 가까운 것이다. 예를 들면 1화성 산누에나방(*Antheraea pernyi*)의 경우가 그것으로 이 경우는 발육일장 범위가 보다 좁고 장일 측에 치우쳐 있는 점이 다르다(표 4 참조). 그런데 Geispits(1953)가 지적한 바와 같이 여기에도 장일성 형과 연관된 특성이 있다. 장일성 종의 경우 연속조명 하에서 발육하면 언제나 적은 비율의 휴면개체가 생기는데 약 20시간의 조명 하에서는 휴면 없이 발육한다. 지금까지 연구된 곤충들에서 보면 발육에 있어서 장일형에서부터 중간형으로의 점진적 변화를 찾아 볼 수 있다. 즉 복숭아순나방(*Laspeyresia molesta*), 밤나방의 일종(*Polia oleracea*), 콜로라도잎벌레(*Leptinotarsa decemlineata*) 그리고 북방형조명나방(*Pyrausta nubilalis*) 등이 그 예가 되겠다. 끝으로 중간형 종인 독나방(*Euprotis similis*), 독나방의 1종 *E. chrysorrhoea*, 꼬마버들독나방(*Leucoma salicis*) 등에서는 반응은 점점 약해지고 연속적인 발육이 가능한 광주기 범위는 좁아진다. 꼬마버들독나방(*L. salicis*)의 경우에는 최적일장에서도 상당한 유충들이 휴면한다. 이렇게 되면 상제나비(*Aporia crataegi*)나 짚시나방(*Lymantria dispar*)과 같이 일장과는 관계없이 발육을 끝낼 수 있는 1화성 곤충과의 차이는 거의 없는 셈이다.

4. 일장 주기성의 효과

일장의 영향은 받는 광 에너지량의 변동 때문이 아니라 명기와 암기의 교체상에 의한 특이한 영향 때문이다. 이것은 앞에서 설명한 바와 같이 연속 조명과 완전 암흑시의 영향을 보면 명백하다. 조명의 명암 교체상의 차이가 생물에 미치는 영향에 관한 여러 가지 연구가 행해졌다.

명암 교체상에 따르는 반응의 차이에 관하여 배저녁나방(*Acronycta rumicis*)을 대상으로 한 연구를 보면 표 6과 같다.

표 6. 유충발육기간 중의 광주기가 배저녁나방(*Acronycta rumicis*)의 휴면유기에 미치는 영향. 온도 25°~26℃

일장 (시간)		유충기간 (일)	용 휴면율 (%)
명상	암상		
3	3	19.2	0
6	6	19.5	0
12	12	21.2	100
24	24	21.0	100
48	48	23.2	0
72	72	19.5	0
120	120	19.5	0
216	216	18.0	0
연속 조명		18.2	0
연속 암흑		21.3	22

이 실험에서 유충은 그의 발육기간 중에 겪은 명기와 암기 총 시간은 같았으나 암상과 명상 주기의 변동상에는 차이가 있다. 표에서 보는 바와 같이 명상과 암상의 교체상이 영향을 미치는 것은 일정한 최적 교체상에서 뿐으로 휴면이 일어나는 것은 암상과 명상이 12시간과 24시간 교체하는 경우뿐이다. 6시간 이하 또는 24시간 이상인 교체상에서는 일장의 주기성의 영향은 없으며 이때는 발육은 계속된다. 즉 6시간 이하의 짧은 주기나 24시간 이상의 긴 주기의 영향은 명상만이 계속되는 경우와 같은 결과를 낳아 광주기성이라는 점에서는 아무런 의의가 없다. 이런 사실로 보아 배저녁나방과 같은 장일성 곤충은 주기성 조명에 의하여 휴면이 유기될 수는 있으나 조건에 따라서는 계속하여 발육할 수도 있는데 변동주기가 지나치게 짧거나 길면 휴면하지 않고 생장도 다소 빨라진다. 따라서 일장 조건의 주기상이 중요하며 이때 중

요한 것은 암조건이다.

표 7은 휴면유기 암상의 하한 시간에 관한 연구결과이다. 여기서는 9시간의 명상과 15시간의 암상 교체를 기본으로 보았으며 (실험 1) 이때에는 모든 번데기가 휴면한다. 여기서는 암기 중 여러 시기에 3시간의 명기를 끼어 넣어 그 영향을 본 것이다. 그리고 명상과 암상의 총 시간은 모든 실험에서 12시간으로 같다.

표 7. 일주 반응에 미치는 암상의 영향. 25℃

시험구	시간/일		일주야의 시간								휴면용율(%)	
	조명	암흑	3	6	9	12	15	18	21	24	I	II
1	9	15	······	······	······	——	——	——	——	——	100	100
2	15	9	······	······	······	······	······	——	——	——	72.8	-
3	12	12	······	······	······	······	——	——	——	——	100	100
4	12	12	······	······	······	——	······	——	——	——	53.1	56.1
5	12	12	······	······	······	——	——	······	——	——	4.7	8.8
6	12	12	······	······	······	——	——	——	······	——	100	90.0
7	12	12	······	······	——	——	······	······	——	——	0	0
8	12	12	······	——	······	——	······	——	······	——	0	0
9	24	0	······	······	······	······	······	······	······	······	0	0
10	0	24	——	——	——	——	——	——	——	——	37.5	18.0

········ : 조명기간, —— : 암 기간

이 실험을 통하여 다음과 같은 결론을 내릴 수 있겠다. 하루 동안의 명기와 암기의 비율은 광주기 반응에서 중요한 것이 아니다. 총 시간이 12시간 식으로 같을 때에도 그 주기가 변하면 조건에 따라 연속적인 조명시와 같은 휴면이 없는 것에서부터 번데기 전부가 휴면하는 단일조건에서와 같은 결과까지 여러 가지 결과를 얻을 수 있다. 휴면을 일으키려면 적어도 9시간 이상의 연속된 암흑 조건이 필요하며 그 보다 짧은 암흑조건은 영향이 없다. 실험 6과 같이 9시간 암상조건은 이어지는 3시간의 명기 개입으로 실험 4의 경우와 같은 초기 9시간 암상조건에 3시간의 명기가 개입하였을 때와는 달리 휴면율이 높아 명기 개입의 시기에 따라서 그 영향에 차이가 있음을 알 수 있다.

표 6과 표 7의 결과로 보아 배저녁나방(*Acronycta rumicis*)의 휴면은 자연계에서의 광주기 조건 즉 9~24시간의 암흑조건 범위 내에서만 일어난다는 것을 알 수 있는데 이것은 광주기에 대한 반응은 자연 상태 하에서의 광주기 조건에 대한 적응현상으로 발달한 것임을 알 수 있다.

Dickson(1949)은 복숭아순나방(*Laspeyresia molesta*)를 대상으로 비슷한 결과를 얻었다. 이 해충의 광주기 반응 범위는 배저녁나방의 그것보다도 더 좁다. 조명기와 암흑기간이 각각 12시간인 조건에서는 모든 번데기가 휴면하는데 그 시간이 9:9 또는 15:15일 때는 휴면이 없었다. 이 해충에서 단일조건이 효과가 있는 것은 암상이 11~16시간이고 명상이 7~15시간의 범위 내에서 뿐이다. 이런 조건을 벗어나면 발육이 계속된다. 진딧물의 일종(*Macrosiphum solanifolii*)의 월동 숙주로의 이동충은 암상이 10시간 이하일 때는 생기지 않는다(Shull 1929).

산누에나방(*Antheraea pernyi*)의 광주기에 대한 반응은 다소 차이가 있다. Tanaka(1950c, 1951)에 따르면 이 해충의 번데기는 암기가 11시간 이하일 때 휴면하나 이와 같은 암상의 영향은 앞서의 종과는 달리 60시간까지의 여러 가지 명기와의 조합에서도 지속된다. 이런 광주기 교체에 대한 반응은 암상이 39시간까지 되어도 유지된다. 따라서 이 곤충에서는 자연 상태 하에서의 반응과는 아주 다른 광주기 반응 특성을 갖고 있다.

사과응애(*Metatetranychus ulmi*)는 자연 상태의 광주기 조건과는 크게 다른 광주기 변동에 대하여도 반응을 보인다. 휴면난을 낳는 암컷은 명기와 암기가 4시간이라는 짧은 주기로 교대하는 경우에도 출현한다. 이와 같은 결과는 절대적 기간보다는 명상과 암상의 비율에 보다 큰 영향을 받음을 뜻한다. 암상의 휴면유기에 미치는 영향은 그 기간이 12시간에서 24시간으로 증가하면 크게 증대한다. 이와 같은 암기의 영향은 60시간의 명기와의 조합에서도 이러한 휴면을 일으킨다(그림 11). 사과응애는 명기중의 암상개재의 영향을 별로 받지 않는다.

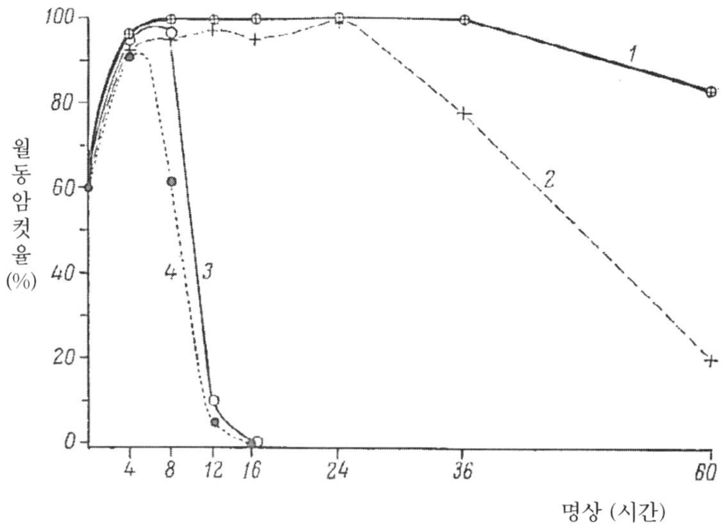

그림 11. 명상과 암상의 여러 가지 조합이 사과응애의 휴면유기에 미치는 영향. 온도 15℃ (Lees 1953)

1 : 암상 24시간, 2 : 12시간, 3 : 8시간, 4 : 4시간

광주기에 대한 이와 같은 반응양식 모두에 대한 적절한 생리학적 설명을 충분히 한다는 것은 어려운 일이다. 그를 위해서는 장

일성 종 뿐 아니라 단일성 종이나 중간형 종을 포함한것들에 대한 보다 상세한 비교연구가 절실히 요구된다. 그러나 많은 학자들은 광주기에 대한 반응기작은 대체로 서로 길항적인 두 가지 과정이 기초가 되고 있다고 생각한다. 그것은 명기에 일어나는 것과 암기에 일어나는 두 가지 과정인데 그 중 주도적 역할을 하는 것은 암조건에서의 그것이라는 것이다(Danilevskii와 Glinyanaya 1949 ; Lees 1953b, 1955). 이와 같은 사실을 뒷받침하는 예는 여러 가지가 있다. 그러나 광주기의 변동상과 온도의 변화상을 묶은 실험결과(Goryshin 1955 ; Danilevskii와 Goryshin 1960)를 보면 이 가설은 다시 검토할 필요가 있다. 이 문제는 광주반응에 대한 온도의 영향에 관한 설명에서 다시 언급하려 한다.

5. 점진적으로 변화하는 일장의 영향

지금까지 일장의 영향을 일정한 명상과 암상을 가진 여러 가지 광주기의 영향이라는 측면에서 생각해 왔다. 그러나 자연계의 광주기 조건은 이와는 달리 일장은 계속적으로 조금씩 변한다. 이와 같은 일장변화에 대한 반응은 척추동물에서 볼 수 있다. 조류나 포유류는 일장의 절대적 시간의 영향을 받을 뿐만 아니라 점점 길어지거나 짧아지는 일장변화의 계절적 변화의 방향에도 영향을 받는다. 같은 현상이 곤충류에도 있을 가능성을 Corbet (1954, 1955, 1956)가 처음으로 제기하였다. 그는 영국에서 왕잠자리의 1종 *Anax imperator*의 생활환을 연구하여 5월말 이전에 최종령에 달한 약충은 그대로 변태를 계속하여 곧 성충으로 우화하나 5월말 이후에 최종령에 달한 유충은 발육이 중지되어 다음 해 봄까지 성충으로 변태하지 않음을 발견하였다. 그리고 이때의 유충은 계속하여 운동하며 섭식도 한다. Corbet는 이것을 광조건의 영향을 받아 일어나는 특이한 휴면현상으로 생각하였는데 이것은 옳은 판단이었다. 그러나 그는 이 곤충의 발육이 일정한 임계광주기에 의하여 결정되는 것이라고는 생각할 수 없었다. 그 이유는 8월과 9월이 되어 일장이 봄철의 그것과 같아지고 온도는 아직 발육에 충분할 정도로 높아 약충은 충분히 발육할 수 있겠는데도 실제로는 그렇지가 않았다. 따라서 Corbet은 이 잠자리에서의 발육에 영향을 미친 것은 일장시간이 아니고 일정 일장범위 내에서의 일장변화 방향일 것이라고 생각하였다. 그러나 이것을 확인하기 위한 그의 실험(Corbet 1956)은 성공하지 하었다.

Shipitsyna(1957b, 1959)는 학질모기의 일종인 *Anopheles maculipennis*의 생활환에 관한 자료를 검토하여 일장반응에 있어서 변하는 일장의 중요성을 제기하였다. 그녀는 기후적 조건이 다른 지역의 *Anopheles* 모기의 휴면개시 시기가 차이가 있는 것은 일장의 절대적인 시간과는 관계가 없고 일장이 일정시간씩 짧아지는 것 때문이라고 하였다.

일장의 절대적 시간의 영향이 곤충류에서 완전히 밝혀졌다고 하여 일장의 변화가 영향이 없다는 의미는 아니다. 따라서 휴면유기에 미치는 일장의 점진적 증가나 단축의 영향을 실험으로 증명할 필요가 있다.

그림 12는 배저녁나방(*Acronycta rumicis*) Sukumi형을 대상으로 이런 문제를 밝히려고 한 G. F. Tsvetaeva의 연구결과이다. 일정한 일장조건하에서는 임계일장은 14시간 30분이다. 일장이

15시간 30분 이상일 때는 휴면 없이 발육하며 13시간 30분일 때는 모든 번데기가 휴면한다. 일장이 변화하는 실험에서는 유충발육기간 중 매일 2.5분, 5분 그리고 10분씩을 길게 하거나 짧게 하였다. 실험기간은 24일이었다.

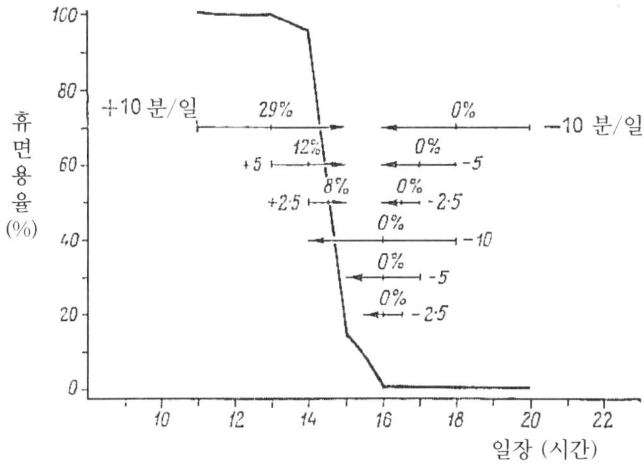

그림 12. 배저녁나방의 휴면유기에 미치는 연속조명과 변화하는 일장의 영향. 21℃ (G. F. Tsvetaeva)

곡선은 여러 가지 일장이 연속되었을 때의 휴면율(대조구). 화살표는 유충기의 하 루의 명기와 암기의 증가(+)와 감소(-)의 양과 방향. 화살표상의 수치는 휴면율 (%)

그림에서 보는 바와 같이 임계일장(16시간) 이상의 범위에서는 일장이 짧아져도 휴면율에는 영향이 없으며 이런 조건하에서는 휴면 없이 발육이 계속된다. 평균 일장이 16시간에 해당되는 실험군에서는 유충 발육기간의 후반에 일장이 임계광주기의 범위 내까지 짧아져도 그 영향은 없어 휴면하지 않는다. 고로 일장이 짧아지는 것 자체가 이 해충의 휴면유기에 영향을 미치는 요인이 된 것은 아니다. 따라서 이 결과는 전적으로 일장의 평균치에 의한 것이라고 하겠다.

더욱 흥미 있는 사실은 단일영역에서 일장이 점점 길어지는 실험에서 얻은 결과이다. 그림에서 보는 바와 같이 평균일장이라는 면에서 생각하면 휴면율은 모든 실험에서 상당히 높아 50% 이상의 번데기가 휴면할 것으로 보인다. 그런데 모든 실험에서 휴면번데기율은 극히 낮다. 일장이 11시간에서 15시간으로 증가할 경우 그 평균일장은 13시간이 되어 이 일장은 100%의 번데기가 휴면해야 한다(연속조명의 경우). 그런데 일장이 점점 증가하는 실험에서의 실제 휴면율은 29%에 불과하다. 이렇게 볼 때 일장이 점차적으로 길어질 때는 휴면 없는 발육이 촉진되는 듯이 보인다. 불행히도 이 그림에는 13시간 30분 이하의 일장에서부터 일장이 길어지는 실험결과는 제시되고 있지 않은데 이 일장은 휴면유기와 관련 중요한 것이다. 비슷한 결과가 일장의 연장효과가 약한 도둑나방(*Barathra brassicae*)에서도 밝혀지고 있다. 점점 길어지는 일장의 영향을 받아 발육이 촉진된다는 것이 밝혀진다면 임계일장에 가까운 조건하에서 발육하는 다화성 곤충들에서 봄 세대에 휴면이 없는 이유를 이해할 수 있을 듯하다. 그러나 지금까지의 연구결과를 보면 곤충류의 광주기 반응은 일장의 절대치와 일정한 임계치의 작용으로 생각되며 일장변화의 방향이 관계가 있기는 하나 그것은 어디까지나 2차적인 것으로 부수적인 적응현상으로 생각된다.

앞서 설명한 왕잠자리의 1종 *Anax imperater*의 생활환 특성도 정해진 임계광주기의 작용으로 설명이 가능하다. 이 잠자리는 아마도 중간형 광주기 반응을 갖고 있어 흰독나방(*Euproctis similis*)의 경우와 같이 발육은 좁은 일장 범위 내에서만 가능하고 임계일장 범위 밖에서는 휴면이 일어나는 것으로 생각된다(그림 10 참조). 봄철의 비휴면 발육은 이때의 일장이 이 범위 내에 있기 때문이고 5월말 일장이 길어져 이 범위를 넘으면 휴면하게 되는 것으로 보인다. 봄철의 일장과 같은 일장이 가을철에도 있겠는데 이때에 영향이 없는 것은 휴면 중인 유충은 완전한 활성화가 일어나지 않아 광조건의 영향을 받지 않기 때문으로Corbet (1956)에 의하면 활성화는 2월이 되어야만 일어난다고 한다. Vinogradova(1960)에 따르면 학질모기는 기후대에 따라 휴면개시시기가 다른데 이것은 임계일장이 지리적 개체군에 따라 차이가 있기 때문이라고 한다.

6. 광선강도의 영향

곤충의 광주반응의 가장 특이한 점의 하나는 극히 낮은 조도에서도 일어난다는 것이다. Shull(1929)는 진딧물의 일종 *Macrosiphum solaniforii*의 광주기 반응 하한 조도는 약 10 lux인데 그것은 명상과 암상이 조도 차에 따라 차이가 있다고 하였다. 예를 들면 극히 낮은 조도(1.6 lux) 16시간과 그리 강하지 않은 조도(323 lux 이하) 8시간의 일장조건에서는 연속조명 조건에서와 같은 결과가 나타나 무시충만이 출현한다. 그러나 강한 조도(9,000 lux) 8시간과 1.6 lux 조도 16시간이 교체하는 일장주기 조건하에서는 50%의 유시충이 생겨 일장효과가 있다. 따라서 이 경우 1.6 lux의 조도는 암조건과 같은 영향을 미친다고 하겠다.

Belgorod계통 배저녁나방(*Acronycta lumicis*)의 광주기 반응에서도 비슷한 유효조도한계가 알려졌다(Danilevskii 1948). 이 실험에서 유충은 단일조건(DL:9:15), 온도 26℃의 조건하에서 사육되었다. 이때의 조도는 65, 35, 16 그리고 5 lux였다. 유충의 감응가능조도 이하의 조도에서의 휴면용율은 암흑조건에서 사육한 실험구의 휴면율까지 감소 할 것이다.

완전 암흑구의 비휴면용율은 72%였는데 16 lux 이상의 조명구에서는 단일처리 효과가 있어 모든 번데기가 휴면하였다. 그런데 조도를 5 lux까지 떨어뜨리면 소수의 비휴면용(8%)이 출현하여 이것이 감응조도 한계에 가까운 조도인 듯하다. 조명은 유충이 들어있는 유리관 밖에서 이루어지는 고로 유리벽과 먹이가 흡수하는 광선을 생각할 때 임계조도는 1 lux 정도인 듯하다.

배저녁나방을 재료로 한 다른 실험에서도 비슷한 결과를 얻었다. 이때에도 단일조건이 었으나 60~65 lux의 12시간이 명기와 완전 암 조건까지 여러 가지 조도의 12시간 조합의 실험이었다. 이때 조도가 감응임계조도 이하의 구와 단일구에서는 모든 번데기가 휴면한다. 이 실험에서 "암 기간" 중의 조도가 5 lux 이상일 때는 휴면은 일어나지 않아 높은 조도 일장이 연속되었을 때와 같았다. 광주기 변화의 효과는 암 기간의 조도가 2~3 lux 이하의 조도에서 뿐이었으며 이때의 휴면율은 10.7%에 불과하였다. 이런 결과로 보아 충분한 일장효과를 얻으려면 24시간 중 "암 기간" 중의 조도는 2~3 lux 이하 이어야하는 것으로 생각된다.

다른 곤충류를 대상으로 한 연구에서도 약한 조도의 효과가 밝혀졌다. 밤나방의 일종 *Polia (Diataraxia) oleracea*를 대상으로 Way와 Hopkins(1950)는 명상의 조도가 10.8 lux에서 2,367 lux까지 변화할 때 그 영향은 일주기에 대한 반응에 영향이 없음을 밝혔다. 따라서 이 곤충의 조도 하한은 10 lux보다도 낮은 것으로 생각된다. Dikson(1949)에 따르면 과일내부에 기생하는 복숭아순나방(*Laspeyresia molesta*) 유충의 광주기 반응에 적당한 조도는 32 lux라고 한다. 이보다 약한 조도 12시간 조명 하에서는 완전 암흑조건에서와 같이 휴면 없이 발육한다. 사과조직의 낮은 광선 투과성을 생각하면 이 해충유충의 감응한계는 밝은 곳에서 서식하는 것들의 그것과 비슷한 1 lux 정도로 생각된다. 사과응애(*Metateranychus ulmi*)의 조도 한계는 10 lux 정도이다(Lees 1953a).

콜로라도잎벌레는 감수성이 높은 것으로 알려지고 있다(De Wilde와 Bonga 1958). 이 해충의 경우 0.1 lux 정도의 약한 조도에서도 광주기 반응의 최초의 증후가 나타난다. 광주기 반응은 조도가 5 lux까지는 커지는데 이 조도를 최고로 그 이상에서는 조도증가의 효과가 없다. 동일한 현상이 누에에서도 알려지고 있다(Kogure 1933). 깔다구류의 일종 *Metriocnemus knabi*는 감수성이 커서 실험실 조건에서 약 0.02 lux 정도의 약한 조도에도 반응한다(Paris와 Jenner 1959).

우리는 광주반응문제와 관련 임계조도문제와 더불어 조도가 임계일장에 미치는 영향도 중요함을 알아야 하겠다. 이런 목적으로 Belgorod계통 배저녁나방(*Acronycta lumicis*)의 유충을 22℃에서 명상 12시간부터 1시간의 암기가 낀 연속조명까지 여러가지 일장조건하에서 사육하였다. 이때의 광원은 220w 전구였으며 조도의 조절은 광원으로부터의 거리와 망을 이용하였다. 실험은 조도 15~20, 60~65 그리고 300~320 lux 등 3개 조도범위에서 행하였다. 실험결과 조도와는 관계없이 명기가 17시간 이상일 때는 휴면은 없었고 명기가 15시간 이하일 때는 번데기는 휴면하였다. 임계일장(16시간 조명)에서는 조도와는 일정한 관계는 없었으나 소수의 휴면용이 생겼다. 이와 같이 조도는 임계일장에는 영향을 미치지 않는다. 여러 가지 곤충을 대상으로 한 여러 가지 실험결과도 자연 상태에서 얻은 결과나 수 10 lux의 전구를 이용한 실험에서나 임계일장은 차이가 별로 없다. 따라서 실험실에서 전구를 이용한 실험결과를 자연 상태 하에서의 발육의 분석에 충분히 이용할 수 있다.

임계조도가 낮은 것은 비단 곤충류의 일장반응에서 뿐이 아니고 다른 생물에서도 그러하다. 대부분의 식물의 경우 생리적으로 유효한 조도는 1~수 10 lux 정도이며 어떤 생물은 0.1~0.5 lux 정도의 약한 조도에도 반응한다(Samygin 1946). 이와 같은 사실은 포유류에서도 알려져 있다. 이와 같은 높은 감수성은 확실히 적응적 의미가 있는 것이다. 그것은 자연 상태에서는 기상적 조건 때문에 낮의 광 조건이 심한 변동을 일으키는데 이것이 광주기 반응에 영향을 미칠 수도 있기 때문이다.

생물이 일광으로 받아들이는 조명 수준은 달빛보다는 강한 것이어야 하겠다. 그것은 생명현상을 계절적으로 조절하는데 일주기가 생물학적으로 의미가 있는 것은 이런 조건하에서만 있을 수 있기 때문이다. 만월일 때의 월광의 최대 조도는 0.25 lux 이하로 알려져 있다. 우리가 대부분의 곤충이 생활하는 조건을 생각할 때 달빛은 생물들의 광주기 반응에 별 영향을 미치지 못할 것이다. 광선에 대하여 큰 감수성을 갖고 있는 깔따구의 일종 *Metriocnemus knabi* 같은 것은 달빛이 직접 닿지 않는 곳에 살고 있다.

자연계에서 곤충류의 발육에 미치는 광주기 조건의 영향을 생각할 때 일출부터 일몰까지의 시간 뿐 아니라 일출전이나 일몰 직후의 박병기까지를 포함한 24시간 동안의 모든 광 조건을 생각해야 하겠다. 생물학적으로 의미가 있는 일장은 조도가 1~3 lux 이상이 되는 박명이나 박모(태양이 지평선 하 6~7° 이상일 때)의 시기까지를 포함한 일장이다(Sharonov 1945). 박명기나 박모기의 조도는 빨리 변화한다(5분간에 2~3배). 따라서 실제로 우리는 생물의 임계광주기 반응문제에서 생물에 따르는 작은 차이는 무시하고 있다. 생태학적 입장에서 생각할 때 실제로 살고 있는 곳의 광량이 중요한 문제인데(특히 빛이 가려져 있는 곳에 서식하고 있는 생물) 가려져 있는 곳의 조도는 밝은 곳의 그것과는 상당한 차이가 있겠는데 이런 문제에 관한 연구결과는 없다.

7. 광 스펙트럼의 영향

이 문제에 대한 최초의 연구는 2화성 누에를 대상으로 한 Kogure (1933)의 연구로 그는 광선의 스펙트럼 부위에 따라 광주기 반응에 미치는 영향에 차이가 있음을 밝혔다.

온도 15℃의 조건에서 등황색과 적색(5,500Å)광의 연속조명을 받은 알에서 우화한 성충은 거의 가 휴면하지 않는 알을 낳아(3~8% 정도는 휴면난이 생긴다) 완전 암흑조건에서의 결과와 같았다. 그런데 거의 비슷한 에너지를 가진 청자색광(3500~5100Å)을 조명한 구에서 우화한 성충은 98%가 휴면하는 알을 낳았다. 아주 어린 유충에 대한 조명도 같은 결과를 낳았다.

Dickson(1940)은 복숭아순나방(*Laspeyresia molesta*)를 재료로 광 스펙트럼 여러 부분이 유충의 발육에 미치는 영향을

D:L=12:12의 단일조건에서 조사하였다. 파장이 4000Å~5800Å 즉 보라색에서 황색의 전 파장영역의 일장에서는 명백한 효과가 있어 자연계에서와 마찬가지로 장일 조건에서는 87~99%의 전용이 휴면하였다. 붉은색(6600Å) 조명 하에서는 20%의 유충이 휴면하였으며 자외선(3,600Å)이나 적외선(14000Å)은 효과가 없어 암흑조건에서와 마찬가지로 휴면 없이 발육을 계속하였다.

Lees(1953a)에 따르면 사과응애(*Metateranychus ulmi*)의 경우 청록색에서 근자외선(3650~5000Å)까지 부근의 광선은 일주효과가 있는데 파장이 약 4250Å 부근의 청색일 때 최대 반응을 보였다. 황색에서 적외선까지의 파장인 5300Å 이상의 광 조건은 암상과 같은 효과를 보였다. 따라서 일장반응은 이들 모든 생물에서 스펙트럼의 단파장 부위에 대하여 감응한다는 점에서 마찬가지인데 이것은 식물이나 포유류의 반응과는 반대이다. 그런데 Geispits(1957)가 몇 가지 장일성 나비목 곤충류를 대상으로 한 연구 결과를 보면 파장에 대한 반응은 종에 따르는 차이가 크다는 것을 알 수 있다(표 8). 그녀의 실험은 매일 9시간은 백색광

표 8. 나비목 곤충류 유충의 광주기 반응에 미치는 광 스펙트럼 조성의 영향 (Geispits 1957)

일주야조명양식 (시간)	필터최대 투과파장 A°	휴면유충 (%)		
		Dendrolimus pini	*Pieris brassicae*	*Acronycta rumicis*
백색 -9, 적색 -15	6550	100	92.5	0
백색 -9, 오렌지색 -15	5850	100	-	-
백색 -9, 녹색 -15	5300	15	11.3	0
백색 -9, 보라색 -15	4070	0	65.7	0
백색 -9, 암흑 -15	-	100	100	100
백색 연속, -24	-	0	0	0

을 조명하고 나머지 15시간은 투과범위가 좁은 필터를 투과한 광선을 조명한 실험이었다. 필터를 통과한 광선에 감응한다면 그것은 연속조명에 대한 반응과 같이 휴면 없이 발육을 계속할 것이다. 그러나 이런 조건에 감응하지 않는다면 단일처리와 같아 휴면이 일어날 것이다.

이들 곤충류들에서와 마찬가지로 솔나방의 1종인 *Dendrolimus pini*도 광 스펙트럼의 단파장 부위에 대한 감수성이 명백하다. 백색광과 보라색이 교체할 때는 연속조명의 경우와 같이 휴면은 일어나지 않는다. 녹색광과 백색광이 교체할 때는 약한 반응을 일으켜 일부 유충이 휴면한다. 적색광과 오렌지색 조합에서는 모든 유충이 휴면하여 이 솔나방의 경우 5850Å 이상의 파장은 암상과 같은 영향을 미친다. 녹색에 가장 감수성이 크고 보라색에는 감수성이 아주 작은 흰나비의 일종인 *Pieris brassicae*의 경우는 적색에 대하여 감수성을 갖고 있지 않다.

배저녁나방(*Acronycta lumicis*)은 광 스펙트럼에 대한 반응이 특이하다. 광 여과시험구의 유충은 연속 백광구의 유충과 마찬가지로 모든 유충이 휴면 없이 발육한다. 따라서 배저녁나방은 다른 곤충류와는 달리 적색을 포함하여 가시광선 전 영역에 대하여 감수성을 갖고 있다. De Wilde와 Bonga(1958)는 콜로라도잎벌레(*Leptinotarsa decemlineata*)에서도 비슷한 결과를 얻었다. 이 곤충은 4230~6750Å 즉 보라색에서 적색에 이르는 전 영역의 파장에 대하여 광주기 반응을 보였고 7000Å 이상의 적외선 영역에 대하여는 영향을 받지 않았다.

광 스펙트럼의 조성에 따라 곤충의 일주기 반응이 차이가 있다는 것은 생태학적으로 중요한 의미가 있다. 대부분의 곤충류가 광 스펙트럼이 청색~녹색영역의 광에 강한 광주기 반응을 나타낸다는 것은 그들이 생활조건을 생각하면 쉽게 이해할 수 있을 듯하다. 즉 무성한 식생층 특히 수관하나 식물의 조직내부에서 생활하는 곤충들은 잎을 투과한 광선을 받게 되어 광 스펙트럼의 적색부분이 결여된 광선을 받게 된다. 식물과 곤충의 광 스펙트럼에 대한 광주반응이 서로 보색적 특성을 갖고 있는 것도 이런 이유 때문일 것이다. 잘 알려진 바와 같이 식물에 대하여는 파장이 긴 적색~황갈색 광이 가장 영향이 크나 곤충류에 대하여 가장 영향이 큰 것은 파장이 짧은 청색~녹색 광이다. 일부 곤충들에서는 적색광의 영향을 받는데 그의 생물학적 의의는 이해가 어렵다. 배저녁나방과 콜로라도잎벌레의 유충은 그늘이나 무성한 식생을 피하는 양성주광성을 갖고 있다. 그러나 이들 곤충류와 흰나비의 일종 *Pieris brassicae*이나 솔나방의 일종 *Dendrolimus pini*, 기타 곤충류와 같은 적색 광선에 감수성이 없는 곤충류간의 생태학적 차이는 광 스펙트럼에 대한 반응차이를 설명할 수 있을 만큼 큰 것은 아니다. 따라서 이런 점에 관하여는 보다 많은 연구가 있어야 하겠다.

8. 광주기 감응발육단계

일장에 반응할 수 있는 곤충류의 발육단계는 종에 따라 정해져 있으며 다른 발육단계는 감응성이 없다. 감응발육단계 기간 중의 광 조건은 후에 휴면하게 되거나 또는 다른 발육과정을 밟게 할 생리학적 조건을 결정한다. 이런 영향은 감응발육단계를 지난 다음에는 광 조건에 대한 영향을 받지 않는다. 따라서 곤충의 일장

반응은 일단 광주기 영향을 받은 후에는 되돌릴 수 없는 현상이며 광 조건은 다만 시동을 걸거나 신호성 자극일 뿐이다.

뒤따르는 광주기 조건의 영향을 받아 반응이 변한 몇 가지 예가 알려지고는 있으나 그것은 이와 같은 사실과 모순된 것은 아니다. 예를 들면 볼록진딧물의 1종 *Megoura viciae*의 경우 단성생식 암컷은 광주기 조건의 변화에 따라 단성생식 암컷을 생산할 수도 있고 양성생식 암컷을 생산할 수도 있는데 이것은 앞선 광조건에 의하여 결정된 것이 그 후의 광 조건으로 변한 것이 아니다. 이 경우 다음 세대의 형은 아직 어미의 몸속에 있을 때의 초기 배자기에 결정되는데 암컷은 일생을 통하여 배자를 연속적으로 형성하는 고로 그때그때의 광주기 조건이 다르면 자식의 형이 달라지겠다(Lees 1959b). 같은 현상이 사과응애(*Metateranychus ulmi*)에서도 알려져 있는데 암컷은 후기 자충(Deutonymph)과 성충기의 광주기 조건에 따라 휴면난을 낳기도 하고 비휴면난을 낳기도 한다(Lees 1953a).

곤충류는 여러 가지 발육단계에서 광주기에 감응을 할 수 있으나 그것은 종에 따라 정해져 있다. 표 9는 여러 가지 곤충류의 감응발육단계와 휴면발육단계의 예이다. 대개의 경우 감응기는 휴면기 바로 앞의 발육단계에 있다. 그러나 잎말이나방의 1종 *Polychrosis botrana*(Komarova 1949)나 잎벌의 1종 *Lygaeonematus compressicornis*의 경우는 그들 간의 거리가 멀리 떨어져 있다. 누에의 경우는 더욱 그 사이가 멀어 알의 휴면은 앞선 세대의 알이 겪는 광 조건에 의하여 결정되어(Kogure 1933) 감응발육단계와 휴면발육단계는 완전히 한 세대의 차이가 있다. 이와 같이 종에 따라 특이성이 있어 모든 현상에 대한 공통된 생리학적 설명은 어렵다. 다만 어떤 발육단계가 감수성을 갖는가는 생활환의 경우와 마찬가지로 그 곤충의 생태학적 특성에 의하여 결정된다는 것만은 확실하다.

표 9. 곤충류의 광주기 감응발육단계와 휴면발육단계

종	휴면발육단계	감응발육단계
누에 (*Bombyx mori*)	알	전 세대 배 운동 후 배자
Pandemis ribeana 잎말이나방	3령 유충	1, 2령 유충
Dendrolimus pini 솔나방	유충 전령기간	유충기 전체
Agrotis C-nigrum 밤나방	3령과 4령 유충	1~2령 유충
Loxostege sticticalis 명나방	전용	노령 유충
Lygaeonematus compressicornis 잎벌	상동	배자
Acronycta megacephala 저녁나방	번데기	유충 후기
Smerinthus populi 박쥐나방	상동	상동
Polychrosis botrana 잎말이나방	상동	배와 1령충
Chrysomela fastuosa 잎벌레	성충	성충
Haltica saliceti 잎벌레	상동	상동
콜로라도잎벌레 (*Leptinotarsa decemlineata*)	상동	유충과 성충
Culex pipiens 모기	상동	상동
Anopheles maculipennis 학질모기	상동	상동

표에서 보는 바와 같이 광주기에 대하여 감응 가능한 발육단계는 번데기시기를 제외한 모든 발육단계에서 찾아 볼 수 있다. 대체적으로 광주기 조건에 대하여 가장 감수성이 큰 발육단계는 유충기이다. 성충기가 감응발육단계인 예는 아주 적으나 성충기에 활발한 섭식활동을 하는 곤충류에서 그 예를 볼 수 있다(예 ; 식엽성 곤충, 흡혈성 모기류). 이와 같이 감응기와 활발한 섭식시기가 일치한다는 것은 긴 정체기에 쓸 대사물질을 준비하기 위하여 양분의 축적을 휴면 전에 해야 하는 것과 관련이 있는 것으로 생

각된다. 광주기 조건에 대한 감응기가 배자 시기인 경우(예 ; 누에, *Polychrosis botrana, Lygaeonematus compressicornis*)에도 실제로 광주기 효과가 나타나는 시기는 생활환의 후반(전용, 용) 또는 다음 세대이다. 즉 광주기 효과가 나타나는 것은 유충이 활발한 섭식을 한 다음인 것이다. 이것은 아마도 배자기에는 휴면을 위한 호르몬성 자극이 생길 뿐 휴면의 준비 자체는 광주기 조건의 영향을 받는 일이 없는 유충기에 이루어지는 것으로 보인다.

몇몇 곤충들에서는 광주기 감응발육단계가 한 시기가 아닌 경우도 있다. 예를 들면 흡혈성인 학질모기의 일종 *Anopheles maculipennis*나 모기류의 일종인 *Culex pipiens* 그리고 콜로라도감자잎벌레(*Leptinotarsa decemlineata*) 등의 경우 일장반응능력은 성충 뿐 아니라 유충기에도 있다(Danilevskii와 Glinyanaya 1958, Vinogradova 1958, Goryshin 1958a). 그리고 누에와 밤나방의 일종 *Polychrosis botrana*에서도 경미하기는 하나 처음 2개 유충기에 배자기와 마찬가지로 광조건에 대하여 감응할 수 있다.

유충기의 광주기에 대한 감응성은 령기에 따라서 다를 수가 있다. 생태학적 입장에서 볼 때 이와 같은 차이는 중요한 것이어서 몇몇 사람들이 이 문제를 연구하였다. Dikson(1949)은 복숭아순나방(*Laspeyresia molesta*)의 유충을 정해진 시간간격으로 단일조건에서 장일 조건으로 옮기거나 반대로 장일 조건에서 단일조건으로 옮겨 사육하는 실험을 통하여 이 해충의 유충에서 령기에 따라 갑자기 감수성이 변하지는 않으나 어린 유충이 후기 유충보다는 감수성이 큰 것을 밝혔다. 그러나 밤나방의 일종인 *Polia oleracea*(Way와 Hopkins 1950)와 조명나방(*Pyrausta nubilalis*)(Mutchmor와 Beckel 1950)의 경우 휴면은 최종령 유충의 탈피후에 겪는 광주기 조건에 의하여 결정된다. 단일조건은 어린 령기 유충에는 영향을 미치지 않는다. 노령 유충에서 감수성이 높은 예는 산누에나방(*Antheraea pernyi*)(Tanaka 1950a, 1950b, Belov 1951)에서도 알려져 있다. 도둑나방(*Barathra brassicae*)의 경우는 감수성은 유충기간 중 변하지 않으며 휴면율은 단일처리기간에 비례하여 증가한다(Masaki 1957b).

감응기간의 문제는 광 조건이 영향을 미치는 발육기에 의하여 결정될 뿐 아니라 광주기 자극 횟수가 문제가 되기도 한다. 이 문제를 Geispits(1949, 1953)는 단일조건에서는 모든 령기의 유충이 휴면할 수 있는 솔나방의 일종 *Dendrolimus pini*를 재료로 밝혔는데 이 곤충의 경우 유충은 어느 령충이 단일조건을 겪게 되어도 30~35일 후에는 휴면에 들어가게 된다(표 10). 이 경우 일장에 대한 감수성은 유충기간 중 변하지 않으나 휴면은 겪은 단일의 일수에 의하여 결정되는 것이다. 그런데 실제로는 휴면은 단일처리 20회 후면 결정된다(표 11). 이 실험은 유충을 부화 직후부터 여러 가지 단일조건으로 처리하고 그 후에는 연속조명 하에서 사육한 결과이다.

표 10. 솔나방의 일종 *Dendrolimus pini* 유충의 휴면에 미치는 12시간 조명의 영향 (Geispits 1949)

단일처리개시	휴면개시까지의 단일처리 일수	휴 면 유 충		
		%	령	평균체중(mg)
산란	35.5(32~39)	100	II	48
1령	30.0(30~30)	100	III	107
3령	30.7(30~33)	100	IV	351
4령	30.3(30~31)	100	V	666
5령	36.1(31~48)	100	VI	1731
연속조명	-	0	-	-

표 11. 솔나방의 일종 *Dendrolimus pini* 유충 휴면 유기에 필요한 단일처리의 최소 일수. 온도20℃

처리	휴면유충			휴면개시(일수)
	처리충수	%	령	
연속조명	50	0.0	-	-
연속단일(12시간)	50	96.0	II	32~39
단일 15일	30	0.0	-	-
20일	12	75.0	II	34~39
25일	35	97.2	II	34~39
28일	15	93.4	II	33~36
30일	21	95.3	II	29~39

단일조건에서 경과하는 일수가 휴면유기와 관련 중요한 것이기 때문에 여러 가지 발육단계의 감수성을 령 기간을 무시하고 생각할 수도 있을 듯하다. 여러 가지 곤충에서 보다 노령유충이 휴면유기와 관련 중요한 것으로 보이는데 이것은 노령유충기간이 유령유충의 그것보다 길다는 것을 생각할 때 이것이 단일조건하에서의 경과일수를 증가시킨 결과를 낳았을 수도 있다.

발육단계와 광주기 조건 처리일수와의 상대적 중요성에 관한 문제는 흰나비의 일종 *Pieris brassicae*나 배저녁나방(*Acronycta rumicis*)를 대상으로 한 실험결과에서 알 수 있다. 이들 곤충은 유령기 각 령기에 처리한 단일조건은 휴면을 일으키지 않는다. 그런데 최종령기에 단일처리를 받으면 일부이기는 하나 휴면한다. 따라서 최종령충이 광주기 조건에 대하여 가장 예민한 반응을 하는 것으로 보인다. 이것은 실제로 배저녁나방에서는 확실하다. 표 12에서 보는 바와 같이 처음 5일간의 유충은 광주기 조건에 대한 반응이 전혀 없으나 시간이 지나면서 감수성이 증가한다. 모든 개체가 휴면을 일으키려면 노령충에 대하여 15일 이상의 단일처리가 필요함을 알 수 있다.

표 13에서 보는 바와 같이 광주기 조건에 대한 *P. beassicae* 흰나비유충의 감수성은 배저녁나방과는 달리 발육기간 중 변함이 없다. 여기서 5령기의 높은 감수성은 그 령 기간이 길기 때문이다. 만약 1령충이 같은 기간 단일처리를 받았다면 같은 결과를 얻을 것이다(실험 1과6, 2와 5 등). 모든 유충이 휴면하려면 어느 령기에서든 10~11일의 단일처리가 필요하다.

휴면유기에 영향을 미치는데 필요한 광주기 처리 일수는 종에 따라 차이가 있다. 솔나방의 일종 *Dendrolimus pini*는 20일 이상이 필요하였고 배저녁나방(*Acronycta rumicis*)는 15일, 흰나비의 일종 *Pieris brassicae*는 11일, 명나방의 일종인 *Loxostege*

표 12. 배저녁나방(*Acronycta rumicis*)의 여러 가지 발육단계에 처리한 단일조건이 휴면에 미치는 영향.

시험	발육일수					휴면용(%)
	5	10	15	20	25	
1	——	······	······	······	······	0.0
2	——	——	······	······	······	2.7
3	——	——	——	······	······	17.3
4	——	——	——	——	······	55.6
5	······	······	······	······	——	21.4
6	······	······	······	——	——	78.6
7	······	······	——	——	——	98.6
8	······	——	——	——	——	100.0
9	——	——	······	——	——	95.0
10	——	——	······	······	——	31.2
11	······	······	······	······	······	0.0
12	——	——	——	——	——	100.0

········ : 연속조명, —— : 단일(12시간)처리

표 13. 흰나비의 일종 *Pieris brassicae*의 여러 가지 발육단계에 처리한 단일조건이 휴면에 미치는 영향. 온도:18~19℃

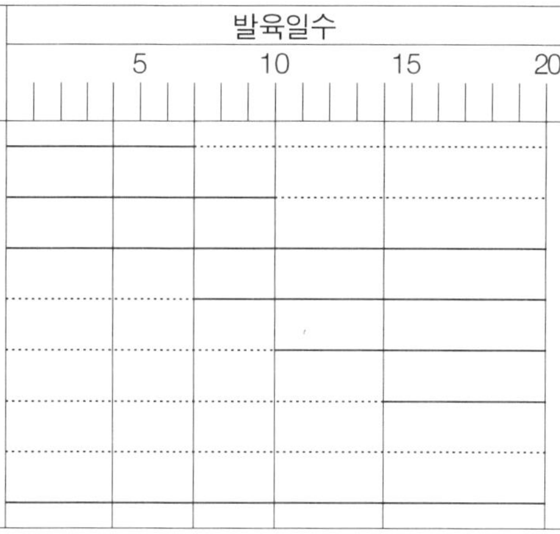

시험	휴면용(%)
1	30.4
2	81.5
3	100.0
4	100.0
5	100.0
6	38.5
7	0.0
8	100.0

········ : 연속조명, —— : 단일(12시간)처리, L_{I}-V : 유충 령기

*sticticalis*의 경우는 7~8일이 요구되었다. 유충이 자연 조건에서 단일조건하에서 발육하는 네발나비의 일종인 *Araschnia levana*의 휴면 완전제거를 위해서는 최종 2개령 충에 5~6일간 연속조명이 요구되는데 3일간 처리 시는 일부가 휴면하지 않는 것이 나타났다(Danilevskii 1948).

다음 장에서는 휴면유기에 필요한 일장주기의 횟수가 온도나 영양조건에 따라 달라지는 경우를 설명하려 한다. 이것은 다시 말하면 광주기 반응은 외적조건의 영향을 받는다는 것으로 자연계에서의 생활환의 계절적 변동은 이런 조건들과 대단히 밀접한 관계가 있다는 것을 의미하는 것이다.

9. 광주기 수용기

일장자극을 수용하는 기관을 실험으로 밝히는 것은 대단히 힘들다. 이 문제에 대한 발표된 연구결과는 아직 많지 않으며 일치된 결론도 없다.

최초의 보고는 일본의 Tanaka(1950c)와 소련의 Belov(1951)의 것이었다. 두 사람은 같은 재료-산누에나방(*Antheraea pernyi*) -를 대상으로 같은 방법으로 따로따로 연구를 수행하였다. 일장자극의 수용에 대한 유충의 시각기관의 역할을 알아보기 위하여 Tanaka는 감응기(4령)에 눈(측안)을 투광성이 없는 래커로 칠하거나 불에 달군 침으로 지졌다. 만약 눈이 일장자극 수용기관이라면 이런 처리는 연속 암흑에서와 마찬가지로 비휴면용을 낳을 것이다. 그런데 이런 처리를 받은 유충이 일장반응을 하여 단일조건에서는 휴면용으로 발육하였다. 이 실험결과로 눈이 일장자극 수용기관이 아님을 알 수 있어 눈 외에 일장자극 수용기관이 있음을 알 수 있다.

Belov(1951)도 유충의 눈 표면을 검은 색으로 칠하거나 물리적으로 파괴하는 비슷한 실험을 하여 같은 결론을 얻게 되었다. 그는 그 후에도 광 수용기의 본질을 구명하기 위하여 많은 연구를 계속하였다. 광 조건이 변하면 곤충의 체표 등쪽에 있는 추상감각자(Trichoid sensillae, 推狀感覺子)의 형태나 크기가 크게 변함을 알 수 있었고 이 감각기를 수술로 제거하면 정상적인 반응이 일어나지 않았다. Belov는 이런 실험을 통하여 이 추상감각자가 일장자극 수용에 주동적 역할을 한다고 결론을 내렸다. 그러나 이런 추론은 문제가 있다. 더욱이 우리가 산누에나방을 재료로 실험한 결과를 보면 여러 가지 일장 하에서 추상감각자의 형태 변화는 확인할 수 없어 Belov가 주장한 것과와는 달랐다. 그러나 체표에서의 일장수용의 가능성을 완전히 부인 할 수는 없다. 빛에 대한 피부의 산만한 감수성은 오래전 다른 곤충의 유충에서도 밝혀진 바 있다(Wigglesworth 1939).

De Wilde(1958)는 콜로라도감자잎벌레(*Leptinotarsa decemlineata*)를 재료로 산누에나방에서와 비슷한 결과를 얻었다. 전기작약기를 이용하거나 눈을 검은색 래커로 칠하여 장님으로 만들어도 이 갑충은 일장변화에 정상적 반응을 보였다. 25℃의 온도에서 장일(20시간 조명)조건에서 성숙하였을 때 그들의 증식력은 정상적인 것과 다름이 없었다. 10시간 조명의 단일조건에서 자라면 휴면에 들어가며 정상적인 성충과 같은 날짜에 땅속으로 들어갔다. 이런 실험으로 De Wilde는 시각기관은 일장반응에 중요한 역할을 하지 않는다고 결론을 내렸다.

솔나방의 일종 *Dendrolimus pini*를 대상으로 연구한 Geispits(1957)는 이와는 다른 결론을 내리고 있다. 첫 번째 실험에서는 그녀는 유충의 눈을 불투과성 래커로 덮고 휴면을 유기하는 단일조건(9시간)에서 사육하였다. 대조구인 비처리유충은 휴면 없이 발육을 계속하게 하는 단일조건 또는 완전암흑조건에서 사육하였다. 그 결과 처리구의 유충은 모두가 휴면하였으나 정상적인 유충보다는 20일 늦게 휴면하였고 암 조건에서는 모두가 휴면 없이 발육하였다. 이런 결과는 기본적으로는 앞서의 실험결과와 다름이 없으나 광주기 반응에 시각기관이 어떤 관련이 있음을 짐작케 한다.

그 후의 연구로 유충의 머리는 약한 관선을 투과시킬 수 있음이 알려져 투광성이 없는 래커로 눈을 덮어도 광 수용기관을 완전히 관선으로부터 차단시킬 수는 없겠다. 따라서 이와 같은 방법으로는 곤충류의 일장반응에 있어서의 눈의 역할 문제를 해결하기 힘들음을 알 수 있다.

Geispits는 광주기 수용기관의 위치를 결정할 목적으로 또 다른 방법을 이용하였다. 연속조명 실내에서 유충의 흉부 제1환절 앞의 머리를 매일 12시간씩 광선이 투과하지 않는 덮개를 씌운 것과 머리만 남겨 놓고 몸 전체를 관선이 투과하지 않는 덮개를 덮고 나머지에 매일 12시간씩 조명하여 그 결과를 비교하였다 그리고 대조구는 12시간 조명과 연속조명을 하였다. 이 실험에서 절식이 불가피한데 이 해충의 유충은 절식에 대한 내성이 강하여 절식은 생존에는 영향이 없고 광주기 반응에도 이상이 없는 것이 알려져 있다(Danilevskii 1956).

표 14. 머리와 몸통에 여러 가지 일장주기처리를 하였을 때의 솔나방의 일종 *Dendrolimus pini* 유충의 일장주기반응 (Geispits 1956).

실험구	처리유충수	조명시간 (일당)		휴면율(%)
		머리	몸통	
1	12	12	24	100
2(대조)	47	12	12	100
3	12	24	12	0
4(대조)	43	24	24	0

표에서 보는 바와 같이 머리에만 단일처리(12시간)를 받았을 때(실험 1)는 몸 전체를 단일처리를 받았을 때와 마찬가지로 100% 휴면하였는데 몸통이 단일처리(12시간)을 받았을 때(실험 3)는 몸 전체를 장일처리(24시간)를 받았을 때와 같이 휴면하지 않고 발육하였다. 이 실험은 이 곤충의 경우 일장주기반응 기관은 머리에 있음을 명백히 한 실험이다.

Geispits는 유충에 있어서 눈(측안)이 광 수용기일 가능성이 크다고 생각하였다. 이에 대한 유력한 증거는 일장주기반응과 주광성은 서로 무관한 현상인데 광 스펙트럼의 여러 가지 부위에 대한 반응은 같다는 사실이다. 그리고 이것은 종이 달라도 반응 양식이 같아 더욱 명백하다. 이 솔나방의 경우 대부분의 곤충류에서와 마찬가지로 광 스펙트럼의 보라색과 청녹색 부위는 일장주기반응에 영향을 미치나 적황색과 적색 부위는 암흑처리와 같은 결과를 낳는다(표 8 참조). 그런데 배저녁나방(*Acronycta rumicis*)의 경우에는 적색도 영향을 미친다. 이와 같은 종간 차이는 단색광에 대한 중광성에서도 알려지고 있다.

백색, 보라색 또는 청색광을 받았을 때 이 솔나방 유충은 곧바로 광원을 향하여 이동한다. 녹색 특히 적황색 광원에 대하여는 다소 불분명한 행동을 보인다. 적색광 조명 하에서는 방향을 잃고 암흑 속에서와 같이 방황한다. 배저녁나방(*Acronycta rumicis*)은 적색을 포함 가시광선 전역을 명백히 식별하며 방향성을 가진 행동을 한다.

N. I. Goryshin과 G. F. Tsvetaeva(미발표 자료)에 따르면 광주기 감응과 주광성에 대한 한계광량은 거의 같아 약 1 lux이다. 그런데 여러 가지 빈도로 점멸하는 섬광의 영향은 다소 차이가 있다.

지금까지의 연구결과를 보면 광주기 수용기의 정확한 위치와 본질에 관한 정보는 아직 확정적인 것은 아니다. 그러나 시각기관이 관련되어 있다는 것은 틀림없다. 누에(*Bombyx mori*)와 같은 일장반응기가 배자인 경우도 유충의 신경계가 생기고 눈의 원기에 색소가 침착하는 배자반저기 이후인 후기배자발육기에만 반응할 수 있다. 그러나 시각기 의외의 기관에서 광주기를 감수할 가능성이 없는 것은 아니다. 척추동물의 경우 눈이 일장수용기로 중요한 역할을 한다는 것은 여러 가지 연구에서 밝혀지고 있는데 이들에서도 피부도 일장에 대하여 감수성이 있음이 알려지고 있다(Ivanova 1936). 특히 홍미 있는 것은 Benoit와 그의 일파(Benoit 1950)의 연구로 그들은 뇌하추체 또는 시상하부에 직접 가는 광속을 조명하면 장님오리도 성적으로 성숙할 수 있음을 밝혔다. 곤충류에서도 마찬가지로 일장자극을 시각기관 뿐 아니라 뇌의 신경분비중추가 직접 자극을 수용할 가능성이 있을 듯하다.

제 3 장

영양조건과 광주기가 휴면에 미치는 영향

자연계에서 일장의 계절적 변화는 여러 가지 생태학적 요인들의 변화를 동반하는데 이들 요인은 곤충류의 생리학에 서로 다른 영향을 미친다. 따라서 이와 같은 광선이외의 요소들이 곤충류의 발육이나 휴면현상에 미치는 영향을 밝힐 필요가 있겠다. 이런 점에서 영양조건은 특히 중요한 의미가 있다. 그것은 휴면과 장기간의 활동정지 기간을 위한 준비과정에는 생물체내에 영양물질이 축적되고 대사 작용과 관련된 중대한 생리적 변화가 있기 때문이다.

휴면에 미치는 영양조건의 영향에 관하여는 많은 학자들의 연구가 있다. Steinberg와 Kamensky(1936), Zolotarev(1938, 1940a, 1940b) 그리고 Squire(1939, 1940) 등의 연구가 있은 후 먹이가 되는 식물의 계절이나 연령에 따르는 성분변화가 곤충류의 연중 생활환 진행에 영향을 미치는 일차적 주요요인임이 증명된 것으로 생각되어 왔다.

휴면이 온도조건과 무관하게 유기될 때 많은 학자들은 이런 설명에 의존하였다. Aristov(1932), Garlick(1948) 그리고 Vasil'ev(1951) 등은 코드링나방(*Carpocapsa pomonella*)은 익은 과일을 먹었을 때 휴면한다고 하였다. Kozhanchikov(1948)는 여러 가지 저녁나방류 곤충들의 휴면에는 먹이의 질이 중요한 영향을 미친다고 하였고 Grison(1947)은 흰독나방(*Euproctis similis*)의 유충은 어린잎을 먹고 자라면 휴면하지 않는다고 하였다. 콜로라도감자잎벌레를 주 대상으로 한 연구를 통하여 Larchenko(1955, 1956, 1958a)도 먹이와 휴면과의 관계는 비슷함을 보고하였다. 진딧물류의 생활환에 미치는 먹이의 질의 영향에 관하여도 많은 연구가 있다.

곤충류의 생활환조절에 먹이의 조건이 주도적 역할을 한다는 것이 알려지면서 일장은 직접적으로 영향을 미치는 것이 아니고 먹이 식물의 성분변화나 섭식활동과 먹이동화의 양식에 영향을 미쳐 간접적으로 영향을 미친다는 의견까지 제기되었다. Marcovitch (1924)는 진딧물류와 관련 이런 가능성을 제기하였다.

지금까지의 연구결과를 통하여 광 조건과 먹이조건의 상호작용관계를 검토하여 휴면조절에 있어서의 그들의 상대적 역할을 평가할 수 있겠다.

1. 곤충류의 광주기 반응과 먹이식물의 광주기 반응의 독립성

곤충류의 일장자극수용의 독립성과 식식성 곤충류의 광주기 반응과 그의 먹이식물의 광주기 반응과의 관계는 대단히 중요한 문제인 고로 지금까지 많은 연구가 있었다. Way와 Hopkins (1950)는 밤나방의 일종 *Polia oleracea*를 재료로 유충을 단일조건(8~10시간 조명)에서 자란 양배추를 먹이로 하여 장일(12시간 조명)조건에서 사육하면 휴면하지 않았는데 유충을 장일 조건에서 자란 먹이로 단일조건에서 사육하면 번데기는 전부가 휴면하였다고 하였다. 따라서 이 밤나방의 휴면은 먹이식물이 자란 광조건의 영향을 받지 않고 유충이 겪은 일장조건의 영향에 의하여 휴면여부가 결정된다고 하겠다. 동일한 결과를 콜로라도감자잎벌레(*Leptinotarsa decemlineata*)(Jermi와 Saringer 1955, Węgorek 1959b)나 매미충의 일종 *Euscelis plebejus*(Müller 1957b)에서도 얻었다. 그리고 Lees(1953a)도 사과응애(*Metatetranychus ulmi*)에서 그의 장일반응은 식물의 일장반응과는 무관하다고 하였다. 따라서 일장주기는 여러 가지 식식성 곤충류에서 직접 감수된다고 하겠다.

최근 Hughes(1950)는 먹이식물을 통한 일장주기자극의 영향 가능성을 시사하는 결과를 얻었다. 그에 따르면 순무뿌리를 먹고 자라는 꽃파리류의 일종 *Hylemyia brassicae*의 경우 장일 조건 하에서는 비휴면용을 낳으나 단일조건에서는 휴면용을 낳는다. 식물의 뿌리 주변 흙은 투광성이 없는 것으로 덮어도 결과에 미치는 영향은 적었다. 실험 전에 식물을 장일에 처리하면 단일조건으로 휴면하게 되는 번데기 출현비율은 약간 떨어진다. 이런 결과에 따라 Hughes는 이 곤충의 발육이 장일의 영향을 받은 식물의 성분 변화 때문인 것으로 생각하였다. 그러나 이 결론은 완전히 증명된 것은 아니다. Hughes의 연구와는 독립적으로 우리 연구실에서 행한 Sh. M. Zabirov의 연구에 따르면 이 꽃파리는 일부가 흙 밖으로 나와 있는 순무를 먹고 자라면 명백한 광주기 반응을 보인다고 하였다. 즉 장일(18시간 조명)조건하에서는 휴면 없이 발육하나 단일조건하에서는 모든 번데기가 휴면하였다. 따라서 유충은 직접 일장주기자극에 감응할 수 있는 것이다. Hughes의 실험의 경우 순무 뿌리에 달하는 광선은 지면에 달하는 광선의 약 0.6% 정도인 고로 이것이 그의 실험결과에 영향을 미쳤을 수도 있어 그의 결론에는 또 다른 문제가 있기도 하다.

현재까지 알려진 연구 결과를 보면 일장주기반응은 신선한 식물을 먹는 곤충류에 한 것은 아니고 포식자(예 : 풀잠자리류), 내부기생곤충(예 : *Apanteles glomeratus*와 *A. spurius* 고치벌), 흡혈곤충류(예 : *Anopheles maculipennis* 학질모기와 *Culex pipiens* 집모기) 등에서도 알려져 있다. 광 조건이 발육에 미치는 영향은 죽은 생물체나 탄수화물을 먹이로 하는 곤충류에서도 알려지고 있다. 예를 들면 건과류를 먹이로 하는 화랑곡나방(*Plodia interpunctella*) 유충에서도 명백한 광주기 반응이 있다. 끝으로 인공사료로 사육한 조명나방(*Pyrausta nubilalis*) 유충도 정상적인 광주기 반응을 한다(Mutchmor와 Beckel 1959). 또 솔나방의 일종 *Dendrolimus pini*의 유충은 단일조건하에서 휴면에 들어가 섭식을 중단한 채 휴지상태를 평균 26일을 유지 한다. 그런데 같은 온도조건에서 장일처리를 하면 17일 후에 휴면에서 깨어난다(Geispits 1949). 이것은 완전히 섭식이 없는 조건하에서 일어나는 현상으로 특별한 형태의 광주기 반응이다. 광주기 반응의 독립성은 비섭식 충태인 난기에 광주기 반응을 일으키는 누에의 휴면에서 더욱 명백하다.

2. 광주기 반응과 일주활동의 관계

새나 포유류의 생식주기에 미치는 일장의 영향은 그들이 일일 중의 활동이나 섭식주기의 변화 때문으로 보는 수가 있다. 비슷한 행동적 특성이 곤충에도 있을 가능성은 특별한 실험 없이는 부정할 수 없겠다. Way, Hopkins 그리고 Smith(1949) 등은 조명시간을 여러 가지로 하였을 때 생기는 섭식양식의 변화가 휴면에 미치는 영향을 조사하였다. Andrianova(1948)도 비슷한 견해를 표명한 바 있다. 그녀는 산누에나방(*Antheraea pernyi*)의 유충에서 광의 변화와 주야관계를 반대로 하였을 때 그것이 유충의 생장양식에는 영향을 미치지 않음을 밝혔다. 호흡대사에 주야간 리듬이 있다는 것은 여러 가지 곤충류에서 알려져 있는 사실이다.

많은 곤충류에서 활동에 일일 중 리듬이 있는 것이 알려지고 있어 그것과 광주기 반응과의 관계도 흥미 있는 일이다. K. F. Geispits가 우리 실험실에서 행한 연구에 따르면 일정한 온도와 일정한 광 리듬 조건하에서의 일일 생장리듬은 종에 따라 특색이 있었다. 일화성인 산누에나방(*Antheraea pernyi*)의 경우 자연광에서의 최대생장은 오전 10시부터 저녁 무렵까지이었고 밤 2시부터 오전 10시까지는 생장이 느렸다. 완전한 암 조건하에서는 생장리듬은 거의 소멸하였다. 도둑나방(*Barathra brassicae*)의 생장양식은 이것과는 달랐다. 이 해충의 경우 유충의 체중 증가는 저녁 무렵과 밤에만 있고 낮에는 체중은 오히려 감소한다(그림 13).

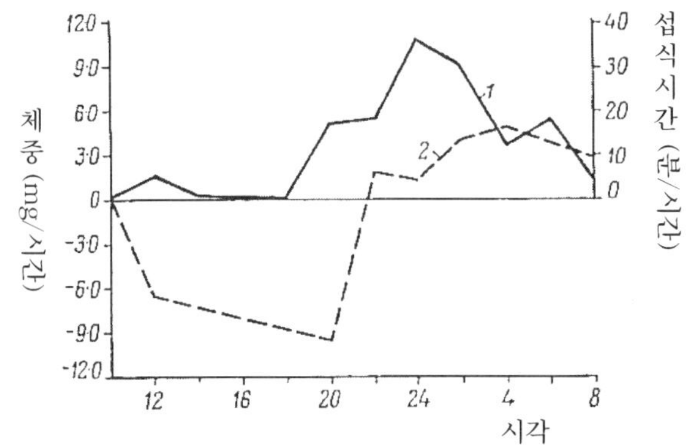

그림 13. 온도 20℃ 자연 광 조건하에서의 도둑나방(*Barathra brassicae*) 유충의 1일 섭식 활동과 생장상황 (Leningrad, 실험 8월 초).

1: 섭식활동, 2: 체중변화

이런 실험결과와 관련 여러 가지로 일중 활동양상이 다른 몇 가지 곤충류의 일일 섭식활동양식이 연구되었다. 실험은 항온조건에서 행해졌으며 유충의 섭식리듬은 잎을 먹을 때의 소리를 자동적으로 기록하는 특별한 장치를 이용하여 기록하였다. 마이크로폰 증폭장치를 가진 피에조 마이크로폰(Piezomicrophone)이 장치되어 있는 방음실에 곤충을 넣고 조사하였으며 섭식하는 동안 한 시간 동안의 섭식시간을 분 단위로 집계하였다. 이와 같은 방법을 이용하여 흰나비의 일종 *Pieris brassicae*, 산누에나방(*Antheraea pernyi*), 배저녁나방(*Acronycta rumicis*), 솔나방의 일종 *Dendrolimus pini* 그리고 도둑나방(*Barathra brassicae*) 등의 섭식리듬을 조사하였다. 동시에 이런 곤충류의 생활환에 미치는 일장의 영향도 조사하였다.

연구대상 곤충들을 활동과 섭식의 주야 리듬의 특성에 따라 다음과 같은 3개의 군으로 분류하였다.

(1) 하루 중 해가 있는 동안 활동과 섭식을 하는 군 : 흰나비의 일종 *Pieris brassicae*와 솔나방의 일종 *Dendrolimus pini*. 이들 곤충은 어두울 때에 섭식을 완전히 않는 것은 아니나 현저히 저하된다. *D. pini*의 경우 섭식 시간은 온도 25°, 조명 14시간의 조건 하에서 밝을 때는 시간당 약 11.7분(7~17)이었고 어두울 때는 시간당 4.2분(1~8분) 이었다.

(2) 전형적인 야행성 곤충류로 명암이 교체하는 조건하에서는 어두울 때만 섭식을 하는 곤 충류. 도둑나방(*Barathra brassicae*)이 대표적 예이다(그림 13).

(3) 조명조건과 명백한 관련을 갖지 않는 곤충류. 예로는 배저녁나방(*Acronycta rumicis*), Gor'kovskii 지방 계통 1화성 산누에나방(*Antheraea pernyi*) 등이 있으며 이들 곤충 류는 24시간 섭식활동이 비슷하다. 산누에나방의 경우 낮 동안 시간당 24분 섭식하고 밤에도 시간당 23분 섭식한다.

하루 동안의 활동상이 다른 몇 가지 곤충류의 광주기 반응을 조사한 것을 보면 표 15와 같다.

표 15. 1일 섭식양식과 광주기 반응

종	일주활동형	휴 면 개 체 %	
		단일 (8~12시간 조명)	장일 (18~24시간 조명)
Dendrolimus pini.	주간섭식이 많음	100.0	0.0
Pieris brassicae	상동	100.0	0.0
배저녁나방	평균적 섭식	100.0	0.0
산누에나방 (1화성 Gor'kovskii계통)	상동	5.0	60.0
도둑나방	야간섭식	100.0	0.0

표에서 보는 바와 같이 1일 중 활동양식이 다른 곤충류에서도

광주기 반응은 대부분의 곤충류에서 비슷하다. 야행성인 도둑나방(*Barathra brassicae*)의 유충은 주행성인 흰나비의 일종 *Pieris brassicae* 와 마찬가지로 단일조건에서는 휴면용을 낳으나 장일조건에서는 휴면 없이 발육한다. 그런데 행동습성은 비슷하여도 광주기 반응에 차이가 있는 수가 있다. 이런 예는 배저녁나방과 1화성인 산누에나방에서 볼 수 있다. 산누에나방은 장일 조건하에서 번데기로 휴면하는데 배저녁나방은 단일조건에서 휴면한다. 이와 같이 하류의 활동양식과 광주반응 간에는 아무런 관련성이 없다.

이와 같은 관찰과 더불어 하루 동안의 섭식활동리듬과 일장과의 관계를 휴면과 관련하여 솔나방의 일종 *Dendrolimus pini*를 대상으로 조사하였다. 한 어미가 산란한 알에서 부화한 유충을 매일 12시간만 섭식하게 하였다. 매일 12시간 조명 하에서 유충을 사육하면서 한 군은 명기에 그리고 다른 한 군은 암기에 섭식하도록 하였고 제3군은 24시간 조명하에서 12시간만 섭식케 하였다. 그리고 대조구는 12시간 조명조건에서 24시간 섭식하도록 하였다. 모든 실험은 온도 20℃에서 동시에 수행되었다(그림 14). 한정된 시간에만 섭식을 한 유충은 대조구의 유충에 비하여 발육이 훨씬 느렸으나 유충은 종에 고유한 광주기 반응양식을 유지하였다. 12시간 조명의 단일조건하에서는 모든 유충은 섭식조건과는 관계없이 4령에서 휴면하였다. 24시간 조명 하에서 자란 유충은 매일 12시간만 섭식케 한 것이나 계속 섭식을 하게 한 것이나 모두가 휴면 없이 발육하였다. 따라서 휴면은 먹이의 양이나 섭식활동리듬과는 관계없이 일어남을 알 수 있었다.

그러나 섭식조건이 휴면 전의 준비기간과 관련이 있음은 주의

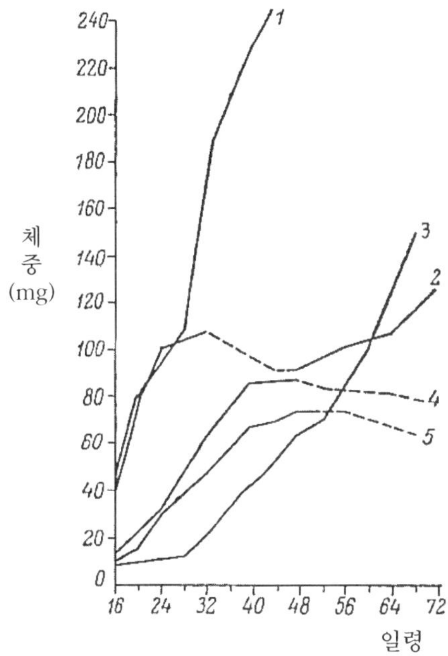

그림 14. 광 조건과 섭식조건이 솔나방의 일종 *Dendrolimus pini* 유충 발육과 휴면에 미 치는 영향

1. 연속조명 하에서 연속급식 2. 단일조건(12시간) 하에서 연속급식 3. 연속조명 하에서 1일 12시간 급식 4. 단일조건 하에서 암기 12시간 급식 5. 단일조건 하 에서 명기 12시간 급식. ——; 발육계속, - - -; 휴면

해야 하겠다. 솔나방의 일종 *Dendrolimus pini*의 정상적 휴면은 단일처리를 시작한 30일 후에 일어나는데(Geispits 1949, 1953) 이와 같은 것은 먹이를 계속 공급한 우리 실험실 실험에서도 확인되었다. 매일 12시간 섭식한 유충들은 대조구의 유충과 마찬가지로 4령에 휴면하였으나 대조구의 것과는 달리 48~56일 후에야 휴면하였다. 이것은 휴면은 단일조건처리의 일수 뿐 아니라 생체 내의 생리적 재편성과 충분한 저장양분의 축적에 필요한 발육단계가 그런 조건을 겪어야 함을 뜻하는 것이다. 양분의 축적량은

소비한 먹이의 양과 관계가 있는 고로 이 실험에서의 휴면지연은 이런 문제와도 관계가 있을 것으로 생각된다.

이상의 결과로 보아 곤충류의 생활사는 한편으로는 하루 동안의 일장변화에 적응하는 동시에 다른 한편으로는 행동과 활동의 일주리듬과도 관련이 있으나 이 두 가지는 독립적인 현상이며 그들의 생물학적 의의나 생리학적 의의도 별개의 것임을 알 수 있다.

3. 먹이식물의 계절적 변화와 휴면

곤충류의 광주기 반응은 독립적인 것으로 행동이나 섭식의 주기성과는 관계가 없다. 그러나 먹이식물의 계절적 변화나 발육단계의 변화가 광주기와 더불어 휴면유기에 아무런 영향을 미치지 않는다는 것을 뜻하는 것은 아니다.

Dendrolimus pini 솔나방이나 배저녁나방, *Pandemis ribeana* 잎말이나방, *Agrotis C-nigrum* 밤나방 등 여러 가지 나비목 곤충류를 일정한 온도조건하에서 일장을 달리하여 사육한 결과를 보면 일장 조건이 휴면유기에 중요한 역할을 한다는 것을 알 수 있다. 인위적으로 일조시간을 변화시키면 원래 발육을 계속할 계절인 봄이나 여름철에도 전형적인 휴면을 유기시킬 수 있고 자연 조건하에서는 먹이식물이 생장을 정지하고 곤충이 휴면하게 되는 가을이나 겨울철에도 휴면하지 않고 발육을 계속할 수 있게 할 수도 있다.

이런 실험에서는 먹이식물이 휴면유기와는 관계가 없다는 것인데 이것은 먹이식물의 계절적 성분변화가 곤충류의 발육이나 휴면유기와 깊은 관계가 있다는 종래의 생각을 재고하게 한다.

Steinberg와 Kamensky(1936)는 명나방의 일종인 *Loxostege sticticalis*를 재료로 많은 연구를 하였는데 그들에 의하면 이 곤충은 항온(25℃) 항습조건 하에서도 유충 휴면율이 계절적으로 변동하였다. 겨울철(9월말부터 다음해 4월까지)에는 모든 유충이 휴면하는데 봄이 되면서 휴면율은 급격히 감소하여 한 여름에 최저가 된다. 이런 실험결과를 상세히 검토한 결과 이들에서 휴면이 일어나는 것은 불리한 조건에서 자란 식물(사탕무우)를 먹였을 때임을 알 수 있었다. 이 실험에서 광 조건은 조절되어 있지 않았다. 그런데 그들의 연구결과로 제시한 유충 휴면율의 계절적 변동곡선과 이 실험이 행해진 Leningrad에서의 일장변화를 대조해 보면 이 두 현상 간에는 밀접한 관계가 있음을 알 수 있다. 따라서 우리는 이 해충의 유충의 발육에 미치는 일장조건변화의 영향을 조사하였다. 이 실험에서 사용한 재료는 Belgorod 지역에서 채집된 성충에서 얻은 실험실 개체군이었다. 자연일장조건에서의 실험에 의하여 항온(22~23℃)조건에서도 휴면현상은 계절성이 있음이 확인되었다. 즉 7월초에 발육한 유충은 모두가 휴면없이 자라 용화하여 9월에 휴면에 들어갔다.(표 16). 그런데 조명을 인위적으로 조절하면 결과가 달라졌다. 즉 7월에 단일조건(일당 8시간 조명)하에서 자란 유충은 모두가 전용기에 휴면에 들어

표 16. 명나방 일종 Loxostega Sticticalis 전용휴면에 미치는 광조건의 영향

먹이 명아주 (chanopodium album). 온도: 22-23℃

광조건	전용휴면 율 (%)	
	7월	9월
자연광 (50°N)	0.0	100.0
장일(20시간/일)	0.0	0.0
단일(8시간/일)	100.0	100.0

갔으나 장일조건(20시간 조명)하에서는 휴면하지 않았다. 먹이인 명아주(*Chenopodium album*)가 고사하기 시작하는 9월에도 인위적으로 일장을 길게 해주면 발육하여 완전한 번데기(표 16)가 되었다.

살아있는 먹이의 영향을 제거하기 위하여 7월에 유충을 인공사료(침수한 호밀빵)로 사육하였다. 대조구의 유충은 자연의 먹이(명아주)를 먹였다. 인공사료를 먹은 유충의 생장은 자연의 먹이를 먹은 것보다 훨씬 느렸다. 그리고 최종유충의 크기와 체중은 훨씬 작았고 약 80%의 유충은 발육기간 중 죽었다. 그러나 살아남은 유충은 대조구의 유충과 마찬가지의 일장반응을 보여 단일조건하에서는 휴면을 하였고 장일 조건에서는 번데기까지 발육하였다.

이와 같은 실험결과는 항온조건에서 이 명나방의 휴면의 계절성은 일장변동에 의한 것이며 먹이식물의 성분변화에 의한 것이 아님을 말해주는 것이다. Andrianova(1948)와 Belov(1951)는 산누에나방(*Antheraea pernyi*)을 대상으로 한 Zolotarev와 그의 일파가 행한 연구 결과(1938, 1940a, 1940b)와 같은 결론을 얻었다. 이들은 정밀한 실험을 행하여 산누에나방의 다화성 계통의 휴면개시의 계절성은 Zolotarev가 생각한 것과 같이 먹이식물 성분의 계절적 변화에 의한 것이 아니고 광 조건의 변화에 의한 것임을 밝힌 것이다. 이 문제에 관하여 본인이 과거에 제시한 의견이 잘못이었음이 이 실험으로 밝혀진 것이다(Danilevskii 1947).

휴면이 먹이의 질의 영향을 받는다는 가장 좋은 예는 아마도 Squire(1939, 1940)가 목화다래나방(*Platyedra gossypiella*)에서 얻은 실험결과 인 듯하다. 그는 이 해충의 유충 휴면율은 목화종자가 성숙함에 따라 증가하는데 목화종자는 성숙해가면서 수분량은 감소하고 지방 함량은 증가한다. 그런데 유충을 인공사료로 사육하였을 때를 보면 휴면율과 사료의 지방 함량 간에는 명백한 관계가 나타나지 않는다(Vanderzant와 Reiser 1956a, 1956b). 따라서 이 경우에 있어서도 휴면이 광 조건의 영향을 받았을 가능성을 완전히 배제할 수는 없을 듯하다. 물론 열대지방에서의 일장은 크게 변하는 것은 아니나 일장의 작은 변화도 곤충류의 휴면유기에 영향을 미치는 고로 그의 가능성을 배제할 수는 없다.

콜로라도감자잎벌레의 휴면이 먹이 조건과 관계가 있다는 Larchenko(1955, 1958a)의 연구도 주목할 만하다. 이 해충이 늦은 여름 휴면하게 되는 것은 감자 잎의 생화학적 성분조성이 생장에 미친 영향이라고 Larchenko는 설명하였다. 그녀는 휴면이 잎의 지방과 단백질 함량에 의하여 결정된다고 하였다. 잎의 지방단백질 계수는 감자가 자라면서 증가한다. Larchenko는 휴면을 유도하는데 있어서의 먹이의 질의 역할을 설명하는데 감자 잎의 지방단백질 계수와 휴면중 조직 내의 그것이 아주 비슷한 점을 증거로 들고 있다.

그러나 Węgorek(1959b)는 생화학적 연구를 통하여 감자 잎의 지방과 단백질 함량의 계절적 변화와 콜로라도감자잎벌레의 휴면유기와는 상관이 없음을 밝혔다. 여기서 주의해야 할 점은 Larchenko의 실험은 활발한 활동을 하는 시기에 자연광선조건하에서 행해졌던 고로 그녀가 얻은 결과는 일장의 계절적 변화의 영향을 받은 먹이의 영향을 배제할 수 없었다는 점이다. 그밖에도 복잡한 외부환경조건에 대한 적절한 배려를 한 여러 사람들(De Wilde 1954, 1955, Jermi와 Saringer 1955, Goryshin 1956, 1958a)의 연구결과들도 콜로라도감자잎벌레의 휴면유기에 광주기가 중요함을 뒷받침하고 있다. 이점과 관련 특히 믿음이 가는 것은 Goryshin의 연구결과로 그는 이 실험에서 일장조건을 인위적으로 조절하면 계절이나 먹이의 조건과 관계없이 마음대로 휴면을 일으킬 수도 있고 반대로 휴면하지 않게 할 수도 있음을 밝혔다. 즉 유충과 성충이 16시간 이하의 조명조건에서 자라면 언제나 휴면하는데 더 긴 조명(17~18시간)하에서는 소수의 개체가 휴면하기는 하나 정상적인 발육을 하고 우화한 성충은 성적으로 성숙한다. 또 그는 장일 조건하에서 어린 식물을 먹고 자란 콜로라도감자잎벌레는 노쇠한 잎을 먹고 자란 것보다 생장이 약간 빠른 것을 발견하였다(그림 15). 그러나 단일조건하에서는 먹이 조건과는 관계없이 모두가 휴면하였다. 콜로라도감자잎벌레에 대한 저항성이 다른 여러 가지 품종을 먹이로 하였을 때도 결과는 같았다.

곤충의 휴면에 미치는 먹이 조건의 영향에 관한 연구결과의 대부분은 단편적이거나 단순한 추론을 바탕으로 하고 있다. 많은 경우 광 조건이 조절되어 있지 않아 그것이 무시되고 있는 듯하다. 예를 들면 복숭아심식나방의 휴면과 먹이와의 관계에서 제기된 문제들은 증거가 불충분하다. Dickson(1949)은 이 해충에서 명백한 일장반응을 실험조건에서 밝혔다. Shel'deshova(1956)는 자연 상태에서 이 해충의 복잡한 생활환을 결정하는 주요인은 일장의 계절적 변동임을 밝혔다. 현재까지의 연구 결과를 보면 온대지방의 곤충류에 대하여 휴면유기와 관련 먹이가 주도적인 요인이라는 것이 밝혀진 예는 하나도 없다.

지금까지의 연구결과를 검토하여 보면 이와 같은 반대 견해는 Steinberg와 Kamensky(1936) 그리고 Zolotarev(1938, 1940a 1940b)가 제기한 문제를 완전히 해소할 수 있는 것은 못된다. 좀 더 자세히 살펴보면 먹이조건이 휴면유기와 무언가 관계가 있음을 알 수 있다. 이것은 Goryshin이 콜로라도감자잎벌레를 대상으로 한 위의 실험에서도 알 수 있다(그림 15 참조).

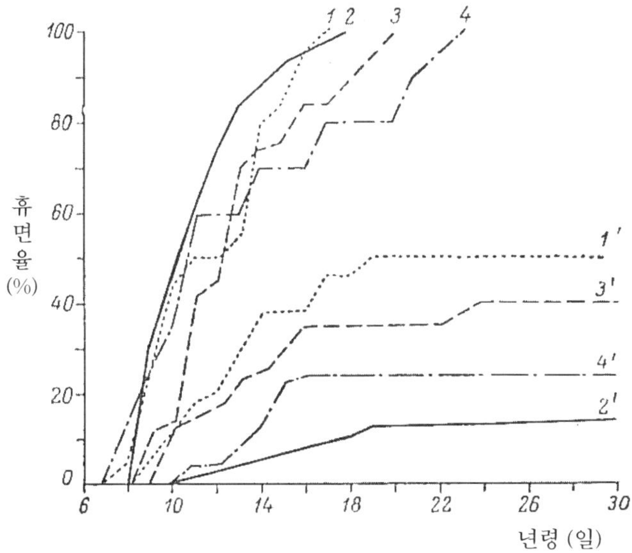

그림 15. 단일과 장일 조건에서 질적으로 차이가 있는 먹이로 사육하였을 때 콜로라도감자 잎벌레(*Leptinotarsa decemlineata*)의 휴면개시일. 온도: 25℃ (Goryshin 1958)

1~4:단일처리, 1' ~4' :장일처리, 먹이:1,1' -Akkerzegen 감자품종의 노쇠 잎, 2,2' -Akkerzegen 품종의 개화중인 감자 잎, 3, 3 '-재배종과 야생종간 잡종, 4,4' - 야생감자 *Solalum gibberulosum*

몇 가지 예를 더 들어보면 Lees(1953a)는 사과응애(*Metatetranychus ulmi*)는 온도 15℃, 장일(16시간)조건 하에서는 휴면 없이 발육하는데 단일조건(8시간) 하에서는 94~95%의 암컷이 휴면난을 낳는다. 그런데 그들을 노쇠한 황색잎으로 키우면 휴면율이 급격히 증가하는데 16시간 조명 하에서도 80%가 휴면하며 8시간 조명 하에서는 전부가 휴면한다. 고온 장일조건(16시간 조명)하에서도 노쇠한 잎을 먹이로 한 것은 약간(12%)의 휴면난을 낳는다. 주기적으로 굶기면 휴면에의 영향이 커진다.

Volga강 하류 스텝지대에서 명나방의 일종 *Lexostege sticticalis* 한 배의 유충을 대상으로 저자가 조사한 바에 따르면 8월초부터 명아주(*Chenopodium album*)를 먹고 자란 것은 휴면없이 발육하였으나 쑥의 일종 *Artemisia incana*를 먹고 자란 것은 대부분이 휴면하여 같은 경향을 볼 수 있었다.

산누에나방(*Antheraea pernyi*) 유충을 참나무와 자작나무 잎을 먹이로 하여 동시에 사육하면 참나무 잎을 먹은 것이 자작나무 잎을 먹은 것에 비하여 휴면용율이 낮은 것이 보통이다. Geispits(1953)은 꼬마버들독나방(*Leucoma salicis*)을 20시간 조명 하에서 사육할 때 어린잎을 먹은 것이 노쇠한 잎을 먹은 것에서 보다 휴면율이 낮았다고 하였다.

이와 같은 상반된 자료를 해석하고 휴면조절에서의 먹이의 역할을 평가하려면 광 조건과 먹이조건의 상호작용에 관한 연구가 필요하겠다.

Goryshin(1953, 1958b)은 밤나방의 일종 *Chloridea obsoleta*를 재료로 극단적인 단일조건과 장일 조건에서는 먹이조건의 영향은 없었으나 임계광주기 부근의 일장조건에서는 먹이의 영향이 명백히 나타났다고 하였다. 목화의 종자껍질이나 토마토를 먹이로 하였을 때는 목화잎을 먹이로 하였을 때에 비하여 임계일장이 1시간 짧았다(그림 16). 이와 같은 임계일장의 차이는 자연계에서는 휴면시기에 영향을 미치는 고로 생태학적으로 대단히 중요한 것이다.

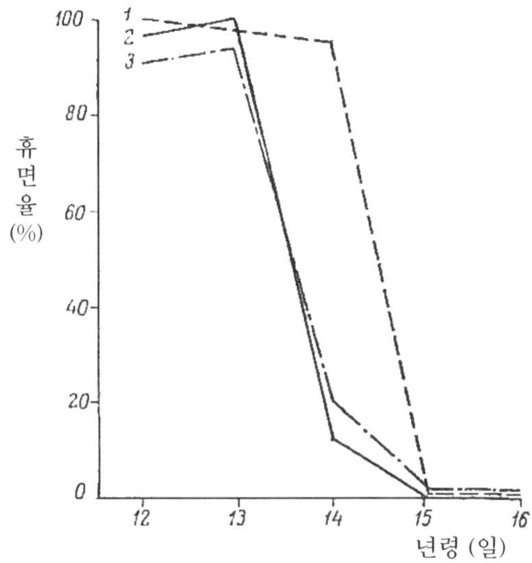

그림 16. 먹이가 밤나방의 일종 *Chloridea obsoleta*의 일장반응에 미치는 영향, 온도 25℃ (Goryshin 1958)
1. 목화 잎, 2. 목화 과실, 3. 토마토 과실

뿔나방의 일종 *Gelechia malvella*의 일장반응연구에서도 같은 결과를 얻었다. Babayan(1958)과 Mkrtumyan(1958)에 따르면 이 나방의 휴면은 유충의 먹이에 따라 변화하는데 여름철에 유충이 목화나 당아욱의 꽃이나 눈을 먹고 자라면 그대로 번데기까지 자라나 가을철에 먹이를 접시꽃의 일종 *Althaea taurinensis*의 익은 종자나 목화종자로 바꿔주면 휴면이 일어난다. 그러나 I. A. Kuznetsova의 연구결과(그림 17)를 보면 이 나방의 휴면유기에 영향을 미치는 주요인은 그래도 일장의 변화이다. 고온(27℃)하

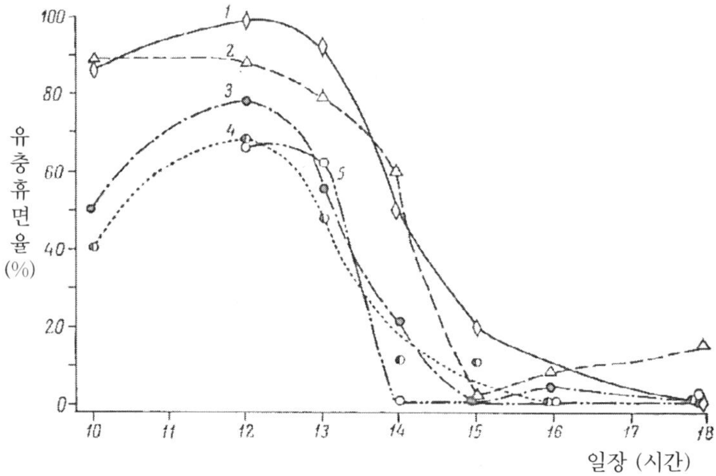

그림 17. 먹이가 뿔나방의 일종 *Gelechia malvella* 유충의 일장반응에 미치는 영향(I. A. Kuznetsova)

1. *Althaea taurinensis* 과실, 2. 접시꽃의 과일, 3. 목화종자, 4. 목화 꽃, 5.목화 눈

에서도 실험적으로 일장을 단축시키면 먹이와 관계없이 휴면한다. 그러나 반응임계치는 먹이식물의 종류에 따라 달라진다. 접시꽃(*Alcea rosea*)과 *Althaea taurinensis* 접시꽃의 열매를 먹고 자란 유충에서는 휴면하는 경향이 크며 그의 임계일장은 목화를 먹고 자란 것보다 약 한 시간 길어졌다. 또 목화과실이나 익은 종자와 같은 가을철 먹이를 먹고 자란 유충은 눈이나 꽃을 먹고 자란 것보다 일장반응의 변이가 크지 않았다. 이 실험결과는 Nakhichevan 자치공화국(아제루바이젠 공화국의 한 지역)의 자연 상태에서 조사된 결과와 일치한다. 이 뿔나방의 휴면은 목화에서 자랄 때보다는 *Althaea taurinensis* 접시꽃에서 자랄 때 일찍 일어난다(그림 18). 야외에서 *Althaea* 접시꽃을 먹고 자랄 때는 박명기를 제외한 일장이 14시간 20분이 되는 8월 1일이면 약 50%가 휴면에 들어가나 목화를 먹이로 하였을 때는 같은 정도의 휴면율은

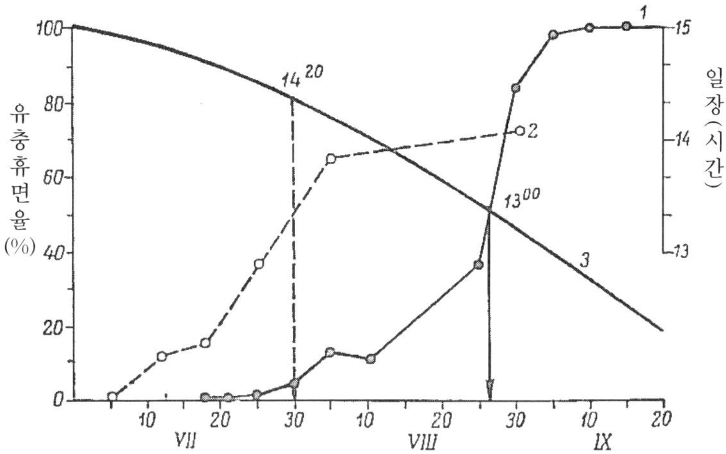

그림 18. 1958년 소련 Norashen지역 자연조건 하에서의 뿔나방의 일종 *Gelechia malvella*의 휴면율 변화 (I. A. Kuznetsova)

1. 목화, 2. *Althaea taurinensis* 접시꽃, 3. 일장(시간), 화살표는 임계일장

일장이 13시간 20분으로 짧아지는 8월말에야 얻을 수 있다.

여기서 흥미 있는 점은 잎의 노쇠에 따르는 일주반응의 변화문

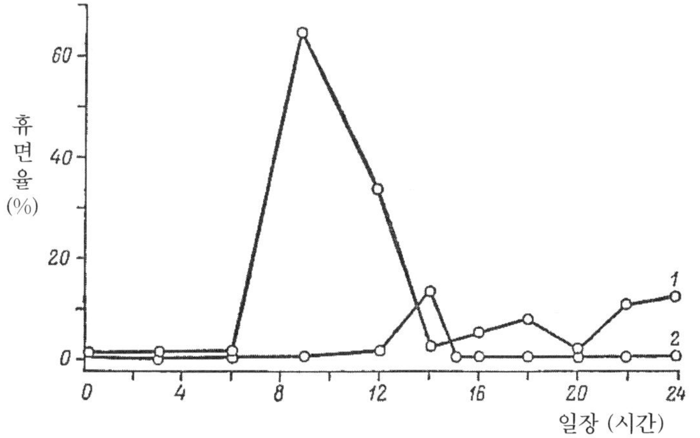

그림 19. *Aspidistra* 엽난에 대한 관수여부가 점박이응애(*Tetranychus urticae*)의 광주기 반응에 미치는 영향, 온도 18℃ (Geispits 1960)

1 : 무관수의 경우, 2 : 충분히 관수한 경우

제와는 별도로 먹이식물의 수분함량의 변화도 관계가 있다는 점이다. 예를 들면 점박이응애(*Tetranychus urticae*)의 경우 온도 18℃에서 충분한 급수가 되어 있는 엽난에서 자라면 광 조건과 관계없이 거의 휴면하지 않는다. 그런데 급수가 되지 않은 엽난에서는 광 조건에 대한 반응이 완전히 달라져 단일조건에서 대부부의 자충이 휴면한다(그림 19).

이와 같이 휴면에 미치는 먹이의 영향은 광 조건과 밀접한 관련을 갖고 있어 일장반응 양상의 변화로 나타난다. 지금까지의 연구결과를 보면 먹이의 영향이 명백해지는 것은 임계일장부근에서였다. 전형적인 장일효과나 전형적인 단일효과는 발육에 미치는 영향이 커서 먹이요인의 영향을 완전히 말살한다. 이것이 늦은 여름철이 되어 대부분의 곤충류가 임계일장에 가까운 일장을 겪게 되면서 먹이조건의 변화가 휴면에 미치는 영향이 보다 명백해지는 이유이다. 일장이 긴 초여름에는 일장이 짧은 가을철과 같은 먹이의 영향을 알아보기가 힘들다.

휴면문제와 관련 광 조건에 비하여 먹이조건의 영향이 별로 크지 않다는 것은 이들 두 요인간의 변동폭의 차이 때문임이 명백하다. 먹이식물성분의 계절적 변화는 종에 따라서도 다르고 식물의 연령에 따라서도 다르고 기후조건의 변동에 따라서도 변한다. 따라서 먹이의 영양가는 휴면과 같이 생존과 직접적이고 중요한 적응현상의 조절요인으로서는 적당한 것이 못되겠다. 먹이조건의 상대적 중요성이 증가하는 것은 단식성 특히 고착생활을 하는 것에서 일 것으로 생각된다. 그 이유는 이런 곤충류에서는 먹이식물의 종 변화에 따르는 먹이의 질적 변화의 문제는 별로 큰 문제가 되지 않기 때문이다.

진딧물과 점박이응애류에서 계절적 다형이나 휴면이 먹이조건의 영향을 크게 받는다는 문헌들은 이와 같은 생각을 뒷받침하는 것으로 보인다. 앞서 인용한 Goryshin의 연구결과는 광 조건과 먹이조건간의 상호작용은 이 두 요인의 상대적 역할에 큰 폭의 변이가 있음을 말해주고 있어 흥미롭다. 어떤 곤충의 광주반응이 먹이조건의 차이에 크게 영향을 받아 자연 조건에서 휴면은 먹이조건에 의하여 좌우되는 것으로 생각할 수도 있겠다. 그러나 현재까지 이런 경우가 실험적으로 밝혀진 예는 없다.

4. 저장 양분과 휴면생리

휴면생리에 미치는 저장양분의 역할문제는 휴면조절의 생태학적 요인으로서의 먹이의 역할문제와 밀접한 관계가 있다.

휴면은 장기간에 걸친 절식을 견뎌낼 수 있게 하는 체내저장물질의 축적을 수반한다. 따라서 몇몇 학자들은 휴면생리에 있어서의 체내영양물질의 중요성을 강조한다. 체내양분의 중요한 역할에 관하여 Andrewartha(1952)는 "영양가동설"(Food mobilization, 營養可動說)을 제기하였고 Larchenko(1956)도 Andrewartha와 비슷한 생각을 제기한 바 있다.

Andrewartha는 휴면에서 발육이 정지되는 직접적 원인은 생장에 필요한 호르몬의 일시적 부족이나 결여 때문이라고 생각하였다. 휴면의 유기나 종료에 영향을 미치는 외부환경조건들은 체내영양물질의 축적에 관련된 조직을 통하여 간접적으로 내분비계에 작용하는 것이라고 그는 생각하였다. 즉 지방조직이나 난황중에 저장된 양분의 분해로 생기는 동화가 쉬운 양분의 영향을 받아 내분비계가 활동하게 된다는 것이다.

휴면 없이 발육할 수 있는 생태학적 조건하에서는 저장양분은 쉽게 이용될 수 있는 형태로 존재한다. 그러나 휴면이 일어나는 조건하에서는 저장물질은 안정된 상태로 되어 있어 이런 물질은 쉽게 이용할 수 없어 내분비기관은 이용할 수 있는 양분이 없어 그의 활동이 억제되어 있는 것이다. 이 축적양분의 형태를 결정하는 것 중 중요한 요인의 하나가 섭취한 먹이의 질이라고 그는 생각한다. 안정적인 저장양분이 동화물질로 변화하는 것은 휴면 중의 저온 때문인데 이것이 활성화 현상인 것이다.

Larchenko도 휴면은 저장양분의 특성과도 관계가 있다고 하였다. 휴면시에는 지방체 또는 난황 중에 지방과 단백질의 반응을 동시에 하는 치밀한 지방단백질과립의 형태로 특수한 저장양분이 축적되는데 이것이 휴면의 직접적 원인이다.

이 과립은 안정성이 커서 분해가 쉽지 않아 양분이 혈림프로 유입되는 것이 어려워 대사 작용이 급격히 떨어져 생장이 정지되고 불리한 환경조건에 대한 저항성이 증가하는 등 여러 가지 휴면현상에서 볼 수 있는 특성을 나타나게 한다. 발육은 이 지방단백질 과립이 해리상태로 변하는데 유리한 조건으로 변할 때까지는 다시 시작되지 않는다. 유리지방의 분리는 휴면기간 중에도 서서히 일어난다.

Larchenko와 Andrewartha의 생각의 주요한 차이는 Larchenko는 휴면에 있어서의 호르몬의 역할을 완전히 무시하고 지방단백질과립이 갖는 저장물질로서의 안정성과 동화력 결여가 중요하다고 한 점이다. Larchenko는 먹이조건이 이런 저장물질의 형태와 깊은 관계가 있는 것으로 생각하였다. 두 사람의 견해에서의 문제는 모두가 실험적 뒷받침이 부족하다는 점이다.

우선 지방조직에 축적되는 저장물질의 질이나 양이 일차적으로 섭식한 먹이의 동화에 의하여 결정된다는 확증이 아직까지는 없다. 예를 들면 *Culex pipiens* 집모기나 *Anopheles meculipennis* 학질모기 등의 경우 휴면을 유기하는 단일조건(12시간)하에서는 설탕물을 먹었을 때 다량의 지방축적이 빠르게 일어나는데 장일 조건하에서는 지방축적이 극히 느리다(Danilevskii와 Glinyanaya 1958, Vinogralova 1958). Kuznetsova(1955)는 몇 가지 나비목 곤충류와 잎벌레의 일종 *Haltica saliceti*의 지방조직을 여러 가지 광 조건에서 자란 것에 대하여 조사하여 먹이는 같아도 활동 중인 것과 휴면상태의 것에서의 지방조직은 구조나 양에 있어서 큰 차이가 있음을 밝혔다. 이런 사실들을 볼 때 저장양분의 질과 구조는 먹은 먹이의 질이 아니고 발육기간 중의 광 조건에 따라 차이가 생김을 알 수 있다. 여기서 중요한 것은 섭식하는 먹이의 조성이 아니고 먹은 것의 동화방법으로 이것은 아마도 호르몬의 작용을 통하여 외부환경조건의 영향을 받는 것으로 생각된다.

휴면이 전적으로 지방조직의 지방단백질과립의 형성과만 관련이 있다는 Larchenko의 이론과 관련 그것이 근거가 없다는 점은 쉽게 알 수 있다. 이 이론에 따르면 불완변태를 하는 곤충류의 성충이나 유충의 휴면 가능성은 부정해야 하며 심지어 그녀가 연구하였던 노린재의 일종인 *Eurygaster integriceps*에 대하여도 휴면의 존재를 부정해야 하겠다. 즉 이들 곤충류의 지방조직에는 유리지방만이 존재하기 때문이다. 그리고 흡혈성인 침노린재의 일종 *Reduvius personatus*의 유충(Readia 1931), 메뚜기의 일종 *Acrydium arenosum*의 성충(Sabrosky, Larsen 그리고

Nabours 1933) 그리고 매미충의 일종 *Stenocranus minutus*의 성충(Müller 1957a) 등에서도 계절적으로 일어나는 휴면현상이 밝혀지고 있다. 그리고 노린재의 일종인 *Eurygaster integriceps* 의 전형적 성충휴면은 널리 알려져 있는 사실이다. 깊이 연구해 보면 유충이나 성충으로 월동하는 완전변태류 곤충은 대부분이 휴면상태이다.

한편 불충분한 습도(역자주: 일역서에는 온도)의 직접적인 영향을 받아 일어나는 명나방의 일종인 *Loxostega sticticalis* 암컷 성충의 성적 성숙의 일시적 정지현상 같은 것을 이때 지방단백질 과립이 분해되지 않는다는 이유만으로도 휴면이라고 하여서는 안되겠다.(Larchenko는 휴면이라고 하였지만) 이것은 휴면시의 축적양분은 지방단백질 입자형태만이 아니기 때문이다. Kuznetsova는 앞서 인용한 연구에서 휴면 시 지방조직에 축적되는 양분은 여러 가지로 다양한 형태임을 밝혔다. 꼬마버들나방(*Leucoma salicis*)의 유충에서는 지방단백질과립이 잘 발달하나 같은 독나방류인 흰독나방(*Euproctis similis*)에서는 그 양이 아주 적으며 잎말이나방의 일종인 *Pandemis ribeana*와 갈대나방(*Cosmotriche potatoria*)의 휴면유충에는 지방단백질과립이 전혀 형성되지 않는다. 그리고 휴면에서의 발육재개가 이런 과립의 분해와 관련이 있다는 것도 확인된 것은 아니다. 휴면 중에 지방체가 서서히 변하면서 지방을 방출하는 현상은 동면 중의 고온시에만 나타난다. 정상적인 조건하에서는 저온이면 지방조직은 봄이 될 때까지는 외형이 변하지 않은 채로 휴면시의 상태로 남아 있다. 그러나 생물이 발육을 재개할 수 있는 능력은 한겨울 동안에 회복되어 있다. 꼬마버들나방의 경우 지방조직은 유충이 고치에서 탈출한 후에도 과립 그대로 갖고 있다. 그들 과립이 살아지는 것은 섭식을 시작할 때이다. 같은 결과를 Tuleschkov(1935)도 보고하였다. 따라서 휴면이 끝나는 것은 지방입자의 분해에 의한 것이 아니고 발육이 재개되면서 분해가 일어나는 것이다.

생활환이 진행되는 동안 여러 가지 기관이나 조직 특히 "내부조직"에서 일어나는 구조적 변화는 휴면생리를 이해하는데 중요한 것이다. 그러나 이것은 형태적인 것이며 휴면의 원인은 아니다. 이런 문제는 Andrewartha의 생각에 대하여도 마찬가지이다. 대체로 그의 "영양가동설"은 곤충의 발육과 휴면에서의 내분비계 특히 뇌의 신경분비세포의 역할에 관하여 현재 알려진 사실과 맞지 않는다. 산누에나방의 일종인 *Platysamia cecropia*를 재료로 한 Williams(1946, 1947)의 연구결과에 의하면 번데기의 휴면을 종료시키는 저온은 뇌에 직접 영향을 미치며 저장양분에 영향을 미치는 것은 아니다. 즉 뇌를 제거한 번데기라도 활성화되지 않은 뇌를 이식한 후 냉온처리를 하면 휴면을 끝내고 발육을 재개한다. 그러나 이런 번데기를 뇌의 이식 전에 저온 처리하여도 발육은 재개되지 않는다. 따라서 온도는 뇌 이외의 조직이나 저장양분조직에는 아무런 영향을 미치지 못한다.

제 4 장

온도와 광 조건이 휴면유기에 미치는 영향

일장주기와 온도는 곤충류의 생활환이나 휴면의 생태학적 조절문제와 관련 중요한 문제인 동시에 대단히 복잡한 문제의 하나이다. 온도와 일장에 대한 곤충류의 생리적 적응은 서로 밀접한 관계를 갖고 있다. 자연 조건하에서 이들 요인을 분리하여 그들의 생태학적 역할을 평가하는 일은 쉽지 않다. 그것은 이 두 요인은 하루 동안이나 계절 중 동시에 변동하기 때문이다. 이런 이유로 생활환의 계절적 변동에 미치는 일장주기의 역할이 오랫동안 주목을 받지 못한 채 월동상을 결정하는 기본적인 외적조건은 온도조건이라고 생각하였던 원인도 여기에 있었다.

겨울철의 휴지상태 즉 휴면은 곤충이 어떤 한계이하의 저온에서 어떤 발육단계를 지내면 다음 발육단계에서 나타나는 것으로 고온 조건하에서는 휴면 없이 발육한다는 생각이 많은 문헌에 나타나있는 견해이다. 따라서 휴면유기의 “임계온도”에 관한 조사가 많은 곤충을 대상으로 이루어져 왔다.

휴면유기에 미치는 온도의 영향은 다른 형태의 것도 보고되고 있다. Dawson(1931)은 산누에나방의 일종 *Telea polyphaemus*를 대상으로 한 연구를 통하여 이 곤충의 휴면은 평균온도에 의하여 결정되는 것이 아니고 그의 변화하는 방향에 의하여 결정된다고 하였다. 즉 서서히 상승하는 온도조건하에서는 휴면하지 않는 번데기가 생기고 온도가 떨어지는 조건에서는 휴면하는 번데기가 출현한다는 것이다.

Chugunin(1939)은 코드링나방에서 같은 결과를 보고하였고 Kozhanchikov(1949)는 산누에나방(*Antheraea pernyi*) 번데기의 휴면은 유충기의 일중 온도변화의 영향을 받는다고 하였다. 그는 배저녁나방(*Acronycta rumicis*)의 번데기 휴면이 저온의 직접적인 영향에 의한 것일 가능성을 지적하였다(Kozhanchikov 1948). 같은 사실이 복숭아순나방(*Laspeyresia molesta*)에 대하여도 알려지고 있다(Dickson 1949).

치사온도에 가까운 고온이 가중나무산누에나방(*Philosamia cynthia*)(Danlievskii 1940)의 번데기나 꽃파리의 일종 *Hylemya brassicaea*의 번데기(Kozhanchikov 1939b)에서 휴면에 가까운 상태를 유기한다. 나무벌의 일종 *Cephus cinctus*에서는 특이한 형태의 온도의 영향이 알려지고 있다(Salt 1947, Church 1955a). 즉 월동하여 완전히 활성화된 유충을 일시적인 고온(35℃)에 처리하면 휴면상태로 되돌아간다. 이때 이 휴면을 깨려면 다시 한 번 저온처리를 하거나 자연 상태 하에서와 같은 월동이 필요하다.

지금까지의 연구결과를 보면 온도는 여러 가지 방법으로 휴면에 관여하고 있음을 알 수 있다. 그러나 이들 모든 결과는 광 조건을 고려하고 있지 않아 휴면이 일장의 영향을 받는다는 가설과 이런 결론이 얼마나 일치하는지를 밝혀야 하겠다.

곤충류의 생활환에 영향을 미치는 일장주가와 온도간의 유기적 관계는 여러 가지가 있으나 이 문제를 특히 깊이 있게 다룬 연구는 많지 않다. Danilevskii와 Goryshin(1960)은 그때까지의 연구결과를 검토한 바 있는데 그들 자료와 결론을 바탕으로 설명하면 다음과 같다.

1. 휴면의 임계온도에 미치는 일장의 영향

온도와 일장조건의 동시적 작용에 관한 연구결과를 보면 일장에 따라 온도가 휴면유기에 미치는 영향은 큰 차이가 있다. 흰나비의 일종 *Pieris brassicae*의 휴면유기 한계온도는 20°~22°인데(Maercks 1934, Kozhanchikov 1936) 이 흰나비 번데기의 휴면율은 유충기의 온도와 일장조건에 따라 그림 20에서 보는 바와 같이 변동한다(Danilevskii와 Goryshin 1960). 유충이 장일 조건에서 생육하면 한계온도보다 훨씬 낮은 온도(12℃)에서 생육하여도 휴면은 일어나지 않는다. 그러나 단일조건하에서는 휴면하는 경향이 강하여 그 영향을 해소시키려면 30° 이상의 온도조건이 필요하다. 만약 유충을 완전한 암흑조건에서 사육하면 번데기는 20℃ 이상에서는 휴면하지 않는다. 그러나 낮은 온도 하에서는 휴면율이 증가하여 15℃에서는 휴면율이 80%에 달하여 이 곤충의 휴면유기임계온도는 일장조건에 따라 15℃ 이상의 변이폭을 나타낸다. 따라서 어떤 곤충에 대하여 정해진 휴면유기임계온도를 말하는 것은 예전의 연구자들이 생각하였던 의미에서는 의미가 없는 것이라고 하겠다.

우리는 배추흰나비(*Pieris rapae*), 배저녁나방(*Acronycta rumicis*), 솔나방의 일종 *Dendrolimus sibiricus* 그리고 *D. pini* 등 여러 곤충류에서도 *Pieris brasicae* 흰나비에서와 같은 실험결과를 얻을 수 있었다. 다른 학자들도 밤나방의 일종 *Polia* (*Diataraxia*) *oleracea* (Way와 Hopkins 1950), 사과응애(*Metatetranychus ulmi*) (Lees 1953a), 고치벌의 일종 *Aphanteles glomeratus* (Maslennikova 1958) 등 여러 가지 곤충류나 응애류에서 같은 결과를 보고하고 있다.

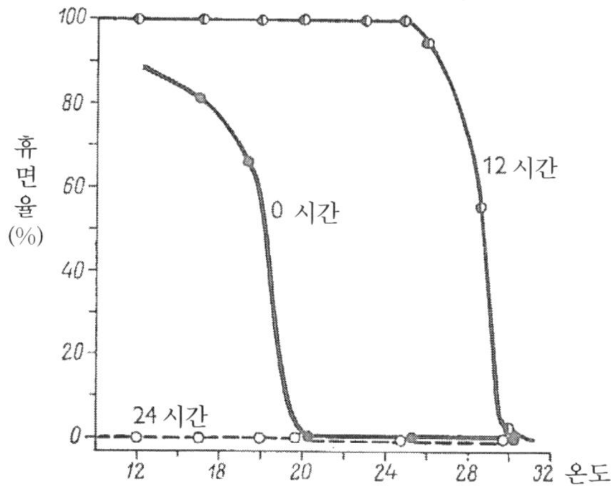

그림 20. 유충발육기간 중의 온도와 일장조건이 흰나비의 일종 *Pieris brasicae* 번데기의 휴면에 미치는 영향

---○--- ; 연속조명, -●-●- ; 연속암흑, -◐-◐-◐- ; 12시간 조명

이상의 사실들로 보아 우리는 몇몇 학자들이 실험실에서 얻은 휴면유기임계온도 예를 들면 흰나비의 일종 *Pieris brassicae*의 20~22℃ (Mecercks 1934, Kozhanchikov 1936), 명나방의 일종

Loxostege sticticalis(Kozhanchikov 1935b)의 17~18℃, 조명나방(*Pyrausta nubilalis*)의 22~24℃(Kozhanchikov 1938b), 이화명나방(*Chilo simplex*)의 20℃(Fukaya 1950) 그리고 가중나무산누에나방(*Philosamia cynthia*)의 25℃(Danilevskii 1940) 등은 실제 야외조건에서는 적용할 수 없으며 때로는 모순되는 수도 있다는 것을 이해할 수 있을 듯하다.

Leningrad 근처에서 흰나비의 일종 *Pieris brassicae*에 대한 관찰결과를 보면 자연 조건 하에서의 일장변화에 따르는 휴면유기임계온도의 변화는 실험실에서의 관찰결과와 같았다. 제1세대의 유충은 6월의 장일 조건에서 발육하기 때문에 번데기는 휴면하지 않는데 이때의 평균온도가 15℃ 이하인데 해에 따라서는 12°~14℃까지도 떨어지기도 하나 휴면번데기는 나타나지 않는다. 가을 세대 유충은 9월의 단일조건에서 발육하게 되는데 이때의 번데기는 반드시 휴면한다. 이때의 온도는 제1세대 유충의 발육기간 중의 온도보다 높은 수도 있으나 그의 영향은 없다. 온실에서 행한 실험결과를 보면 평균기온이 20~22℃인 9월 중순에도 제2세대 번데기는 휴면한다.

2. 휴면에 미치는 광, 온도 영향의 형태

앞서의 자료에서 명백한 바와 같이 휴면은 온도와 광조건 모두의 영향을 받는다는 것이 확실하여 이들의 영향을 따로따로 분리하여 생각할 수는 없는 일이다. 그러나 곤충의 생활사에 미치는 온도관주기조건의 영향에 관한 연구결과들에서 하나의 통일된 반응양식을 도출할 수는 없다. 지금까지 관찰된 상호관련성에는 종에 따르는 특이성이 명백하다.

장일성 반응을 보이는 다화성 곤충류는 대부분이 고온과 장일 조건하에서는 휴면 없는 발육을 하며 저온과 단일조건에서는 휴면한다. 이런 예는 밤나방의 일종 *Polia oleracea*(Way와 Hopkins 1950)와 사과응애(*Metatetranychus ulmi*)(Lees 1953a)의 휴면 현상에서 알려지고 있다. 배저녁나방(*Acronycta rumicis*)(그림 21)이나 흰나비의 일종 *Pieris brascicae*(그림20) 그리고 그 밖의 여러 가지 생물에서도 특이한 현상이 알려지고 있다.

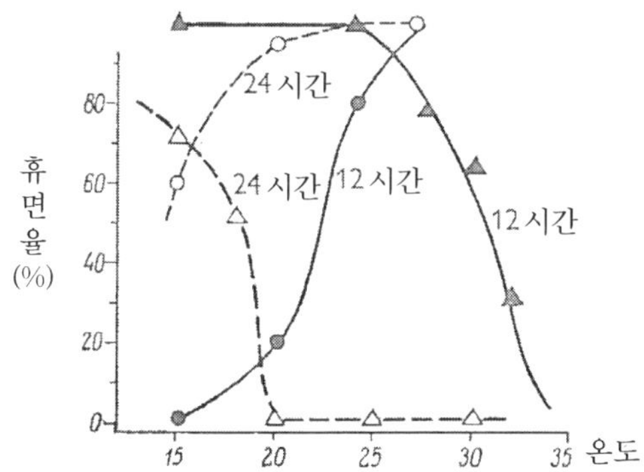

그림 21. 온도가 일장주기반응에 미치는 영향

△,▲배저녁나방(Belgorod 계통) 유충을 연속조명(24시간)과 단일(12시간 조명) 조건에서 생육하였을 때의 휴면용율

○,●;전 세대 난이 장일 조건과 단일조건을 겪었을 때 누에에서의 난 휴면율

이들과는 정반대의 현상이 누에에서 볼 수 있다. Kogure (1933)에 따르면 전 세대 알이 저온과 단일 조건을 겪으면 휴면 없이 발육하나 고온과 장일 조건을 겪으면 휴면한다고 한다(그림 21). 이런 현상은 다른 단일성 곤충에서도 있을 것이다.

중간정도의 온도(20°~26℃)에서만 단일조건의 영향을 받아 휴면하는 제3의 형태가 복숭아순나방(*Laspeyresia molesta*)에서 알려져 있다(Dickson 1949). 이 곤충은 고온이나 저온에서는 광주조건 여하를 불문하고 휴면 없이 발육한다(그림 22). 비슷한 현상을 밤나방의 일종 *Chloridea obsoleta*에서 Komarova (1959)는 보고하였다(표 17).

표 17. 광 조건과 온도 조건이 밤나방의 일종 *Chloridea obsoleta*의 번데기 휴면에 미치는 영향 (Komarova 1959)

유충기의 온도(℃)	장일 (18시간)		단일 (10시간)		
	용수	휴면용(%)	용수	휴면용(%)	평균 휴면기간(일)
29.5	28	0	47	6.4	80.5(84~77)
25.2	31	0	45	62.2	68.7(106~32)
23.1	48	0	52	94.2	55.2(142~32)
19.6	22	0	24	33.2	41.0(38~44)

정반대의 현상이 불나방의 일종 *Spilosoma menthastri*에서 알려지고 있다(그림 22). 이 불나방의 경우 휴면 없는 발육은 좁은 온도 범위(20°~27℃)내에서만 일어나고 이보다 고온이나 저

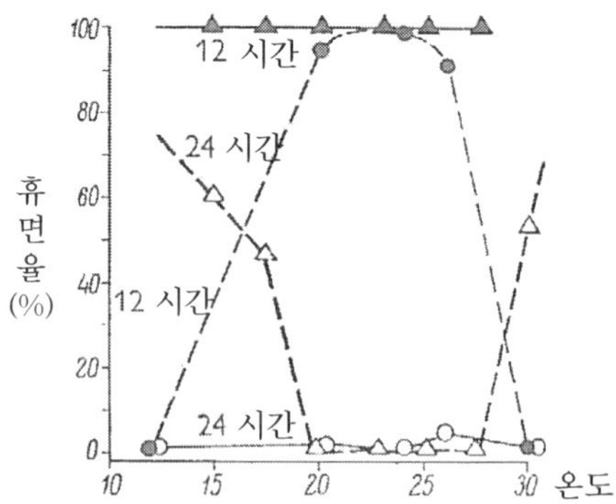

그림 22. 온도가 광주기 반응에 미치는 영향

△,▲; 불나방의 일종 *Spilosoma menthastri* 유충이 장일(24시간)조건과 단일 조건 (12시간)에서 생장하였을 때의 휴면율,
○,●; 복숭아순나방의 경우

온조건에서는 장일 조건에서도 휴면이 일어난다(Danilevskii 1957a).

끝으로 특이한 발육-온도관계가 광대불나방(*Parasemia plantaginis*)에서 보고되고 있다(표 18). 유충은 저온(15℃)에서는 단일조건(12시간)에서 휴면하고 장일조건(18~24시간)에서는 휴면을 않는 장일성 특성을 보인다. 그런데 23°~24°의 고온조건에서는 휴면 없는 발육을 한다. 그리고 이때에는 단일조건에서 장일 조건에서 보다 생장이 빠르고 균일한 생장을 한다. 그런데 장일 조건하에서는 발육이 방해를 받고 발육이 일시적으로 정지되고 상당수가 사망한다. 이때 일부 유충이 전형적인 휴면을 하기도 한다.

표 18. 온도조건에 따르는 광대불나방(*Parasemia plantaginis*)유충의 광주기 반응 역전 현상

유충발육지표	유충기의 온도와 일장			
	15℃		23℃	
	12시간	24시간	12시간	24시간
체중(40일 후)(mg)	4.0(3~12)	21.6(8~32)	184.8(56~335)	81.1(19~202)
휴면율(%)	100	0	0	0
50일 후의 용화율(%)	0	0	94.1	20.0
발육기간(일)	-	-	49(42~56)	57(44~65)
사망율	5.0	6.2	5.9	55.0

이와 같은 광대불나방(*Parasemia plantaginis*)의 특성은 몇 가지 식물(예 포인세티아(*Euphorbia pulcherrima*), 고구마의 일종 *Ipomoea purpurea*, 도꼬마리의 일종(*Xanthium pensylvanicum*) 등)들에서 온도가 변화하면 일장반응이 반전하는 것과 유사하여 흥미 있는 일이다(Samygin 1946). 이것은 단일성 생물과 장일성

생물로 종이 분화하는 과정을 말해주는 것으로 생각된다.

3. 광주기 반응의 최적온도

여러 가지 곤충학 문헌을 보면 휴면은 생장에 불리한 조건에 의하여 일어나는 현상이라는 의견이 많다. 이와 같은 결론을 증명하려고 많은 실험이 수행되었다. 흰나비의 일종인 *Pieris brassicae*를 대상으로 연구한 Maercks(1934)는 휴면은 불리한 온도조건이나 기타의 유해한 요인들에 의하여 일어난다고 하였다. Kozhanchikov(1935a, 1937a)도 휴면은 불리한 온도조건에 대한 생물들의 생체반응이라고 하였다. Cousin(1932)은 휴면이란 불리한 조건들에 의한 직접적인 작용 결과라고 하였다. 이런 것들은 휴면은 일반적으로 병리학적 현상의 하나라고 생각한 Simmons(1948)의 견해와 큰 차이가 없는 견해이다.

곤충류의 광주기 반응에 대한 연구결과를 보면 이런 견해와는 달라 휴면유기조건과 생장이나 발육에 요구되는 온도범주간의 관련에 관한 문제를 재검토해야 할 필요를 느끼게 한다.

지금까지의 연구결과를 보면 온도와 일장반응간의 관계는 복잡하면서도 변이가 크기는 하나 여기에는 다른 생리학적 현상과 마찬가지로 명백한 최적온도가 있다. 온도조건이 최적온도의 상하 어느 쪽으로든 간에 멀어지면 일장반응은 점점 약해져 결국은 없어진다. 이런 점은 복숭아심식나방(*Laspeyresia molesta*), 불나방의 일종인 *Spilosoma menthastri* 그리고 밤나방의 일종인 *Chloridea obsoleta* 등에서도 명백한 현상이다(표 17). 여기서는 극단적인 온도에서는 그것이 고온이거나 저온이거나 광주기 조건의 영향이 소실된다는 점에서는 동일하다. 그리고 서로 다른 형태의 온도 광주기 관계에서도 이와 비슷한 관계를 볼 수 있으나 다만 고온범위와 저온범위에서의 광조건에 대한 반응소실이 각각 다른 원인에 의하여 일어난다. 즉 장일형의 경우는 고온은 광주기 반응을 억제하여 단일조건에서도 휴면 없이 발육을 계속시키는데 저온도 광주기 반응을 억제 소멸시키기는 하나 이때에는 일장조건과는 관계없이 휴면한다.

그림 23은 몇 가지 곤충류에서의 일장조건에 대한 감응단계의 온도조건과 광주기 반응과의 관계이다.

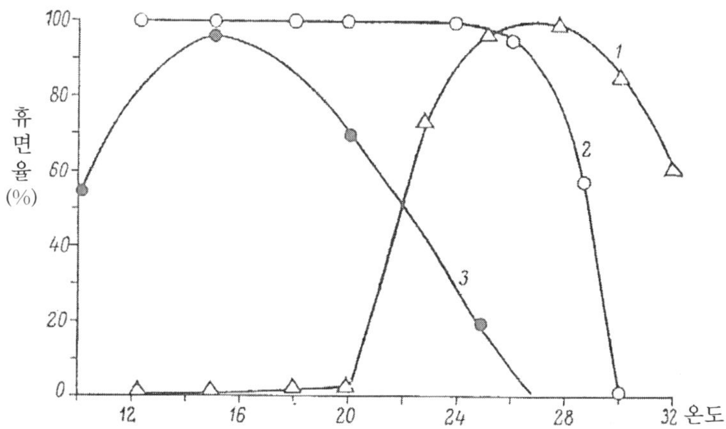

그림 23. 몇 가지 곤충류에서의 광주기 반응의 최적온도

1. 배저녁나방(*Acronycta rumicis*)(Leningrad) 2. 흰나비의 일종 *Pieris brassicae* 3. 사과응애(*Metatetranychus ulmi*)

그림에서는 광주기 반응의 차이를 일장에 반응한 개체의 비율을 이용하여 비교하였다. 표에서 보는 바와 같이 광주기 반응에 대한 최적온도는 종에 따라 큰 차이가 있어 사과응애의 경우 그것은 13°~18℃이고(Lees 1953a) 배저녁나방 Leningrad 개체군의 광주기 반응은 그보다 높은 온도(25°~28℃) 범위 내에서 일어난다. 이들에서의 최적온도 범위는 비교적 좁다. 한편 흰나비의 일종인 *Pieris brassicae*의 최적온도범위는 이들에 비하면 훨씬 커서(12°~26℃) 그 하한은 아직 실험적으로 확인되지 못하고 있다.

이와 같은 현상은 곤충류의 생활사 조절에 미치는 온도조건과 광조건의 생태학적 역할에 관한 것이어서 그 생물의 생물학과 관련 대단히 중요한 것이다. 광주기 반응에 있어서 최적온도범위가 넓으면 넓을수록 자연 상태에서의 광조건의 역할은 상대적으로 커지겠다. 반대로 온도범위가 좁으면 온도조건은 휴면과 관련 보다 중요한 것이 되겠다. 표 19는 곤충류의 광주기 반응의 온도범위를 생장과 발육기간 중에 요구되는 온도조건과 비교한 것이다. 표에서 보는 바와 같이 광주기 반응 최적 값은 일장조건에 예민한 발육단계의 생장이나 발육에 유리한 온도범위 내에 있음을 알 수 있다.

표 19. 감응발육단계의 광주기 반응과 발육온도범위

종	개체군	온도(°)			
		유충발육		광주기 반응	
		범 위	최 적	범 위	최 적
Pieris brassicae	Leningrad	10~31	16~26	12~29~30	12~25
Pieris napi	동상	10~32	16~26	12~29~30	18~25
Dendrolimus sibiricus	Tomsk주	6~30	15~25	10~28	12~27
Antheraea pernyi	중국 북부	8~32	16~26	14~28	-
Acronycta rumicis	Leningrad	10~34	15~30	12~30	25~28
Polia oleracea	영국	10~34	15~30	12~30	-
Barathra brassicae	Sumy주	8~32	15~26	15~30	18~25
Chloridea obsoleta	Caucasus 북부	17~36	22~32	19~30	19~27
Spilosoma menthastri	Sukhumi	10~31	17~25	20~30	20~28
Loxostege sticticalis	Ukraina	12~36	20~32	18~30~32	20~27
Laspeyresia molesta	California	8~32	-	12~26	20~26
Leptinotarsa decemlineata	동독	12~33	-	18~30	20~30
Dendrelimus pini	백러시아	6~32	15~25	10~30	12~27

생태학적으로 볼 때 휴면을 유기하는 광주기 반응이 생장의 최적온도와 일치한다는 사실은 충분히 이해할 수 있는 사실이다. 다만 이 경우 불리한 조건의 도래를 말해주는 신호로써의 일장의 변화는 생태학적으로 의미가 있고 곤충류 발육의 계절적 진행을 조절하는데 있어서 다른 요인들보다 중요한 의미가 있다고 하겠다. 생장에 유리한 조건하에서는 저장 양분의 왕성한 축적과 더불어 휴면을 위한 생리적 준비가 이루어진다. 이렇게 볼 때 휴면이 생장에 불리한 조건 때문에 일어난다는 널리 알려진 생각은 잘못된 것임을 알 수 있다. 따라서 휴면은 생장에 불리한 조건하에서의 생존을 위한 하나의 적응현상으로 불리한 조건 때문에 일어나는 것은 아님을 알 수 있다.

일주기 반응에 미치는 온도범위의 생물학적 중요성에 관하여는 보다 깊은 고찰이 요구된다. 우리는 앞서 고온이 대부부의 장일성 곤충류에서는 일주반응을 억제하여 광조건과는 관계없이 휴면 없이 발육을 계속하게 한다고 하였다. 그리고 이와 같은 억제현상은 아치사 온도범위에서 흔히 볼 수 있어 정상적인 발육과정이 방해되었을 때의 일로 생각할 수 있다. 이런 관계는 특히 흰나비의 일종인 *Pieris brassicae*나 배추흰나비(*P. rapae*), 밤나방의 일종인 *Polia oleracea* 그리고 배저녁나방(*Acronycta rumicis*) 등에서 특히 잘 알려져 있다. 복숭아순나방(*Laspeyresia molesta*)과 밤나방의 일종인 *Chloridea obsoleta*와 같은 남방계통 곤충의 일주반응의 온도상한은 아치사 온도에 거의 가까운 것이기는 하나 그것은 생장 최적 온도범위 내에 있다.

자연 상태 하에서는 휴면을 억제할 수 있을 정도의 고온은 여름철에만 존재하며 이때는 일장이 최대에 달하고 발육은 한 방향으로 진행되는 시기로 이때는 장일 조건이 휴면을 억제하고 있는 시기이기도 하다. 따라서 온대지방의 곤충류에서 고온에 의한 일주기 반응의 억제는 생태학적으로는 의미가 없어 계절적 조건에 대한 특별한 적응현상으로 볼 수는 없다. 이것은 아마도 고온이 갖는 일반적 자극 기능의 흔적인 듯하다. 그리고 그것은 장일 조건의 영향과 비슷하여 생태학적으로는 의미가 없어 자연선택의 영향을 받지 않고 그대로 유지된 것이 아닌가 생각된다. 그러나 온대에서 열대나 아열대에 침입한 곤충류에 있어서는 고온에 의한 광주기 반응의 억제는 그 지역 여름철의 단일조건 하에서의 휴면 없는 발육에 도움이 되는 적응현상이 될 수 있겠다.

광주기 반응에 한계 저온이 있다는 것은 온대지방의 생물에 있어서는 생태학적으로 대단히 중요한 의미가 있다. 저온은 단일조건과 같이 휴면을 유기하여 적절한 시기에 동면을 위한 준비를 하게 한다. 이것은 물론 북부지방의 생물들에서는 가을철의 저온에 대한 적응현상이다. 그런데 남방종인 복숭아심식나방(*Laspeyresia molesta*)이나 밤나방의 일종인 *Chloridea obsoleta* 같은 곤충류는 저온에 대한 반응이 일반적인 것과는 본질적으로 달라 저온 하에서는 단일이라도 휴면하지 않는다 . Komarova (1959)는 외코가사스 지방의 자연 상태에서 밤나방의 일종인 *Chloridea obsoleta*의 번데기 휴면율이 높은 것은 초가을 온도가 20℃ 이상의 고온에서 유충기를 거쳤을 때의 일로 온도가 떨어진 시기에 유충기를 거친 것의 휴면용율은 점점 감소한다는 것을 발견하였다. 이런 현상은 온대지방에서 볼 수 있는 기후조건과는 모순된 현상으로 아마도 이 곤충이 남방계통이기 때문일 것이다.

휴면에 필요한 광주자극의 수(되풀이되는 광주기의 횟수)도 일장에 대한 반응의 최적온도와 관련이 있다. 솔나방의 일종 *Dendrelimus pini*의 유충휴면은 일정 일수의 단일조건을 겪지 않으면 휴면하지 않는다(Geispits 1949, 1953). 그러나 필요한 일수는 외부조건에 따라 차이가 있다(표 20).

표 20. 여러 가지 온도에서 사육한 솔나방의 일종 *Dendrelimus pini* 유충의 휴면에 미치는 단일조건(12시간 조명)의 영향 (역자 재편)

유충발육온도	유충수	휴면율 (%)	휴면발육 단계	휴면시의 체중(mg)	휴면개시까지의 일수	휴면기간 (일)
10℃	16	100	II~III	63.2	64.6(58~71)	50.5(28~66)
12.5℃	18	100	II~III	62.2	62.1(42~83)	39.2(16~64)
15℃	25	100	II~III	70.2	42.6(39~55)	25.6(9~40)
17.5℃	22	1000	II~III	83.7	37.7(34~46)	25.9(11~33)
20℃	15	100	III	107.1	36.3(32~37)	23.1(12~32)
23℃	20	100	III	97.8	30.1(26~32)	16.6(6~25)
25℃	24	95.8	III~IV	164	37.3(31~47)	12.7(6~20)
27℃	17	98.3	IV	176	38.9(33~60)	10.5(5~13)
30℃	19	21.0	IV~VI	224	33.1(33~34)	1.2(1~2)
32℃	27	0	-	-	-	-

표에서 보는 바와 같이 유충이 생장 최적온도(23℃)하에서 자랄 때 휴면을 준비하는 휴면 전 기간이 가장 짧다(30일). 이보다 온도가 높거나 낮으면 휴면 전 기간은 길어진다. 휴면 전 기간이 가장 긴 것(60일 이상)은 생장 최저온도 10°~12℃에서이다. 표에서 보는 바와 같이 휴면에 들어가는 날짜는 생장이나 발육단계와는 관계가 없이 광주기 반응에 미치는 온도의 영향에 의하여 결정된다. 이와 같은 사실은 고온 하에서는 발육이 촉진되면서 휴면은 늦어지는 것으로 알 수 있다. 휴면이 생장이나 발육단계와는 관계없이 일어난다는 것은 휴면 유충의 령기나 체중에서도

알 수 있다. 최적온도 20°~23℃에서는 휴면은 언제나 3령기에 일어나며 이때의 체중은 약 100mg이다. 그러나 저온 하에서는 휴면이 일부 2령충에서도 일어나며 이때의 유충체중은 60~70mg이다. 고온(27°~30°)은 휴면을 지연시켜 이때는 조명 15시간과 암기 9시간의 시험군에서는 3시간의 저온처리 영향은 썼기 때문에 4령이나 5령 유충 때로는 6령충이 휴면하며 이때의 체중은 176~224mg에 달한다. 일장반응에 있어서의 비슷한 변화는 다른 솔나방의 일종인 *Dendrolimus sibiricus*에서도 관찰된 바 있으나 이 경우는 그리 뚜렷하지는 않았다.

솔나방의 일종 *Dendrelimus pini* 유충의 휴면기간은 휴면유기시의 온도조건에 따라 차이가 있다(표 20). 온도가 23℃일 때의 단일조건하에서의 휴면기간은 약 2주이고 10℃의 저온조건하에서는 평균 50일로 약 3배로 증가한다. 그런데 고온에서는 휴면기간이 크게 단축되어 30℃에서는 극히 짧은 기간 생장이 정지될 뿐이다. 그런데 이때에도 휴면 징후는 완전한 것이어서 장내에는 먹이가 전혀 없고 특이한 배설물이 배출되고 유충은 휴면처로 이동한다. 휴지기간은 휴면유충이 지내는 조건 뿐 아니라 휴면개시 후의 휴면의 진행과정에 따라서도 달라진다고 생각된다.

휴면의 깊이가 휴면개시기의 조건에 따라 차이가 있다는 것은 밤나방의 일종 *Chloridea obsoleta*에 관한 Komarova(1959)의 연구결과에서도 알 수가 있다(표 17). 여러 가지 온도조건에서 용화한 번데기를 같은 조건에 처리하였을 때의 휴면용의 용기간은 차이가 있다. 온도가 29℃일 때의 번데기의 휴면기간은 평균 80.5일인데 19.6℃에서의 휴면용기간은 41일로 짧다. 이런 특성은 자연 상태 하에서의 봄의 성충 우화시기와 관계가 있겠다.

지금까지 휴면기간의 생물학적 의의에 관한 연구는 많지 않다. 그런데 이 문제는 특히 열대나 아열대의 곤충류에 있어서는 대단히 중요한 것일 수 있다. Masaki에 따르면 도둑나방(*Barathra brassicae*)(1956a)과 버드나무얼룩가지나방(*Abraxas miranda*)(1958)의 휴면기간은 발육기간 중의 광 조건에 따라 큰 차이가 있다고 한다. 이와 같은 휴면의 질적 차이는 이들 곤충류의 생물학적 특성과 이들이 분포하는 일본의 아열대 기후조건의 변동과의 일치문제와 관련 중요한 것이다. Norris(1959)는 비슷한 연구결과를 아프리카의 메뚜기의 일종 *Nomadacris septemfasciata*에서 얻었다.

4. 임계일장에 미치는 항온의 영향

장일효과에서 단일효과로의 전환점인 임계일장은 일장반응의 생태학적 의미를 특징짓는 중요한 지표이다. 이것은 어떤 생물 또는 어떤 지역개체군이 갖는 정해진 특성으로 생각되고 있다. 그러나 자연환경 하에서의 휴면개시일자는 정해져 있는 것이 아닌 고로 임계일장은 다른 생태학적 조건에 따라 변하는 것으로 생각해야 하겠다.

이와 관련 먹이의 연관성에 관한 실험적 결과는 앞서 설명하였으나 온도조건은 지역이나 계절에 따라 많은 차이가 있으며 다른 요인들에 비하여 일장주기반응에 미치는 영향이 큰 고로 임계일장이 받는 온도의 영향에 관하여는 보다 깊이 있는 연구가 중요하다고 하겠다. 이 문제와 관련하여서는 배저녁나방(*Acronycta rumicis*), 밤나방의 일종 *Chloridea obsoleta* 그리고 콜로라도감자잎벌레(*Leptinotarsa decemlineata*) 등을 대상으로 한 연구가 있었으며 현재에는 그 밖의 몇 가지 곤충류와 응애류에 관한 연구가 보고되어 있다.

실험결과를 보면 임계광주기는 광조건 감응발육단계가 접하는 온도조건의 영향을 받음을 알 수 있다. 대표적인 예를 남방계 배저녁나방(*Acronycta rumicis*)에서 볼 수 있는데 이 곤충의 임계일장은 온도가 5℃ 떨어질 때마다 $1\frac{1}{2}$시간 증가한다(그림 24). 다른 곤충류에서도 비슷한 현상을 볼 수 있으나 변화의 정도나 방향은 각 생물의 생물학적 특성에 따라 큰 차이가 있다. 이런 것은 다화성으로 휴면하지 않는 경향이 강한 밤나방의 일종(*Chloridea obsoleta*)이나 1화성 경향이 강한 콜로라도감자잎벌레(*Leptinotarsa decemlineata*)(그림 25)의 반응을 비교해 보면 명백히 알 수 있다.

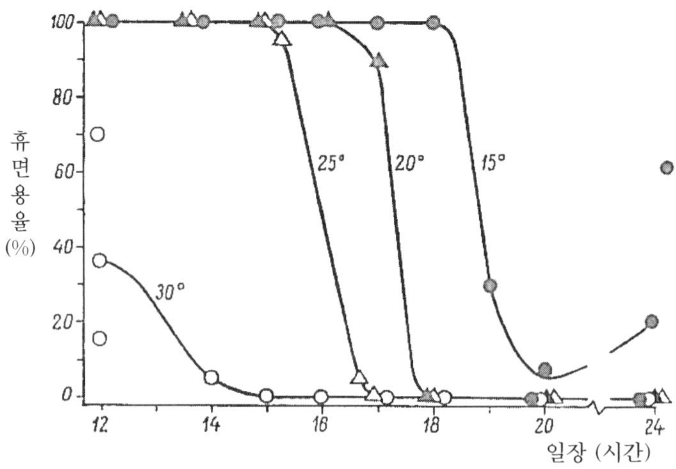

그림 24. 배저녁나방(*Acronycta rumicis*) Belgorod개체군 유충발육기간 중의 온도가 휴면 임계일장에 미치는 영향

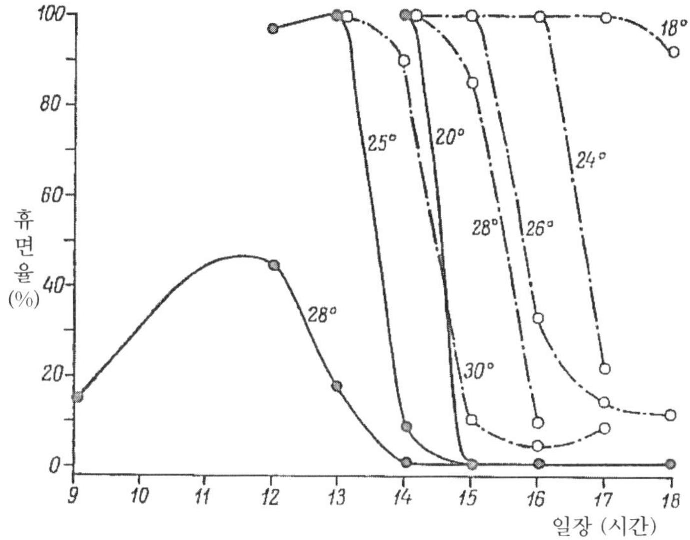

그림 25. 유충발육기간 중의 온도가 임계일장에 미치는 영향
——; *Chloridea obsoleta*, —·—·—; *Leptinotarsa decemlineata*

유럽의 흰나비의 일종인 *Pieris brassicae*는 앞서의 예와는 다르다. 이 나비에 있어서는 온도 12°에서 26℃ 범위에서 일어나는 광주기 반응은 거의 정상적이며 온도와 관계없이 임계일장은 거의 같다. 그러나 온도가 29°~30° 정도로 높아지면 광주기 반응은 완전히 사라진다. 이 곤충에 있어서의 여러 지역개체군 간의 광주기 반응 차이는 다른 종들에 비하면 크지 않다는 점도 주목해야 하겠다(Danilevskii 1957a).

온도의 영향으로 임계광주기가 변한다는 것은 생태학적으로 상당히 중요한 의미가 있음은 명백하다. 온도가 5℃ 떨어질 때마다 임계광주기가 1~1$\frac{1}{2}$시간 증가한다는 실험적 결과는 자연상태에서의 2~3주간의 일장변화에 해당하는 것이다. 광 조건에 따라 변화하는 생물학적 지표도 온도조건의 변화에 따라 변할 것

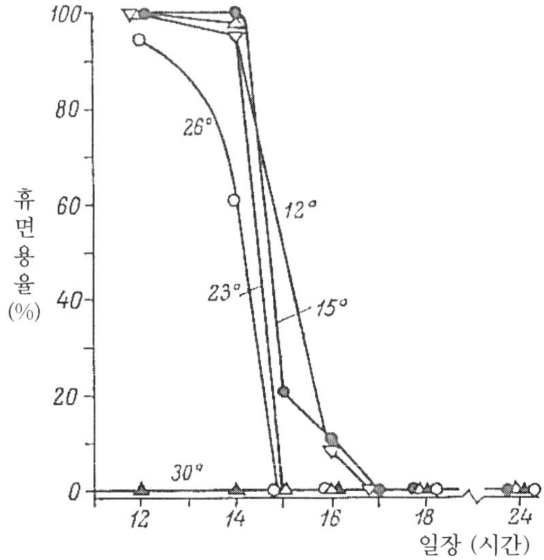

그림 26. 흰나비의 일종 *Pieris brassicae* Leningrad 개체군 유충기간 중의 온도와 휴면유 기 임계일장간의 관계

이다. 일장의 계절적 변화는 일정하여도 자연 상태에서의 휴면개시일자는 온도에 따라서 해마다 달라지는 이유가 여기 있는 것이다. 이와 같은 상호관계는 광조건과 온도조건의 지리적 변이에 대한 적응적 의미도 있겠다(Goryshin 1955).

임계일장의 변동과 병행하여 비슷한 현상이 극단적인 단일조건에서의 반응에서도 일어난다. 이런 관계는 온도가 낮아질 때 완전한 암흑조건에서 일어나는 휴면율의 증가에서 알 수 있다. 물론 이런 현상은 적응적 의미는 없다. 그러나 암흑조건에 대한 반응이 임계일장에 따라 변한다는 것을 말해주는 것이어서 중요하다고 하겠다.

5. 광주기 반응에 미치는 온도 리듬의 영향

지금까지의 실험결과들은 항온 하에서의 일주반응이었다. 그러나 자연 상태에서는 하루의 일장리듬은 상당한 온도변화를 동반하다. 즉 명기는 온도의 상승을 암기는 온도의 저하를 동반한다. 휴면에 미치는 광조건과 온도의 공동작용에 관한 연구는 대단히 중요한 문제이다. Dickson(1949)과 Lee(1955)의 논문에는 이 문제에 관한 몇 가지 연구결과가 실려 있다. 우리 연구실에서도 이 문제에 관하여 많은 연구가 이루어졌다(Danilevskii와 Glinyanay 1950, Goryshin 1955, Danilevskii와 Goryshin 1960).

광조건과 온도조건 조합은 대단히 많을 수 있어 그들이 곤충에 미치는 생물학적 영향에 관한 연구는 상당히 복잡하다. 따라서 여기서는 몇 가지 단순한 경우를 설명하려 한다.

먼저 발육이 가능한 범위 내의 온도변화가 임계일장에 미치는 영향에 관하여 알아야 하겠다. 이런 온도변화는 생장기의 주야간 온도변화에서 볼 수 있다. N. I. Goryshin은 배저녁나방(*Acronycta rumicis*) Belgorod 개체군을 재료로 주야간 온도리듬의 휴면에 미치는 영향을 조사하였다. 한쪽은 유충을 12시간 주기의 온도리듬 하에서 일장조건을 달리하여 사육하였다. 평균온도는 모든 실험에서 같았다. 그리고 한 쪽은 명기에 고온조건 그리고 암기에 저온조건을 주었고 다른 한 쪽은 반대로 명기에 저온, 암기에 고온을 주었다. 그림 27은 온도가 17°와 30°일 때의 결과이다.

실험온도는 배저녁나방(*Acronycta rumicis*) Belgorod 개체군에 대하여도 발육최적온도범위이다. 여기서 대조구는 17°, 30°, 24℃ 항온조건에서의 결과이며 24℃는 실험구의 평균온도에 해

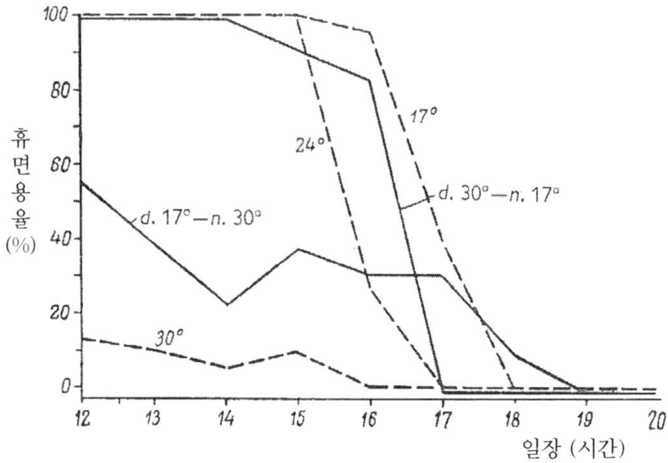

그림 27. 배저녁나방(*Acronycta rumicis*) (Belgorod 개체군)의 광주반응에 미치는 12시간 온도리듬의 영향

17°,24°,30°;항온조건(대조구) d.30°-n.17°;낮 30°, 밤 17° d.17°-n.30°;낮 17°, 밤 30°

당한다. 정상적인 주야간 온도변동 즉 낮의 온도가 밤의 온도보다 높은 온도리듬(그림 27의 d.30°-n.17°)에서는 임계일장의 평균인 24℃ 항온구보다 상당히 길어 17℃ 항온조건의 것에 가까웠다. 그런데 주야간의 온도조건을 반대로 하였을 때(그림 27의 d.17°-n.30°) 즉 밤의 온도가 낮의 온도보다 높을 때는 완전히 다른 결과가 나타나고 있다. 이 경우에는 광주기 반응이 달라져 단일조건 하에서도 많은 번데기가 휴면에 들어가지 않았으며 그 결과는 30℃의 항온 하에서 얻은 결과에 가까웠다(그림 27의 30° 곡선).

비슷한 결과를 12시간 주기로 온도를 10°와 30°로 변하는 실험에서도 얻을 수 있었다. 이때의 10℃는 이 나방의 발육최저온도에 해당하는 온도이다. 그런데 밤 동안을 고온조건에서 지내게 되면 단일조건에서도 대부분의 번데기가 휴면하지 않고 발육을 계속한다. 명기의 온도가 30℃일 때는 임계일장이 20℃ 항온조건에서보다 길어지기는 하나 번데기는 휴면 없이 발육을 계속하였다. N. I. Goryshin과 T. Kind는 그 후 미국계통 꼬마버들독나방(*Leucoma salicis*)도 배저녁나방(*Acronycta rumicis*)과 같은 온도변화에 대한 반응을 한다고 하였다(그림 28). 그런데 유럽형 흰나비의 일종 *Pieris brassicae*는 변온에 대한 반응이 다르다. 이 나비는 다른 곤충류와는 달리 온도조건 25℃와 12℃ 간의 범위에서는 임계일장에 변화가 없는데 밤의 저온은 임계일장에 영향을 미치지 않으나 밤의 고온은 휴면유기에 영향을 미쳐 고온이 계속될 때와 마찬가지로 휴면이 억제되었다고 한다.

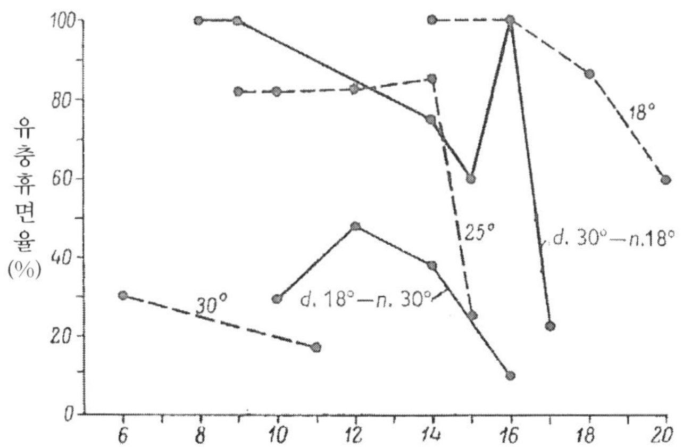

그림 28. 꼬마버들독나방(*Leucoma salicis*) Armenia 계통의 광주기 반응에 미치는 12시 간 온도리듬의 영향

18°, 25°, 30°;항온조건(대조구) d.30°-n.18°;낮 30°, 밤 18° d.18°-n.30°;낮 18°, 밤 30°

이와 같은 사실들로 보아 임계일장은 낮 동안의 온도보다는 밤의 온도에 보다 깊은 관계가 있음을 알 수 있다. Lees(1955)는 여

러 가지 온도조건에서 사과응애(*Metatetranychus ulmi*)의 휴면에 미치는 단일조건의 영향에 관한 연구를 하여 비슷한 결과를 보고하였다. 그의 연구결과를 보면 15℃의 항온조건 하에서는 단일(12시간)조건은 휴면난을 낳는 겨울형 암컷율이 100% 출현하나 20℃에서는 겨울형 암컷율이 평균 70%이고 25℃에서는 21%로 낮아지고 있다. 단일조건에서 온도주기가 변화할 때 암기 중의 온도가 주로 겨울형 암컷 출현율에 영향을 미쳤다. 낮의 온도가 25℃이고 밤의 온도가 15℃일 때 겨울형 암컷 출현율은 96%이나 반대의 경우에는 겨울형 암컷 출현율은 53%로 감소하였다고 한다.

생물학적 특성이 다르고 분류학적으로 서로 다른 생물들에서 비슷한 결과가 나타난다는 사실은 여기에 일반적인 법칙이 작용하고 있을 것이라는 생각을 하게 한다. 암기의 온도가 광주기 반응과 보다 밀접한 관계가 있다는 것은 적응적인 의미가 있을 수 있겠다. 그것은 자연 상태에서는 밤의 온도가 낮의 온도보다는 안정되어 있는 것이 보통이기 때문이다. 자연 상태에서는 하루 동안의 평균온도는 휴면유기를 결정하는데 충분하지 못하여 밤 동안의 온도조건을 바탕으로 하는 것이 보다 유리할 것으로 생각된다.

이와 같은 사실은 N. I. Goryshin이 북부 코카사스에서 밤나방의 일종 *Chloridea obsoleta*를 대상으로 한 휴면유기조건에 관한 연구결과에서도 밝혀져 있다(그림 29). 즉 일장이 15시간 이상인 8월 20일 이전에 발육한 유충(a)은 비휴면 번데기만을 낳는데 일장이 15시간에서 14시간으로 변화하는 8월 17일에서 9월 초까지의 일장조건에서 발육한 유충은 50%의 번데기가 휴면하여 자연 상태에서의 휴면유기 임계일장은 14시간 30분 정도인 듯하다. 이 시기의 하루 평균기온은 25° 정도인데 이 임계일장은 이런 온도조건에서의 그것에 비하면 상당히 길다. 실험실에서 얻은 결과를 보면(그림 25) 이 정도의 임계일장은 20°의 온도조건에서의 그것에 가까우며 이것은 자연 상태 하에서는 위의 시기의 밤의 온도에 해당한다(그림 29 곡선 5).

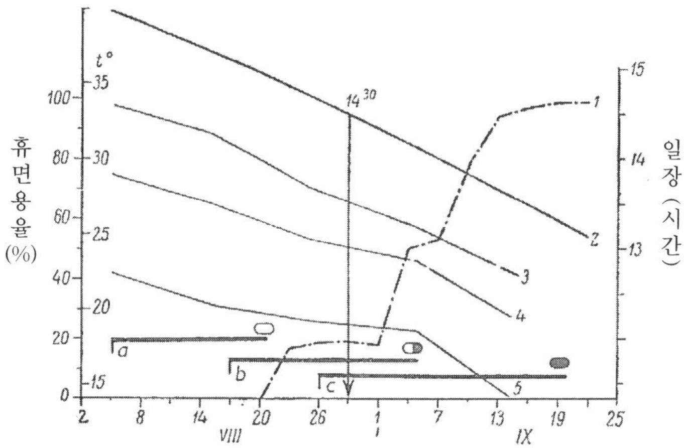

그림 29. 코카사스 북부(45°N)의 밤나방의 일종 *Chloridea obsoleta* 발육에 미치는 온도와 광조건의 영향 (N. I. Goryshin)

1. 자연 상태에서의 용 휴면율(%) 2. 일장의 변화(시간) 3. 식생내(목화) 온도의 10일 평균(낮) 4. 일일평균 5. 동 야간
하부의 수평선 - a;비휴면용 , b:휴면용 50%, c;휴면용 100%를 낳는 유충기간, 임계일장;14시간 30분

온도가 발육유효한계를 넘어 급속히 치사온도에 가까워질 때 그것이 광주기 반응에 미치는 영향에 관하여 배저녁나방(*Acronycta rumicis*) Belgorod 개체군을 대상으로 연구된 것을 보면 다음과 같다(Danilevskii와 Glingynaya 1950, Goryshin 1955).

표 21에서 보는 바와 같이 온도가 26°~27℃에서 연속조명을 할때는 저온을 매일 3시간씩 처리하여도 처리 온도가 0℃까지 되어도 휴면은 일어나지 않으며 발육에도 지장이 없다. 이런 처리에서는 비휴면 번데기만이 출현한다. 그러나 조명 15시간과 암기 9시간의 시험군에서는 3시간의 저온처리 영향은 명백히 나타난다. 26℃ 항온 하에서 15시간의 암기 사이에 3시간의 명기를 끼워 넣을 때는 암 처리의 효과가 없어져 연속조명의 경우와 마찬가지로 대부분의 번데기는 휴면하지 않는다. 그런데 저온일 때는 암기를 분단하는 명기의 효과(표 21의 실험 5~7)는 없어 모든 번데기는 휴면한다. 다시 말하면 명기가 저온일 때는 전 후 두 개의 암기의 영향이 이어져 발육은 단일시와 같이 진행되는 것이다. 그런데 이때의 광자극 수용의 임계온도는 의외로 높아 14℃였다.

표 21. 배저녁나방(*Acronycta rumicis*) 유충의 광반응에 미치는 온도의 영향. 실선부는 암기, 점선부는 명기

시험	시각 3	6	9	12	15	18	21	24	휴면용율(%)
1			14°						0
2			10°						0
3			0°						0
4			26°						8.6
5			14°						100
6			10°						100
7			0°						100

⋯⋯⋯ : 명기, —— : 암기

배저녁나방(*Acronycta rumicis*)에 미치는 주기적인 과도한 저온과 고온의 영향에 관한 연구도 있었다((Danilevskii와 Glingynaya 1960, Goryshin 1955). 이때에는 다소 다른 일장처리를 하였다. 표 22에서 보는 바와 같이 대조구는 25℃의 항온조건에서 저온처리 없이 매일 조명시간 17시간과 암흑기간 7시간을 처리하였는데(실험 1) 이때에는 장일 조건에서와 같이 휴면 없이 발육하였다. 그런데 암흑기간을 10시간으로 하고 조명시간을 14시간으

표 22. 배저녁나방(*Acronycta rumicis*)의 광주기 반응에 미치는 단기저온처리의 영향(Belgorod 계통)

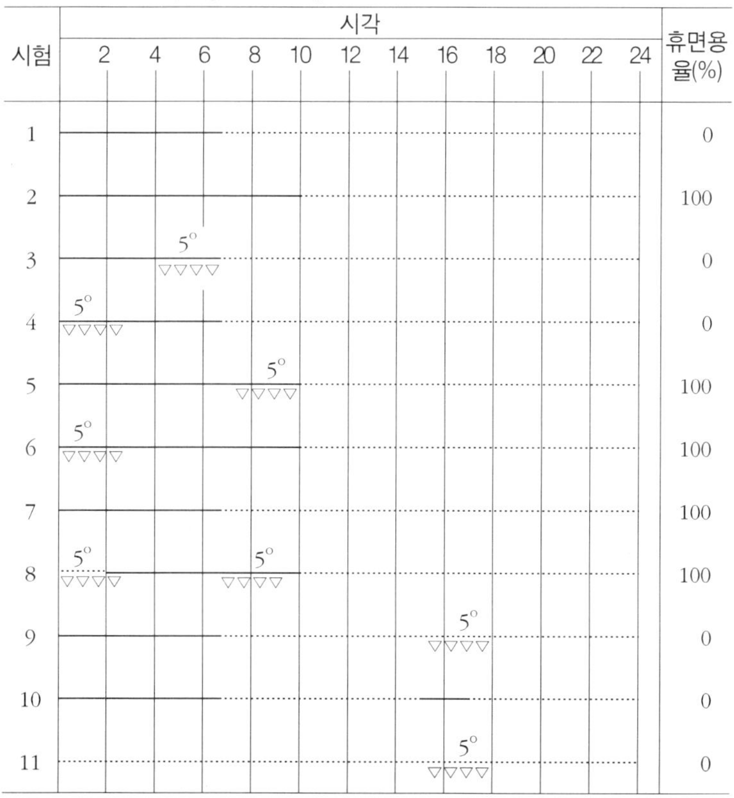

········ : 명기, ―― : 암기, △ : 5°c 처리시기; 잔여기간 25°c

로 하였을 때는 단일조건에서와 같이 모든 번데기가 휴면하였다(실험 2). 암흑기에 매일 3시간씩 저온처리를 하면 장일조건(실험 3,4)이거나 단일조건(실험 5,6) 모두에서 대조구(실험 1,2)에서와 차이가 없었다. 이것은 암기의 어느 시기에 저온처리를 하여도 결과에는 차이가 없다는 것을 말하는 것이다. 여기서의 저온은 생리작용을 저하시킬 정도의 것인 고로 명기의 후작용이 암기까지 이어지는 것은 아님이 확실하다.

그런데 명기에 유충을 저온처리하면 결과는 달라진다. 즉 저온처리를 7시간 암기의 직전이나 직후에 하면 이 때의 결과는 3시간의 암기를 더한 즉 10시간 저온 처리한 것과 같아진다(실험 7,8). 결국 저온처리기가 암기의 앞이거나 뒤거나 관계없이 모두 단일처리의 경우와 결과는 같아지는 셈이다. 저온의 효과와 암흑의 효과가 같은 것은 실험 9와 10에서도 알 수 있다. 명기 중에 3시간의 저온이나 암기가 끼어들 때 그의 영향은 차이가 없었다.

저온처리 실험과 같은 방법으로 광주기 반응에 미치는 단기간의 고온처리효과 실험이 수행되었다. 그러나 이 실험에서는 저온처리 실험에서의 재료와 달리 임계일장이 짧은 Sukhimi 계통 배저녁나방(*Acronycta rumicis*)를 재료로 썼기 때문에 대조구로는 조명 16시간과 암상 8시간의 일주기를 이용하였고(실험 1) 단일조건의 대조구로는 조명 13시간과 암상 11시간의 일주조건을 이용하였다(실험 2). 고온처리는 암기 말에 3시간 처리하였다. 처음의 실험은 유충발육기간 중의 온도를 23℃로 하였고 다음 실험은 25℃에서 수행하였으며 그 결과는 표 23과 같다.

짧은 저온처리의 경우와는 반대로 암기 중의 3시간 고온처리는 광주기 반응에 현저한 영향을 미친다. 고온처리는 암 조건의 영향을 무효화시켜 단일조건에서도 휴면 없는 발육을 가능하게 한다. 즉 고온처리는 조명처리와 같은 영향을 미친다(실험 7, 12). 그러나 이와 같은 영향은 38℃ 이상의 아치사 온도에서만 나타난다. 그런데 이때 유충발육기의 전체적인 온도도 관련이 있다. 즉 실험조건이 23℃ 였던 제1실험에서는 25℃ 에서의 제2의

표 23. 배저녁나방(*Acronycta rumicis*) (Sukhumi 개체군)의 광주기 반응에 미치는 고온처 리의 영향.

온도	시험	시각 (2 4 6 8 10 12 14 16 18 20 22 24)	용수	휴면용율(%)
23°	1		48	0
	2		41	100
		32° △△△		
	3		44	100
		34° △△△		
	4		51	98.1
		36° △△△		
	5		45	97.8
		38° △△△		
	6		35	94.3
		30° △△△		
	7		35	2.8
25°	8		61	87.0
		32° △△△		
	9		33	27.3
		34° △△△		
	10		60	33.3
		36° △△△		
	11		42	28.6
		38~39° △△△		
	12		28	7.1

……… : 명기, —— : 암기, △ : 고온처리기간

실험에서와 같은 고온의 현저한 영향은 나타나지 않았다. 따라서 일시적인 과도한 저온이나 고온처리는 광주기 반응의 정상적 진행에 큰 영향을 미칠 수 있는 것이다.

이와 같은 극단적 온도의 영향은 특수한 생태학적 적응현상으로 보기는 힘들 듯 하다. 특히 고온처리의 영향 같은 것은 밤 동안에는 있을 수 없고 낮에나 영향을 미칠 수 있는데 이때는 명기에 해당한다. 그러나 저온의 영향은 가을철에는 아침이나 저녁에는 있을 수 있어 낮의 생물학적으로 유효한 낮의 일장 효과를 감소시켜 휴면을 앞당길 가능성은 있겠다.

6. 곤충의 광주기 반응에 있어서의 명기와 암기의 생리학적 의의

지금까지의 결과로 보아 곤충류의 생활환에 포함되어 있는 휴면은 여러 가지 외부조건들의 복잡한 영향을 받음을 알 수 있다.

휴면유기의 원인이 온도 때문이라고만 생각하는 학자들의 결론은 실제 문제를 충분히 이해하지 못하고 있거나 때로는 잘못된 생각을 갖고 있음이 분명하다. 그렇다고 휴면현상이 광조건의 작용에 의한 것으로만 생각하는 것도 온당한 것이 못된다. 그것은 광주기 현상이 온도수준이나 그의 주기적 변동의 영향을 많이 받기 때문이다. 고로 곤충류의 생활환에 관한 생태학적 연구에는 이런 두 가지 요인의 연관된 작용을 고려해야 하겠다.

온도와 광주기 리듬의 영향에 관한 연구결과는 생리학적 면에서도 흥미 있는 일이다. 이런 사실들은 곤충류의 광주기 반응의 생리학적 문제와 관련된 견해를 재검토할 필요를 느끼게 한다. 이 문제를 연구한 학자들은 모두가 광주기 반응에 있어서 암상의 중요성이 크거나 또는 결정적인 것으로 생각하고 있다. 예를 들면 배저녁나방(*Acronycta rumicis*)을 재료로 한 연구(Danilevskii와 Glingynaya 1949)에서 광주기 반응이 출현하려면 일정기간의 암상이 필요한데 암기의 영향은 초기단계에서는 역전시킬 수 있다는 결론을 내리고 있다. 이와 같은 결론은 복숭아순나방(*Laspeyresia molesta*)를 연구한 Dickson(1949)이나 산누에나방(*Antheraea pernyi*)를 연구한 Tanaka(1950c, 1951a) 등도 같은 결론을 내리고 있다. 산누에나방을 재료로 연구한 Belov(1951)는 일장에 대한 반응은 광 수용기의 명상과 암상에 대한 감수성 변화와 관계가 있는 것으로 생각하였다. Lees(1953b)에 따르면 사과응애(*Metatetranychus ulmi*)의 광주기 반응은 하루의 암기의 절대적 길이의 영향을 받는 것이 아니고 휴면 유기에 방해가 되는 명상과 휴면을 유기하는 암상간 관계에 의하여 결정된다고 하였다. 그는 여러 가지 온도 조건하에서의 실험결과를 토대로 광주기 반응에 있어서의 명상과 암상은 완전히 다른 과정이라고 하였다. 그 이유는 명상에서는 온도의 영향을 받지 않는데 반하여 암상에서는 온도 조건의 영향을 많이 받기 때문이라고 하였다.(Lees 1955).

이와 같이 곤충류의 광주기 반응의 생리학적 본질에 관한 설명에는 차이가 있으나 모든 학자들은 암상의 영향 하에서 생물체내에서 일어나는 특별한 현상이 발육과정에 중요한 영향을 미친다는 생각은 같다. 이 결론은 온도의 1일 변화 리듬에 따라 광주기 반응에 변화가 일어나는 배저녁나방(*Acronycta rumicis*)이나 꼬마버들독나방(*Leucoma salicis*)의 경우에서의 결과와 같다(그림

27과 28 참조).

암상의 생리학적 작용에 대한 이 결론은 충분히 증명된 것으로 보이나 여기에는 문제가 있다. 즉 이 결론은 암상과 모든 발육을 완전히 정지 시킬 정도의 저온(0°~5℃)의 영향이 놀라울 정도로 비슷하다는 것인데, 암기의 저온처리는 광주기 반응에 영향을 미치지 않으나 명기의 그것은 큰 영향을 미친다(표 22). 이것은 밤 동안에는 휴면을 위한 특별한 과정은 진행되지 않고 광주기 반응은 낮 동안에만 결정된다는 것이 된다. 암상의 역할에 관한 이런 모순을 해소하는 방법은 곤충류의 발육을 조절하는 신경내분비계에 미치는 온도와 광주기의 영향은 독립적인 것이라고 생각하면 될 듯하다. 즉 장일과 고온은 신경내분비계를 자극하여 휴면하지 않고 발육하게 하는데 반하여 단일조건은 저온과 같이 휴면하도록 하는 것이다. 온도가 낮아 광주기 수용기나 기타의 연관 생리기구가 활동할 수 없을 때는 광주기 자극은 무용지물이 된다. 그런데 고온은 표 23에서 보는 바와 같이 암흑조건하에서라도 신경내분비계를 활성화시킨다.

이 단순한 반응양식은 암상의 적극적 역할을 전제로 하지 않고도 온도의 갑작스러운 저하나 야간의 고온이 광주기 반응에 미치는 영향을 설명할 수 있고 임계일장이 온도의 영향을 받게 되는 이유도 설명할 수 있다. 온도의 저하로 조절계가 보다 심하게 억제를 받으면 받을수록 휴면 없는 발육에는 보다 장시간의 광자극을 필요로 하게 될 것이다. 그리고 어떤 일장조건도 억제된 조절계를 되돌릴 수 없는 온도수준이 광주기 반응을 나타내는 한계온도로 생각된다. 다른 요인들 예를 들면 화학적 물질과 같은 조절계의 기능에 영향을 미치는 것들도 온도와 마찬가지로 광주기 반응에 영향을 미칠 수 있겠다. 아마도 이런 이유 때문에 광주기 반응이 먹이의 질적 변화의 영향을 받게 되는 듯하다. 물론 이상과 같은 견해가 곤충류의 광주기 반응에 대한 생리학적 본질을 명백히 한 것이라고 할 수는 없다. 그러나 이것은 상당히 넓은 범위의 사실들을 하나로 묶어 문제에 대한 앞으로의 연구계획에 여러 가지 도움을 제시한다.

온도의 주기적 변동과 광 조건에 대한 반응간의 밀접한 관계에 대하여 최근 식물에서도 많은 것이 밝혀지고 있다. 식물에 있어서도 곤충류에서와 마찬가지로 암상과 저온의 영향 간에 같은 관계가 있다는 사실은 흥미 있는 일이다. 예를 들면 토마토를 항온(23℃)에서 연속조명으로 재배하면 생장에 이상이 생기고 잎에 황화현상이 발생하는데 6시간의 저온처리(10℃)를 하거나 암흑처리를 하면 이런 현상을 방지할 수 있다(Went 1959). 도꼬마리의 일종인 *Xanthiam pensylvanicum*도 암흑과 저온에 대하여 비슷한 반응을 한다. 이 단일성 식물은 16시간 조명과 23℃의 온도조건하에서는 개화하지 않으나 명기 초에 규칙적으로 8시간을 4℃로 저온 처리하면 8시간의 암기를 추가하였을 때와 마찬가지로 개화한다(Zeeuw 1957, Nitsch와 Went 1959).

온도주기와 광주기에 대하여 비슷한 반응을 할 수 있는 능력은 외부조건의 주야간 변동에 대한 생물들의 생리학적 적응현상의 일반적 현상의 하나임이 분명하다.

제 5 장

광주반응과 온도반응의 지리적 변이

지금까지 논한 곤충류의 생활환에 미치는 광주기 조절작용의 특성을 보면 이런 반응은 일장과 온도의 계절적 변동과 병행하여 일어나고 있음을 알 수 있다. 실험적 연구결과에 나타나는 조절현상은 한 지역조건에서 볼 수 있는 생물학적 현상을 이해하는 데에는 도움이 되나 그 생물이 분포하는 영역내의 여러 가지 다양한 지리적 조건에 대한 곤충류의 적응현상을 설명하는 데에는 충분치 못하다. 이런 문제는 특히 여러 가지 기후조건을 달리하는 지역에 분포하는 다화성 곤충류에서 명백히 나타난다.

생물학적 현상은 외부조건의 계절적 변동에 알맞게 진행되나 그것을 설명하는 일은 쉽지 않다. 그것은 일장과 온도의 관계는 계절적 변화의 경우와 위도의 지리적 변화의 경우와는 반대로 되어있기 때문이다. 즉 계절적으로 일장이 짧아지는 것과 온도의 저하는 같은 방향으로 일어나며 곤충류는 이에 알맞은 광주기 반응을 하게 된다. 그런데 위도의 변화에 따라 두 요인 간에는 서로 반대되는 현상이 생긴다. 즉 북쪽으로 감에 따라 보다 정확하게는 위도의 증가에 따라 온도는 저하하고 생육 가능한 기간은 짧아지는 고로 세대 수는 제한을 받게 되어 분포의 북한에서는 다화성 곤충이라고 하여도 대부분이 연간 1세대의 생활환을 갖는다. 그런데 이와는 반대로 여름철의 일장은 위도의 증가에 따라 길어지는데 이것은 휴면 없는 발육을 하게 하여 연간 온도리듬과 생활환간의 조화를 어렵게 한다. 물론 곤충류는 이와 같은 어려움을 극복할 수 있는 특별한 적응능력을 갖고 있어 생활환은 그들의 분포영역 전체의 기후적 조건의 계절적 변동에 적응하고 있다. 이런 생태학적 문제는 대단히 중요한 것이나 지금까지 별로 연구된 것이 없다.

지금까지 생물학적 현상이나 한 생물의 연간 세대수의 지리적 변이는 온도조건의 직접적 영향을 받는 것으로 생각해왔다. 지금까지 유효적산온도의 법칙은 이런 현상에 대하여 손쉽고 상당히 이해가 가는 설명을 할 수 있는 것으로 생각하여 왔다. 발육한계온도에 관한 실험결과와 한 생활사를 완료하는데 요구되는 유효적산온도를 이용하여 여러 가지로 기후조건이 다른 지역에서의 여러 가지 생물들의 이론적 세대 수를 추정하였다(Bodenheimer 1926, Kozhanchikov 1936, 1937b, 1938b, Larchenko 1949, Vasil'ev 1951). 이런 추정이 실체의 생물학적 현상과 항상 일치하는 것은 아니나 남쪽으로 가면서 세대 수가 일반적으로 증가하는 기본적인 경향은 충분히 설명하고 있다고 하겠다. 그러나 유효적산온도가 발육기간이나 연간세대수를 결정하는 중요한 요인이기는 하나 이것이 휴면 유기의 직접적 원인이 될 수는 없다. 위도에 따라 온도가 변화한다는 것도 여러 지역에서 휴면발육단계가 때맞춰 일어난다는 사실을 설명하지는 못한다. 활동시기와 휴면발육단계가 기후조건의 계절적 변동과 일치하게 되는 이유는 결국 광주기 반응의 지리적 변이와 관련시켜 생각해야 하겠다.

위도를 달리하는 지역의 일장의 계절적 변화에 대한 적응현상은 두 가지 방법으로 성취된다고 생각된다. 광주기 반응의 적응성과 환경조건의 직접적 영향을 받아 변화하는 가소성은 여러 가지 기후조건하에서의 곤충류의 계절적 생활환 조절에 도움이 된 것은 틀림없다. 또 한 가지는 지역개체군의 광 조건에 대한 반응양식이 선천적으로 차이가 있다는 점이다.

Goryshin(1955)은 배저녁나방(*Acronycta rumicis*)를 대상으로 광주기 반응에 미치는 온도의 직접적 영향이 지역 개체군에 따라 차이가 있는 문제를 검토하고 환경이 다른 지역에서 휴면하는 시기에 차이가 있는 것은 온도가 저하할 때 임계일장이 증가하기 때문이라고 하였다. 그러나 그 후의 이 곤충에 관한 연구로(Danilevskii 1956, 1957a, 1957b) 지역적 조건들에 대한 적응현상은 원칙적으로 지역 개체군의 광주기 반응의 선천적 차이에 의한 것임이 밝혀졌다. 이 결론은 여러 가지 중요한 생태학적인 문제들과 관련이 있는 고로 종내 지역 개체군의 생리학적 적응현상에 있어서의 변이 문제에 관한 광범위한 비교연구를 필요로 하게 되었다.

종내의 생리학적 분화의 문제는 종분화와도 관련이 있어 보다 넓은 견지에서도 중요한 의미가 있겠다. 곤충류의 지리적 변이에 관하여는 지금까지 주로 그들의 형태적 측면을 중심으로 연구되어 왔으며 많은 것이 알려지고 있다. 그러나 아직도 충분히 검토되지는 못하고 있다. 생리학적 특성의 변이에 관한 지견은 곤충류에 대한 것 뿐 아니라 다른 동물들에 관하여서도 종내 변이에 관한 종설들(Prosser 1955, 1957, Mayr 1947)에서 보는 바와 같이 극히 한정되어 있다. 이들 종설에서는 종이란 형태적인 것일 뿐 아니라 생리적으로도 특징이 있는 것이라는 종의 개념을 제기하고 있다. 그런데 종의 형태학적 특성에 관하여는 현재 확립되어 있으나 생리학적인 특성에 관한 문제는 아직 명백하지 않아 이 분야에 관한 앞으로의 연구가 필요하다고 하겠다.

1. 동일종 광주기 반응의 지리적 변이

그림 30은 배저녁나방(*Acronycta rumicis*) 4개 지역 개체군의 23℃ 항온 하에서의 광주기 반응 차이이다. 이것은 코카서스의 흑해 연안부터 Leningrad에 이르는 지역에 걸쳐 위도 5°씩을 달리한 지점에서의 재료를 이용하여 동시에 실험한 결과이다. 대상 개체군에서 휴면을 일으키는 일장은 규칙적으로 변하고 있으며 하나의 연속적 계열을 이루고 있다. 가장 짧은 휴면유기임계일장인 14시간 30분은 가장 남쪽 개체군인 Abkhazian 개체군(43°N)에서였으며 Belgorod 개체군(50°N)의 그것은 16시간 30분이고 Vitebsk(55°N) 개체군의 그것은 약 18시간이었다. 그리고 Leningrad(60°N) 개체군의 그것은 이들 중에서 가장 길었다. 그림에서 보면 이 지역 개체군의 휴면유기임계일장은 19시간 이상으로 대단히 길 뿐 아니라 유전적으로 1화성 경향이 강하여 일장이 20~24시간과 같이 길 때에도 상당한 번데기가 휴면하는 특성을 갖고 있다.

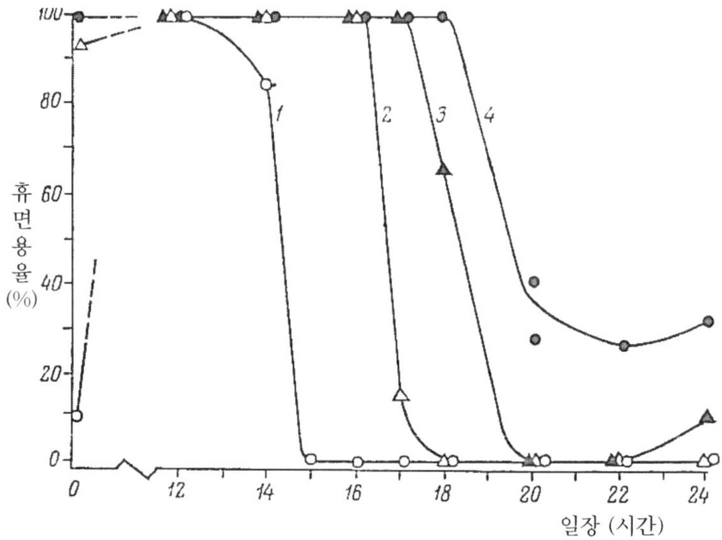

그림 30. 배저녁나방(*Acronycta rumicis*) 개체군 광주기 반응의 지리적 변이, 23℃
1. Abkhazian (43°N) 2. Belgorod (50°N) 3. Vitebsk (55°N) 4. Leningrad (60°N)

그림에서 보는 바와 같이 휴면유기임계일장은 위도 5°N마다 약 $1\frac{1}{2}$시간씩 길어지고 있다. 이와 같은 사실의 의미는 앞서 설명한 바와 같다. 실험은 동일조건하에서 행하였기 때문에 관찰된 광주기 반응의 차이는 각 개체군의 유전적 특성 때문이다. 각각의 개체군은 명백히 구별할 수 있는 별개의 생태형 또는 지역계통으로 볼 수 있겠다.

같은 경향이 도둑나방(*Barathra brassicae*)의 지역 개체군에서도 나타난다. 조사 계통들 중 양극단치는 Adzharia 개체군과 Leningrad 개체군에서 볼 수 있었고 중간형은 같은 위도(50°N)에 있는 서로 인접한 Sumy와 Belgorod 지역의 삼림 스텝 개체군에서 발견되었다. 이 실험은 25℃의 온도조건에서 수행 되었으며 그 결과는 그림 31과 같다.

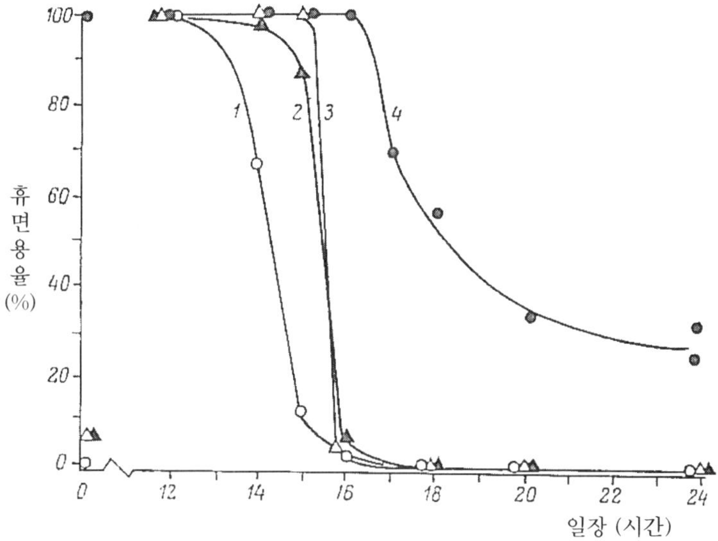

그림 31. 도둑나방(*Barathra brassicae*) 개체군 광주기 반응의 지리적 변이, 25℃
1. Adzharian (41~42°N) 2. Sumy (50°N) 3. Belgorod (50°N) 4. Leningrad (60°N)

그림에서 보는 바와 같이 실험대상 개체군의 임계일장은 Adzharian 개체군의 14시간 30분에서부터 Leningrad 개체군의 18시간 30분까지 개체군에 따라 차이가 있으며 이것은 앞서의 배저녁나방(*Acronycta rumicis*)의 경우와 비슷한 변이 폭이다.Leningrad 개체군의 경우 광주기 반응은 불완전한 것이어서 연속조명 하에서도 일부(약 30%)가 휴면하였다. 다시 말하면 이 지역계통에서는 1화성이 유전적으로 상당히 굳어지고 있는 셈이다. 그리고 삼림 스텝의 두 지역 계통은 약 15시간 30분의 임계일장으로 중간적 특성을 갖고 있을 뿐 아니라 그들은 실질적으로 같은 반응양식을 갖고 있다. 이것은 광주기 반응의 변화는 위도의 영향을 받는 것으로 서식처의 다른 요인과는 무관하다는 것을 말해주는 것이다.

서식처의 위도와 광주기 반응의 변이와의 관계에 관한 예는 Bondarenko와 Kuan Khai-yuan'(1958) 그리고 Geispits(1960)가 연구한 응애류에서도 알려져 있다. 이런 연구 결과는 절지동물 중에서도 곤충류와는 다른 분류군에 관한 것이어서 더욱 흥미 있는 일이다. 이것으로 미루어 보아 앞서의 경향은 보편적인 것임이 확실하다.

Bondarenko와 Kuan Khai-yuan'(1958)의 연구결과에 의하면 20℃에서의 점박이응애(*Tetranychus urticae*) Leningrad 개체군의 임계일장은 17시간을 약간 넘는 정도이며(표 24) 장일 하에서는 모든 개체가 휴면 없이 발육한다. 그런데 남부 계통의 경우 휴면유기임계일장이 훨씬 짧아 일장이 13시간 이하일 때에만 휴면하여 이 종의 경우에도 위도에 따라 임계일장이 차이가 있음을 알 수 있다. 이런 사실은 여러 지역의 점박이응애(*Tetranychus urticae*) 자연 개체군을 대상으로 한 Geispits(1960)의 연구에서도 밝혀졌다.

표 24. 점박이응애(*Tetranychus urticae*) 지역개체군의 광주기 반응(휴면난을 낳는 암컷 %), 온도 20℃ (Bondarenko와 Kuan Khai-yuan' 1958)

개 체 군	일 장 (시간)										
	0	9	10	11	12	13	14	15	16	17	24
Leningrad(60°N)	40.2	-	-	-	-	-	100	100	100	95.3	0
Krasnodar(45°N)	2.8	-	-	100	84.7	2.2	0	-	-	-	0
Tiflis(42°N)	1.0	-	90.1	85.4	21.5	0	0	0	-	-	0
Tashkent(41°N)	1.9	91.3	85.1	82.6	44.6	0	-	-	-	-	0

사과응애(*Metatetranychus ulmi*)에 있어서도 지역계통간의 광주기 반응 차이를 볼 수 있다. Leningrad(60°N)와 중국북부(40°N)의 개체군을 대상으로 한 Geispits의 연구와 영국 남부 개

체군을 대상으로 한 Lees(1953a)의 연구결과를 비교해 보면 임계일장이 남부개체군에서 북부개체군보다 명백히 짧다(표 25).

표 25. 사과응애(*Metatetranychus ulmi*) 지역개체군의 광주기 반응 (휴면난을 낳는 암컷 %) (Geispits 1960)

개체군	일장 (시간)					
	13	14	15	16	17	24
Leningrad(60°N)	100	100	100	100	94.1	0
영국 남부(50°N)	94.0	54.0	4.0	0	-	0
중국 북부(40°N)	16.6	6.2	0	0	0	0

외인성 휴면을 하는 다화성 생물들에서는 이와 같이 기후의 지리적 변동에 대하여 동일한 적응 형식을 볼 수 있다. 이것은 일장조건에 대한 반응양식을 달리하는 지역계통의 존재에서 알 수 있다. 북쪽으로 가면서 위도가 증가하는데 이에 따라 임계일장은 일정한 비율로 증가한다. 이런 사실들은 임계일장 변이에 방향성이 있을 뿐 아니라 임계일장의 변동 폭에서도 나타난다.

지역계통의 생리학적 특성과 그들이 생활환과의 관계는 뒤에 설명할 것이나 이런 적응현상의 생태학적 중요성은 명백하다. 광주기 반응의 임계치가 크면 북쪽의 장일조건하에서도 일찍 휴면에 들어가게 되겠다.

서로 다른 지리적 조건에 대한 적응현상에서 볼 수 있는 광주기 반응의 유전적 변이와 발육기의 온도의 직접적 영향에 의한 일장반응 변화 간에 비슷한 점이 많다는 점은 주목할 만한 것이다. 지금까지 말한 바와 같이 생육기간 중의 온도저하는 임계일장을 변화시켜 길게하여 일장의 영향을 완전히 무효화시켜 1화성으로 변화시킨다. 이렇게 자연 상태에서는 유전적인 것과 생물현상학적인 조절현상은 같은 방향으로 작용하고 있다. 이것은 생

활환과 기후적 조건의 변화를 일치시켜 하나의 통일된 생태학적 기능을 발휘하게 한다.,

배저녁나방(*Acronycta rumicis*)와 도둑나방(*Barathra brassicae*)의 예에서 보는 바와 같이 지역개체군 간에는 평균임계일장에는 명백한 차이가 있으나 실제로는 연속적인 계열로 되어 있다. 따라서 서로 인접한 계통은 그의 개체변이의 양단에서는 서로 인접하여 있거나 서로가 겹쳐진다. 다시 말하면 여기서 우리는 위도에 따라 변화하는 일장에 맞춰 조절되는 휴면 반응의 전형적 계열 변이의 예를 볼 수 있다., 따라서 이들 곤충류의 지역계통에서 명백히 구별되는 지리적 분포한계를 찾을 길은 없다. 그런데 이와 같은 계열적 변이는 모든 생물에 있는 것은 아니다. 우리들이 연구한 것들에서도 분포지역의 많은 부분을 같은 계통이 차지하고 있었다. 그 대표적인 한 예가 흰나비의 일종인 *Pieris*

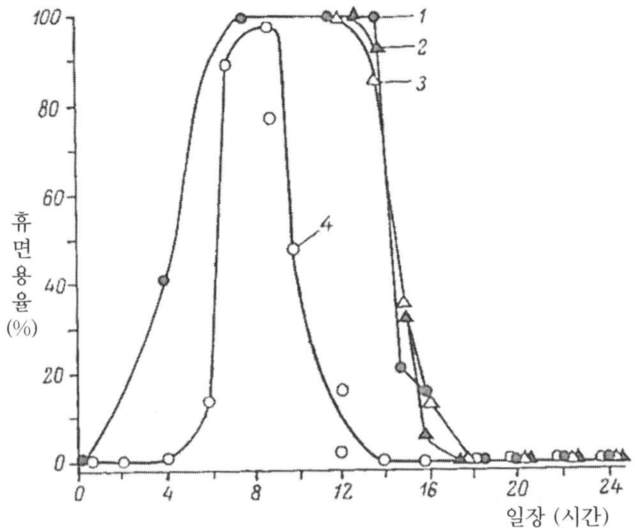

그림 32. 배추흰나비의 일종 *Pieris brassicae* 광주반응의 지역적 변이, 온도 23°

1. Leningrad(60°N) 2. Brest(52°N) 3. Belgorod(50°N) 4. Abkhazian(43°N)

*brassicae*의 경우로 그의 광주기 반응 양식을 그림 32에서 볼 수 있는데 그림에서 보는 바와 같이 Leningrad, Brest 그리고 Belgorod 지역 개체군의 광주기 반응 양식은 같아 임계일장은 15시간 이었다(북부 코카서스 Essentuki *Pieris brassicae* 흰나비 계통도 임계일장은 같았다).

소련의 대부분 유럽 지역 *Pieris brassicae* 흰나비의 생활환은 이와 비슷한 생활환 양식이었다. 그런데 중앙아시아와 외코카서스 지역의 이 곤충의 생활환은 차이가 있어 이 곤충의 분포 남부 한계지역에서는 휴면 유기에 요구되는 일장에 상당한 차이가 있는 계통이 있음을 말해주고 있다. 이런 사실은 그림 32에서 보는 바와 같이 Abkhazian 지역개체군의 그것은 북부지방 개체군의 그것과 상당한 차이가 있는 것으로도 알 수 있다. 북부지역 개체군들은 23℃의 온도 조건하에서 일장 8~14시간에서 모든 번데기가 휴면한다. 그런데 Abkhazian 개체군의 광주기 반응은 이 온도 조건하에서는 일장반응 폭이 대단히 좁아 휴면은 일장이 9시간 정도에서 일어나며 그의 휴면유기임계일장은 10시간 정도로 생각된다.

Du Chzhen'-ven'은 조명나방(*Pyrausta nubilalis*)을 대상으로 광주기 반응의 점차적 변동 현상을 보고하고 있다(그림 33). Abkhazian와 Ukraine(Dnepropetrovsk) 스텝지대 남부 개체군은 두 지역간의 거리는 상당히 크나(위도 6°) 온도조건 25℃에서의 임계일장은 약 15시간으로 비슷하다. 그런데 지리적으로 Dnepropetrovsk에 가까운 북부 Ukraine(Sumy 지역) 개체군의 임계일장(17시간)은 길며 연속조명 하에서도 높은 율의 휴면 유충(역역본에는 번데기로 되어 있음)이 출현한다.

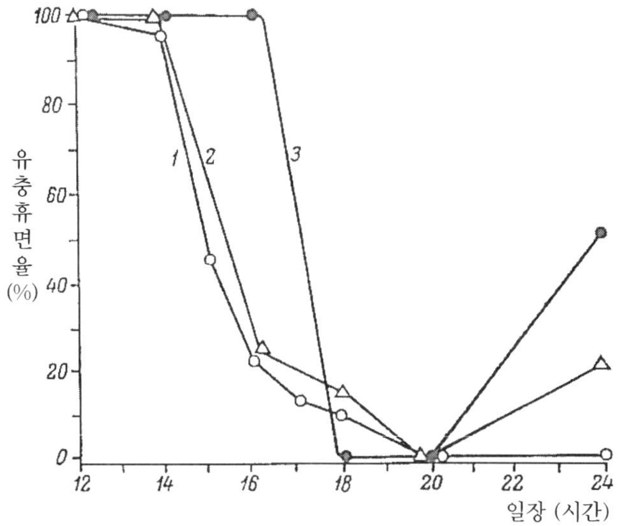

그림 33. 조명나방(*Pyrausta nubilalis*) 광주반응의 지리적 변이, 온도 25℃ (Du Chzhen'-ven')

1. Abkhazian(43°N) 2. Dnepropetrovsk(48°N) 3. Sumy(52°N)

따라서 조명나방(*Pyrausta nubilalis*)에는 광주반응을 달리하는 두 개의 지역 계통이 있으며 그의 경계는 삼림 스텝지역의 남쪽인 셈이다. 문헌에는 자연 상태에서 1화성인 대마형과 2화성 경향을 갖는 옥수수 계통(부분적으로 또는 전부)이 보고되어 있는데 이것은 위의 두 계통에 해당되는 것으로 생각된다.

동일한 상황이 나무껍질나방의 일종 *Hylophila parasinana*에서도 발견되었다. 흥미 있는 것은 이 곤충의 경우 일장에 대한 반응의 지역계통 간 차이가 성충의 명백한 2형과 관련이 있다는 것이다. 이 종의 Sukhumi 계통은 단일조건 하에서 휴면하는데 월동 후 출현하는 성충은 제1장에서 설명한 바와 같은 전형적인 특성을 갖고 있다. 그런데 장일 조건에서 발육한 것은 휴면하지 않으며 우화한 성충은 춘형과는 완전히 다른 체색을 갖고 있어 전에는 다른 종으로 취급하여 *H. hongaria* Warr라고 하기까지 하였다. 남방계통인 이 2형계통의 북방 분포한계는 Ukraine 삼림스텝지역(Poltava)까지이다. 그런데 Belgorod 지역으로부터 Leningrad 지역에 걸쳐서는 1화성인 계통만이 분포한다. 이 계통은 장일조건 하에서도 비휴면 발육개체나 하형을 얻을 수는 없다.

여러 가지 곤충류에서 볼 수 있는 종 내의 생리적 분화 특성의 차이를 볼 때 광주기 반응의 지역계통 간 차이는 위도에 따르는 일장의 점차적 변화와 같은 외부조건 뿐 아니라 그 종이 갖고 있는 유전적 특성과도 관련이 있음을 알 수 있다.

종 내의 지역 계통 분화에 있어서의 광주기의 중요성을 평가하기 위하여 아직 충분히 연구되어 있는 것은 아니나 다른 몇 가지 나비목 곤충류에서의 연구결과를 보면 다음과 같다.

배추흰나비(*Pieris rapae*)와 줄흰나비(*P. napi*)(그림 34) 그리고 불나방의 일종인 *Spilosoma menthastri* (그림 48) 등에서 광주기 반응 임계일장이 지역개체군 간에 많은 차이가 있음이 알려지고 있다. 몇 가지 나방류의 단일과 장일조건하에서의 발육을 보면 Leningrad 개체군과 Belgorod 개체군 간에는 명백한 유전적 차이가 있다. 박각시나방의 일종 *Smerinthus populi*, 저녁나방류인 *Acronycta leporina*나 *A. megacephala*, 밤나방의 일종 *Demas coryli*, 잎말이나방의 일종 *Pandemis riveana* 그리고 역시 잎말이나방의 일종인 *Capua reticulana* 등의 Belgorod 계통 개체군은 모두가 온도 21~23℃, 장일조건(18시간 조명)하에서는 휴면 없이 발육하나 같은 조건하에서도 북부지방 개체군은 대부분이 휴면하였다(Danilevskii 1957a). 단일조건은 북부개체군이나 남부개체군 모두에 휴면을 유기하였다.

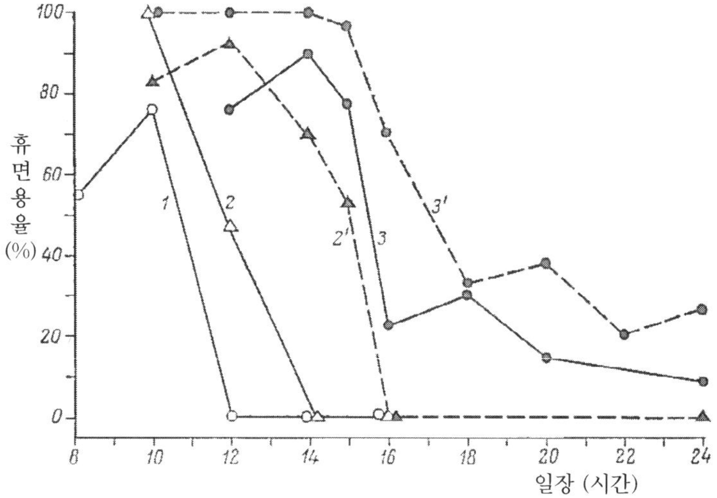

그림 34. 배추흰나비와 줄흰나비 지역개체군의 광주기 반응, 23℃

1. Sukhumi ; 2와 2'. Belgorod ; 3과 3', Leningrad.
----- ; 배추흰나비, ——— ; 줄흰나비

일장의 지리적 변화의 영향으로 지역적 계통이 생기는 일은 개방 공간에 서식하는 식식성 곤충류 뿐 아니라 흡혈성 모기류에서도 관찰된 바 있다.

학질모기의 일종인 *Anopheles maculipennis messeae*와 빨간집모기(*Culex pipiens pipiens*)에 있어서의 난소 성숙과 휴면에 미치는 일장의 결정적 역할에 관하여는 Danilevskii와 Glinyanaya(1958) 그리고 Vinogradova(1958)의 실험적 연구가 있다. Shipitsyna(1959)는 야외관찰결과와 소련 전국의 생활사 정보를 토대로 이 학질모기 성충의 휴면은 수중생활(유충과 번데기 시기)기간 중의 광주기에 의하여 결정된다는 것을 확인하였다. 그녀는 기후대가 다르면 휴면이 일어나는 시기가 다르다는 점에 주목하였다. 그러나 휴면유기시기의 일장은 각 지역의 최대 일장과는 1½~2시간 정도의 차가 있고 그것은 대체로 일정하였다. 그래서 Shipitsyna는 이 학질모기의 휴면은 일장의 절대치의 영향을 받는 것이 아니고 일정 시간의 단축이 중요하다는 생각을 하였다. 이 견해에 따르면 이 모기의 광주기 반응 범위는 종에 따라 양적으로 정해져 있는 것이 되겠다.

그러나 Vinogradova(1960)의 최근의 실험 결과는 Shipitsyna의 가설과는 다르다. 즉 학질모기의 일종인 *Anopheles maculipennis messeae*의 Leningrad 개체군과 Astrakhan 개체군의 일장과 온도 조건에 대한 적응현상을 보면 위도에 따라 광조건과 온도조건에 대한 적응 현상에 차이가 있어 지역 계통의 분화를 짐작할 수 있다. 다른 생물에서와 마찬가지로 남부계통 모기류는 북부계통 모기류에 비하여 임계일장이 상당히 짧았다. 따라서 이 학질모기에서는 오래전부터 알려진 아종 뿐 아니라 각 아종 내에 생활환에 유전적인 차이가 있는 지역 계통이 존재하는 셈이다.

지역적 변이 문제와 관련 기생곤충류의 생활환 문제는 대단히 흥미 있는 일이다. 지금까지 기생곤충과 그의 숙주곤충의 생활환의 일치는 기생곤충의 발육이 숙주곤충의 생리적 변화의 직접 지배를 받는 것으로 설명되어 왔다(Salt 1941). 이 의견에 따르면 기생곤충류에 있어서의 지리적 조건에 대한 적응을 생각하는 것은 있을 수 없다. 그러나 Geispits와 Kyao(1953)는 실험을 통하여 *Apanteles* 고치벌의 경우 전용기 휴면이 숙주조건과는 관계없이 광주기 반응을 일으킨다는 것을 증명하였다. Maslennikova (1958, 1959a)는 보다 자세한 실험을 통하여 *Apanteles glomeratus* 고치벌과 그의 숙주인 흰나비의 일종인 *Pieris* *brassicae*의 광주반응은 서로 완전히 독립적인 것으로 그 때문에 두 종의 지역적 개체군에서는 광조건과 온도조건에 대한 평행적 적응현상이 발달하였음을 밝혔다. 그림 35는 *Apanteles* 고치벌과 *P. brassicae* 흰나비 Sukhumi 개체군과 Leningrad 개체군의 휴면유기에 미치는 18℃ 항온조건 하에서의 일장의 영향이다.

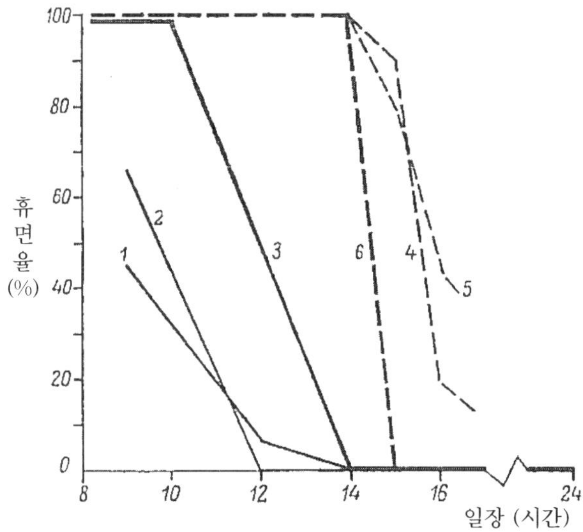

그림 35. *Apanteles glomeratus* 고치벌과 그의 숙주 *P. brassicae* 흰나비의 지역개체군의 광주기 반응, 온도 18℃ (Maslennikova 1959)

----- ; 고치벌 Sukhumi 개체군의 반응 : 1. Sukhumi *P. brassicae* 에서의 Sukhumi *A. glomeratus* 고치벌의 발육 ; 2. 마찬가지로 Leningrad *P. brassicae* 에 기생한 경우 ; 3. 비기생 *P. brassicae* Sukhumi 개체군의 발육

—— ; 고치벌 Leningrad 개체군의 반응 : 4. Leningrad 고치벌이 Leningrad *P. brassicae* 흰나비에 기생하였을 때 ; 5. Leningrad 고치벌이 Sukhumi *P. brassicae* 흰나비에 기생하였을 때 ; 6. 비기생 Lenningrad *P. brassicae* 의 발육

그림에서 보는 바와 같이 *Apanteles* 고치벌 Sukhumi 개체군의 휴면유기임계일장은 9시간으로 그가 기생하는 숙주 계통의 임계일장과는 무관하며 Leningrad *Apanteles* 고치벌 개체군의

그것은 16시간으로 이 역시 그의 숙주 지역개체군의 임계일장과는 무관하다. Leningrad와 Sukhumi의 *P. brassicae* 개체군의 온도 18℃에서의 휴면유기임계일장은 각각 12시간과 15시간인데 이 기생봉의 지역계통 간 임계일장시간의 차이는 그의 숙주에서의 차이보다 크다. 다른 기생곤충류들에서도 이와 같은 지역계통은 있을 수 있겠다.

외인성 휴면을 하는 다화성 곤충류에 관한 연구결과를 통하여 광주기 반응은 환경조건의 계절적 변화의 위도적 변이에 대한 적응현상의 하나라는 것은 이런 생물에서의 일반적 현상임을 알 수 있다. 이런 현상은 광범위한 것으로 과거 연구된 곤충류에서 예외적인 것은 없었다.

분포의 북방한계 부근의 계통에서는 휴면의 임계일장이 길어지는데 이들 개체군에서는 일장에 대한 반응이 없는 유전적으로 1화성인 것도 생긴다. 이렇게 분포북방한계에 가까운 곳의 것에서는 광주기의 중요성이 감소하여 경우에 따라서는 껍질밤나방류의 일종인 *Hylophila prasinana*의 경우와 같이 광주기 반응을 완전히 상실한 것도 있다. 분포남한에 가까운 계통에서도 일장에 대한 반응이 약화되면서 반응이 나타나는 일장범위가 좁아지고 온도가 낮을 때 광주기 반응이 강해지는 경향이 있는데(예 *Pieris brassicae* 흰나비) 때로는 광주기 반응을 완전히 상실하는 수도 있다. 예를 들면 Geispits는 점박이응애의 일부 계통에서 휴면하지 않는 것을 보고한 바 있다. Vinogradova는 빨간집모기(*Culex pipiens pipiens*) 남부 Azerbaijian 계통은 광주기 반응이 거의 없고 그의 생활환은 *Culex pipiens molestus*와 같이 휴면 없이 연중 계속된다고 하였다.

이와 같이 휴면유기임계일장의 장단 뿐 아니라 광주기 반응의 강도에도 종에 따르는 특이성은 없는 것으로 생각된다. 이런 특성들은 종내 개체군들의 지역적 기후조건에 대한 적응현상의 차이에 의한 것이다. 종에 고유한 특성들이란 휴면 출현의 전반적 과정에 나타나는 강도의 차이일 뿐이다. 따라서 1화성 생활사를 가진 것으로 생각되는 종이라도 일장에 대한 반응이 지역 개체군 간에 차이가 있는 것은 놀랄 일이 아니다. 온도가 23℃일 때 솔나방의 일종인 *Dendrolimus pini* Leningrad 개체군 유충은 17시간 정도의 조명하에서 휴면하는데 Voronezh지역 삼림 스텝지역 계통은 임계일장이 그보다 약 1시간 짧다(표 26.)

표 26. 솔나방의 1종 *Dendrolimus pini* 지역 개체군의 광주기 반응(휴면 유충의 %), 23℃ (Geispits 1958)

개체군	일장 (시간)					
	14	15	16	17	18	20
Leningrad(60°N)	100	100	100	91.7	0	0
Voronezh(52°N)	100	100	90.0	0	0	0

이런 점에서 더욱 흥미 있는 예는 완전히 1화성인 것으로 알려져 있는 꼬마버들독나방(*Leucoma salicis*)의 경우이다. 최근에 밝혀진 것이지만(Avakyan 1953; Seracimovsky 1954) 이 종은 구북구의 대부분 지역에 분포하는데 이 종의 분포남한지역에는 다화성 계통이 존재한다. 즉 남부 Armenia의 일부 지역(Avakyan 1953), Daghestan, 북부 Causasus 그리고 남부 Kirghizia 등지의 이 독나방 개체군은 연간 2~3 세대를 거친다. 이런 다화성 계통은 연속적으로 분포하는 것이 아니고 서로 고립된 지역에 분포하는 것이 보통이다.

Kozhanchikov(1948)의 실험결과에 따르면 꼬마버들독나방(*Leucoma salicis*) 1화성 계통은 안정된 휴면성을 갖고 있어 온도조건의 영향을 별로 받지 않는다고 한다. 그러나 Geispits(1953)는 이런 경우에도 휴면은 일장의 영향을 받기는 하나 휴면 없는 발육은 극히 좁은 범위의 일장(20시간) 조건에서만 일어나며 그것도 극히 일부 개체에서만 일어남을 밝혔다. 이와 같은 사실은 Leningrad, Belgorod 그리고 Alma-Ata 지역의 꼬마버들독나방에 관한 비교연구에서도 증명되었다. 이들 개체군은 모두가 전형적인 1화성 생활환을 갖고 있으며 25℃에서는 장일 조건의 발육촉진효과는 극히 적다(그림 49a 참조). 다화성인 Armenia 계통은 광주기 반응에 있어서 다른 것과 명백한 차이가 있어 이런 온도 조건하에서는 단일조건(9~12시간)에서까지도 모든 개체에 휴면을 유도하지 못한다. 그러나 일장이 보다 길어지면 모든 개체는 휴면 없이 발육을 계속한다. 이와 같은 예는 다른 1화성 곤충류에도 있는 듯하다.

지금까지 우리는 지역 개체군들의 발육기 일장의 변동에 따르는 광주기 반응을 살펴보았다. 그러나 6시간 이하의 일장과 같이 극히 짧은 일장이나 완전한 암흑 하의 광주기 반응에서도 지역 개체군에 따르는 반응에 차이가 있다. 그림 32는 흰나비의 일종인 *Pieris brassicae* 지역 개체군의 광주기 반응을 나타낸 것인데 그림에서 보는 바와 같이 남부계통에서는 임계일장이 짧고 단일조건에서의 휴면 개체율도 아주 낮다. 임계일장의 증가에 따라 완전한 암흑조건하에서 휴면개체가 증가하는 것은 배저녁나방(*Acronycta rumicis*)(그림 30), 도둑나방(*Barathra brassicae*)(그림 31) 그리고 불나방의 일종 *Spilosoma menthastri*(그림

48) 등의 지역개체군에서도 볼 수 있다. 암흑 조건하에서 휴면 없이 발육하는 능력은 일장이 16~17시간 이상일 때는 사라진다. 흥미 있는 것은 한 개체군에서도 온도의 영향을 받아 휴면임계일장이 변화할 때도 같은 현상이 나타난다는 것이다. 일반적으로 임계일장의 증가에 관련된 요인이 어떤 것인가 와는 관계없이 임계일장의 증가와 암흑조건에서의 휴면율 증가는 병행한다. 이것은 암흑에 대한 반응이 광주기 반응을 일으키는 일반적 생리기구임을 뜻하는 것이다. 완전한 암흑에 대한 반응양식은 자연 상태 하에서 생활하는 곤충류에서는 이런 일은 없을 것인 고로 생태학적으로는 의미가 없겠다. 이상에서 논한 현상들은 일상적인 지리적 변이 모두가 적응적 의미를 갖는 것은 아니라는 것을 말하는 것으로 이점은 지금까지의 지리적 변이 문제를 다룰 때 꼭 고려되었던 점은 아니었다. 생태학적 중요성이 확실치 않은 특성이 임의로 채택되어 조사된 예를 흔히 볼 수 있다.

2. 지리적 계통에서의 광주기 반응과 온도와의 관계

위도에 따르는 일장변화는 온도의 변화를 동반한다. 따라서 여러 가지 기후조건에서의 생활환의 계절적 조절 기구를 이해하려면 지역 계통의 광주기 반응에 미치는 온도의 직접적 영향에 대한 이해가 필요하겠다.

실험 결과를 보면 북부계통의 광주기 반응에 대한 최적온도와 그 범위는 남부계통의 그것들에 비하면 고온 쪽에 치우쳐 있는 것이 보통이다(Danilevskii 1957a, 1957b). 이런 사실은 배저녁나방(*Acronycta rumicis*) 3개 지역개체군을 대상으로 여러 가지 온도조건하에서의 장일과 단일의 영향을 조사한 연구에서 알 수 있다(그림 36).

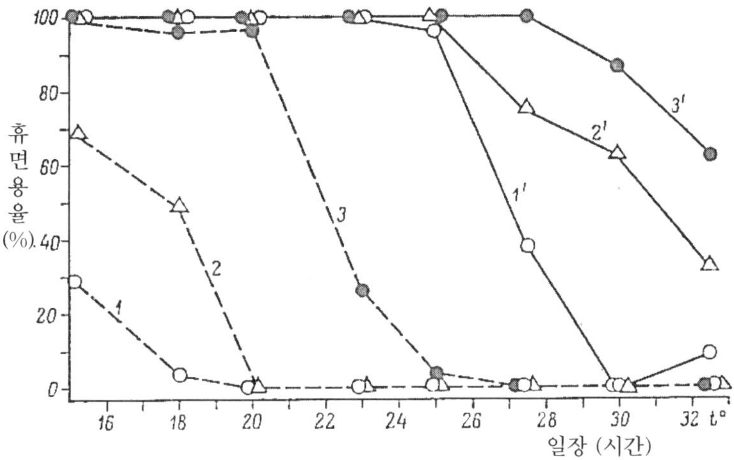

그림 36. 배저녁나방(*Acronycta rumicis*) 3개 지역개체군의 휴면용율과 유충기의 광조건과 온도조건의 관계

-----; 연속조명, ——; 12시간 조명
1과 1', Sukhumi ; 2와 2', Belgorod ; 3과 3', Leningrad

Sukhumi 지역개체군이 경우 단일조건하에서는 그리 높지 않은 온도인 25℃에서 비휴면 번데기가 출현하며 30℃에서는 완전히 휴면하지 않는다. 그런데 Leningrad 지역개체군의 경우에는 단일조건하에서 비휴면 발육을 유도하기가 어렵다. 이 지역개체군의 경우 휴면유기에 필요한 온도가 Sukhumi 지역개체군보다 최소한 5℃는 높다. 고온발육한계(33℃)에서도 반수 이상의 번데기는 휴면한다. Belgorod 지역개체군은 중간적인 반응을 보인다. 그리고 장일조건하에서의 발육을 보면 저온이 휴면유기에 미치는 영향은 남부지방개체군에서 보다 북부지방개체군에서 크다. 그리하여 배저녁나방(*Acronycta rumicis*)의 Leningrad 개체군은 20℃ 이하의 조건에서 발육할 때는 휴면용만을 낳으나 Sukhumi 개체군의 경우에는 15℃에서 발육하여도 휴면용율은 극히 낮다. 그리고 Belgorod 개체군의 경우는 이 점에 있어서도 Leningrad 개체군과 Sukhumi 개체군의 중간적 특성을 나타내고 있다.

지금까지 연구된 배저녁나방(*Acronycta rumicis*)의 여러 지역 개체군을 보면 광주기 반응을 일으키는 온도범위는 대체로 12°~14℃의 범위로 비슷하다. 다만 그의 온도는 차이는 있다(그림 37). 광주기 반응의 최적온도범위는 Sukhumi 개체군에서는 20℃와 25℃ 사이이고 Belgorod 개체군은 약간 높으며 Leningrad 개체군은 상당히 높다(25°~28℃). 이와 같이 광주기 반응이 일어나는 온도범위와 그의 최적범위는 종에 따라 차이가 있을 뿐 아니라(그림 23 참조) 한 종에서도 지역적 조건에 대한 적응현상 때문에 지역개체군에 따라 상당한 차이가 있다.

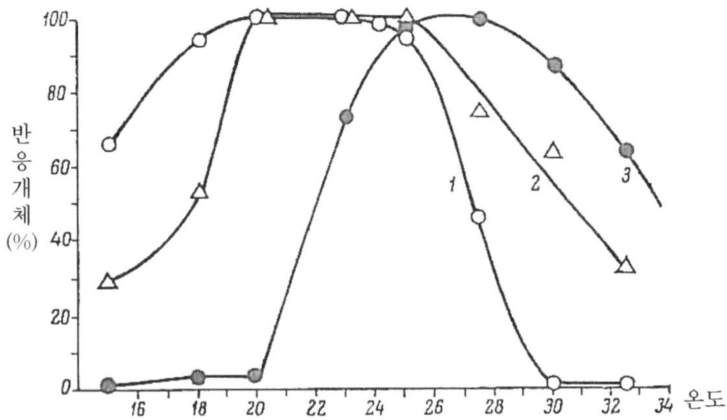

그림 37. 배저녁나방(*Acronycta rumicis*) 여러 지역 개체군의 광주기 반응의 최적온도, 일 장에 반응한 개체의 백분율과 온도와의 관계

1, Sukhumi 개체군 ; 2, Belgorod 개체군 ; 3, Leningrad 개체군

도둑나방(*Barathra brassicae*) 개체군을 대상으로 한 연구에서도 같은 결과를 얻을 수 있었다. 이 종에서도 단일조건하에서의 휴면은 고온에 의하여 억제되며 그 경향은 남부개체군에서 특히 뚜렷하였다. 즉 온도 28℃, 12시간 단일조건하에서 Batum 지역개체군은 휴면 없이 발육하는데 반하여 Sumy 개체군은 26%, Leningrad 개체군에서는 100%의 번데기가 휴면한다. 장일조건하에서는 Batum 개체군은 14℃의 온도에서도 휴면하지 않으나 Sumy 개체군에서는 16℃에서도 약 50%의 번데기가 휴면하였고 Leningrad 개체군에서는 18℃에서도 장일 조건은 휴면 번데기만을 낳는다.

Pieris brassicae 흰나비와 그의 기생봉 *Apanteles glomeratus* 고치벌의 지역개체군에서도 광주기 반응의 온도한계에 같은 변이가 존재함이 Maslennikova(1959a)의 연구로 알려지고 있다. 단일조건(9시간 조명)하에서 두 종의 남방계통은 북방계통에 비하여 상당히 낮은 온도에서 휴면이 억제된다. 즉 *Pieris brassicae*의 Sukhumi 지역개체군에서는 비휴면 발육이 25°~26℃에서 일어나나 Leningrad 지역개체군에서는 비휴면 발육은 그보다 높은 온도인 29~30℃에서 일어난다. 그리고 기생봉인 *Apanteles* 고치벌에서는 그것이 각각 약 20℃와 25℃이다. 보다 복잡하고 특이한 광주기 반응과 온도와의 관계가 불나방의 일종 *Spilosoma menthastri* 지역개체군에서 알려지고 있다(그림 38). 유충이 단일조건에서 발육할 때 Leningrad 계통은 휴면용만이 생기며 이것은 발육최고한계온도(30°)에서도 영향을 받지 않는다. 그런데 Sukhumi 계통에서는 단일조건의 영향은 고온에서는 나타나지 않아 휴면 없이 발육한다. 그런데 계속되는 조명 하에

서는 저온으로 휴면이 유기될 뿐 아니라 치사온도에 가까운 고온하에서도 휴면이 일어난다. 이와 같은 특이한 현상은 특히 북방계통인 Leningrad 계통에서 보다 현저하다.

Spilosoma 불나방 번데기에서의 이와 같은 "고온성 휴면" 형태는 단일과 중정도의 온도조건에서 일어나는 정상적 휴면과는 달리 휴면기간이 짧고 저온처리 없이도 발육이 재개되는 점에서 차이가 있다. 이 점은 일본의 아열대 도둑나방 계통의 장일 조건에서 생기는 짧은 여름철 휴면과 비슷하다(Masaki 1956a). 그러나 *Spilosoma menthastri* 불나방의 경우 이런 경향이 북방계통에서 뚜렷한데 그의 생태학적 의의는 설명이 어렵다.

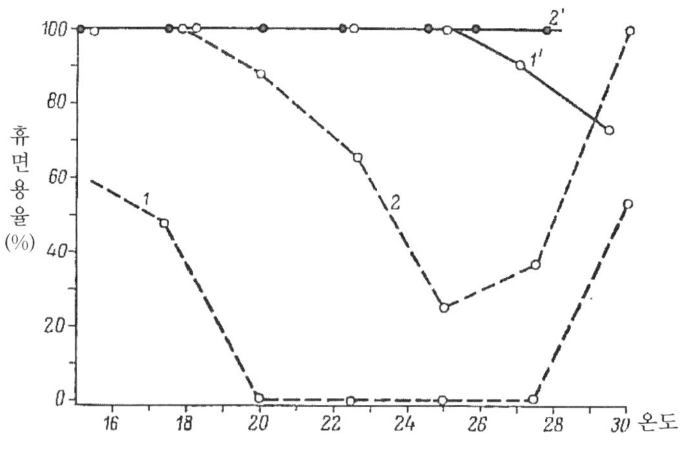

그림 38. 불나방의 일종 *Spilosoma menthastri* 지역개체군의 휴면용율과 유충기의 일장과 온도의 영향

—— ; 12시간 조명, - - - - - ; 연속조명
1,1 ', Sukhumi 개체군 ; 2,2' , Leningrad 개체군

몇몇 종에서 지역계통들 간에 임계일장이 온도의 영향을 받는 정도에 차이가 있음도 밝혀졌다. 배추흰나비의 일종인 *Pieris* *brassicae*의 경우 임계일장 15시간은 여러 가지 온도조건하에서 거의 변함이 없었다(그림 26 참조). 그림 32와 35에서 알 수 있는 바와 같이 이 종의 남부계통에서의 임계일장은 유충이 18℃와 23℃에서 발육하였을 때 2시간(10시간과 12시간)의 차이가 있었다.

Du Chzhen'-ven'의 연구에 따르면 조명나방(*Pyrausta nubilalis*)의 남방계통(Sukhumi)의 임계일장은 18℃와 23℃에서 생육하였을 때 동일하였으나(15시간) 북부계통에서는 임계일장이 18℃에서 25℃에서 보다 훨씬 길었다. 이와 같은 지역계통간의 광주기 반응특성은 그들의 생활사에 큰 영향을 미친다.

3. 활동발육단계의 온도반응 변이

곤충류의 생활환을 조절하는 반응에 지리적인 변이가 크기 때문에 곤충류의 다른 여러 가지 생리생태학적 특성이 얼마나 지리적 변이를 갖고 있는가를 알 필요가 있다. 이것은 특히 곤충류의 지리적 분포나 계절적 현상 그리고 개체군의 밀도변동연구에 흔히 이용되고 있는 생장이나 발육에 대한 유효적산온도나 발육임계온도와 같은 함수와 관련 중요한 것이다. 이와 같은 함수문제와 관련 그것들이 종에 따라 얼마나 안정되어 있는가에 관하여는 지금까지 알려진 것이 없다. 발육기간 중의 온도조건에 대한 발육단계의 반응에 관한 연구는 배저녁나방(*Acronycta rumicis*)이나 불나방의 일종 *Spilosoma menthastri*의 지역개체군을 대상으로 한 것이 있다(Danilevskii 1957a). 그림 39는 배저녁나방에서 얻은 결과이다.

연구대상 3개 지역개체군에서 온도에 따르는 발육율과 발육기

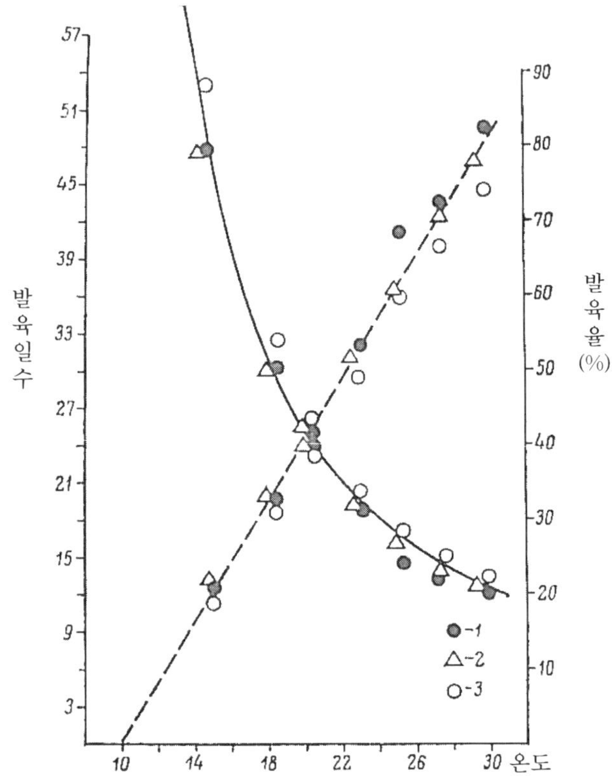

그림 39. 배저녁나방(*Acronycta rumicis*)의 지리적 개체군의 유충발육과 온도와의 관계

——; 발육일수, -----; 일당 발육속도(%)

●-1; Leningrad 개체군 △-2; Belgorod 개체군; ○-3; Sukhumi 개체군

간에는 큰 차이가 없다. 발육율을 기준으로 한 유효임계온도는 3개 개체군에서 10℃로 같다. 그런데 Sukhumi 개체군은 발육이 약간 느리며 그의 유효적산온도는 Belgorod나 Leningrad 개체군에 비하여 10℃ 정도가 큰 듯하다. 그러나 이와 같은 차이는 실험오차범위 내의 것이기도 하다.

배저녁나방(*Acronycta rumicis*) 번데기의 발육기간과 그의 변이에 미치는 온도의 영향은 여러 지역개체군에서 거의 동일하다. 유충의 경우와 같이 3개 지역개체군에서의 발육임계온도는 10℃이다. 표 27은 이 곤충의 각 발육단계와 전 생활환에 대한 유효적산온도이다. 표에서 보는 바와 같이 지역개체군 간의 차이는 아주 적어 이 곤충의 이런 특성은 충분한 안정성을 가진 것으로 생각된다.

표 27. 배저녁나방(*Acronycta rumicis*)의 지역개체군 유충발육에 필요한 유효적산온도 (10℃ 이상)

개체군	발육단계별 유효적산온도(일도)			
	알	유충	번데기	한 세대
Leningrad	76(67~78)	245(223~265)	197(189~204)	518
Belgorod	72(69~74)	243(232~249)	199(187~205)	514
Sukhumi	69(66~79)	267(262~275)	208(188~220)	544

불나방의 일종 *Spilosoma menthastri*에 있어서도 여러 지역개체군의 유충발육과 생장에 미치는 여러 가지 온도 함수는 비슷하고(그림 40) 그의 발육상한온도도 같다. 이 곤충의 Leningrad 개체군의 온도에 대한 번데기의 반응은 모든 개체가 휴면하여 버리기 때문에 개체간의 온도에 대한 반응을 비교할 수는 없다 Sukhumi 지역개체군의 발육임계최저온도는 10℃이며 그의 유효적산온도는 200~210일도이다.

생물의 발육기간이 일정하고 그것이 온도에 따라 달라진다는 것은 여러 지역개체군을 대상으로 한 여러 사람들의 연구결과를 비교해 보아도 알 수 있다. 예를 들면 그림 41은 V. A. Maslennikova가 실험실에서 조사한 흰나비의 일종인 *Pieris brassicae* Leningrad 개체군과 Sukhumi 지역개체군의 발육기간에 미치는 온도의 영향을 중앙유럽(Berlin) 개체군을 대상으로 조사한 Maercks

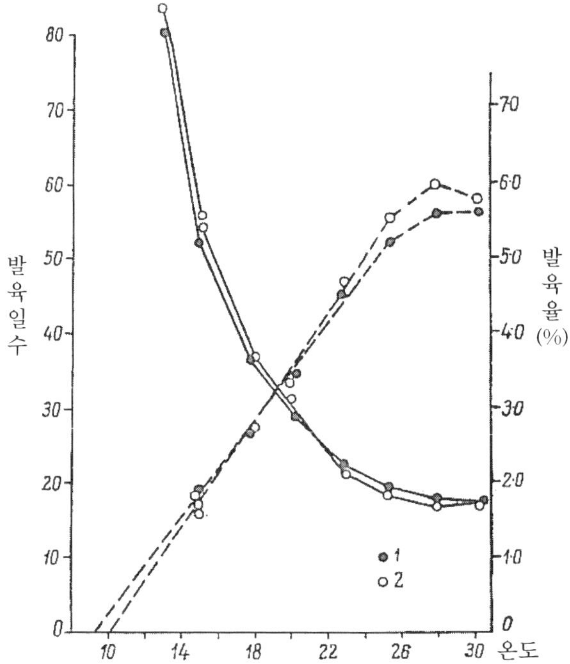

그림 40. 온도가 불나방의 1종 *Spilosoma menthastri* 여러 지역개체군의 발육에 미치는 영 향

—— ; 발육기간, ----- ; 일당 발육율(%), ●-1, Leningrad ; ○-2, Sukhumi,

(1934)의 실험결과와 Klein(1932)이 Palestina 야외에서 조사한 결과를 비교한 것이다. 조사치는 모두가 비슷하며 일정한 경향의 지역 간 차이를 찾아볼 수 없다. Pantyukhov(1959)의 자료에 따르면 독나방의 일종 *Euproctis chrysorrhea*나 짚시나방(*Lymantria dispar*)의 지역개체군에서도 발육의 최저온도, 발육율 그리고 발육유효적산온도량 등은 거의 차이가 없다고 한다.

활동발육단계의 발육최적온도는 그 생물의 중요한 생리생태학적 형질의 하나이다. 그러나 그의 지리적 변이에 관하여는 믿을 만한 자료가 거의 없다. 그러나 지금까지의 조사결과를 보면 이것 역시 분포지역 내에서 그리 큰 적응적 변이를 보이고 있는 것으로는 생각되지 않는다.

최적온도의 결정에는 여러 가지 온도조건하에서의 몸의 크기나 체중 그리고 생존율이 흔히 이용되나 여기서 주의해야 할 점은 체중이나 체장은 지역개체군의 유전적 형질인 경우가 많다는 사실이다. 예를 들면 불나방의 일종인 *Spilosoma menthastri*의 번데기의 무게는 Leningrad 개체군에서 Sukhumi 개체군의 그것에 비하여 20~25% 정도 크다. 이와 비슷한 경향이 배추흰나비(*Pieris rapae*)나 기타 몇몇 곤충에서도 알려지고 있다. 배저녁나

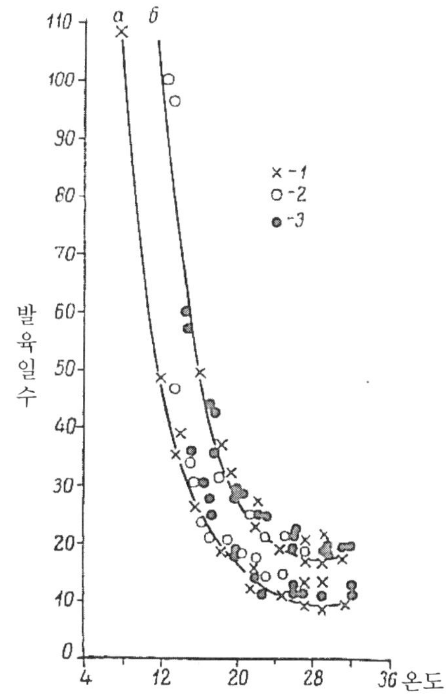

그림 41. 흰나비의 일종 *Pieris brassicae*의 발육기간에 미치는 온도의 영향

a. 유충의 발육기간 ; b. 유충과 번데기의 발육기간

조사지 : 1. Berlin (Maercks 1934) 2. Palestina (Klein 1932) 3. Leningrad (V. A. Maslennikova)

방(*Acronycta rumicis*)의 경우 크기나 체중의 지역개체군 간 차이는 뚜렷하지 않으며 발육조건이 달라지면 반대의 결과가 생기기도 한다. 즉 남방계인 Sukhumi 개체군이 북방계인 Leningrad와 Vitebsk 개체군의 그것보다 크다. 그림 42는 불나방의 일종 *Spilosoma menthastri*의 발육최적온도이다.

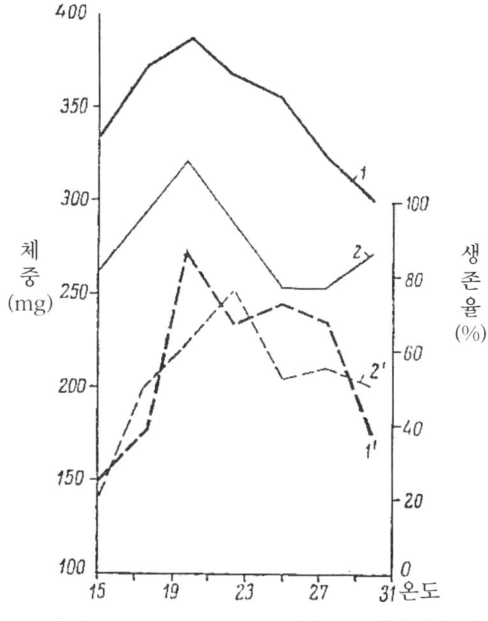

그림 42. 불나방의 일종 *Spilosoma menthastri* 여러 지역개체군의 용중과 유충 생존율에 미 치는 온도의 영향

-----; 생존율, ——; 체중 , 1과 1' ; Leningrad, 2와 2' ; Sukhumi

두 지역 개체군의 체중에는 차이가 있으나 20℃에서 체중은 최대치를 나타낸다. 그리고 이 때의 체중을 중심으로 양측에서 체중은 감소한다. 그리고 생존율도 변한다. 유충의 생존율이 최대인 온도범위(20~22℃)에서 유충치사율은 최소일 뿐 아니라 성충의 임성도 최대가 된다. 이런 결과는 이 곤충의 종으로써의 온도

적응성을 나타내는 것으로 종내의 지역계통간의 최적온도에 있어서의 적응적 변이는 없음을 보이는 것이다.

불나방의 일종 *Spilosoma menthastri*의 지역개체군 간에 발육율에 차이를 볼 수 있는 것은 아치사 온도범위(27°~30℃)내에서 뿐이다. 이 온도조건에서는 Leningrad 개체군은 장일조건에서는 용화에 이상이 생기는 개체가 있으나 연속적인 암흑조건에서는 두 개체군은 같은 속도로 발육한다. 배저녁나방(*Acronycta rumicis*), 도둑나방(*Barathra brassicae*), 흰나비의 일종(*Pieris brassicae*), 기타의 몇 가지 곤충의 지역개체군에서도 발육임계온도나 발육최적온도에 종에 따르는 차이는 있으나 일정한 경향의 변이는 볼 수 없다.

종내 지역개체군 간에 활동기 온도요구조건에 상당한 안정성이 있다는 것은 기후조건에 대한 또 다른 적응현상의 존재 가능성을 시사하는 것이다. 특히 미기상조건 선택에 있어서의 행동적 특성의 존재 가능성이 크다. 이런 문제에 관하여는 앞으로 많은 연구가 요구된다.

4. 월동발육단계의 온도적응 변이

월동발육단계의 생태학적 특성의 종내 변이에 관하여는 문헌상에 나타난 지견이 별로 없다. Siegler(1946)에 따르면 북미 대륙 여러 지역 코드링나방(*Enarmonia* (*Carpocapsa*) *pomonella*) 월동유충의 내동성은 개체군 간에 차이가 없었다고 한다. Kot(1958)도 이 해충의 유럽 3개 지역개체군에서 개체군 간에 내동성에 차이가 없음을 보고하였다. 그런데 Pantyukhov(1956)는 사과집나방(*Hyponomeuta malinellus*), 텐트나방(*Malacosoma neustria*) 그리고 *Exaereta ulmi* 등의 Volga강 하류지역 개체군의 내동성은 북부 Caucasus 지역개체군의 그것보다 높다고 하였다. 그는 이것을 Volga강 하류지역 겨울이 보다 추운데 대한 하나의 적응현상으로 보았다. 재활성화와 관련하여서는 휴면난기의 요구 온도에 차이가 있다는 것이 메뚜기의 일종 *Austroicetes cruciata* 개체군에서 보고된 바 있고(Andrewartha 1944, 1952) 짚시나방의 지역개체군 간에는 휴면기간에 차이가 있음이 알려지고 있다(Goldschmidt 1934).

지금까지의 연구결과는 대부분이 야외개체군을 대상으로 한 것이기 때문에 실험 전의 환경조건 차이의 영향이 있을 것으로 생각된다. 따라서 지역개체군의 유전적인 생리학적 특성이 얼마나 관련되어 있는지는 확실하지 않다. 현재의 입장에서 보았을 때 이 문제의 해결은 상당히 중요한 의의가 있다. 표 28은 몇 가지 나비목 곤충류 지역계통들의 내동성을 비교한 것이다.

표 28. 나비목 곤충 지역개체군 휴면용의 내동성 변화

종	개체군	용수	평균 과냉각점(℃)	변이폭(℃)
Acronycta rumicis	Sukhumi	28	-23.2	-18.7 -25.6
	Belgorod	7	-22.6	-18.5 -23.2
	Leningrad	24	-22.0	-20.0 -25.0
Spilosoma menthastri	Sukhumi	40	-22.3	-17.6 -24.4
	Leningrad	40	-22.7	-17.8 -26.6
Barathra brassicae	Batum	10	-19.1	-12.0 -28.0
	Belgorod	5	-18.7	-16.8 -21.0
	Sumy	10	-18.2	-14.4 -20.1
	Leningrad	8	-19.6	-17.2 -26.0
Pieris brassicae	Sukhumi	15	-21.2	-16.4 -24.0
	Leningrad	15	-22.5	-19.6 -24.1

이 자료는 한 난괴의 곤충을 단일조건 동일 온도조건하에서 사육하였을 때의 것이다. 실험은 휴면용을 냉각하기 전에 5~6℃에 1~2개월 보존하고 과냉각온도는 분당 2~3℃씩 온도를 낮추면서 열선대를 이용하여 측정하였다. 냉동조건에서의 생존력은 지역 개체군 간에는 거의 차이가 없다는 것을 알 수 있다. Caucasus의 흑해연안과 Leningrad 지역의 동절 온도 차이를 생각할 때 이런 사실은 뜻밖의 일이다. 즉 흑해연안의 따뜻한 기후의 경우 가장 추운 시기의 월 평균기온은 6.5℃이고 최저기온은 -10℃ 이하가 되는 일이 없는데 Leningrad의 2월 평균기온은 -7.7℃이며 최저

표 29. 자연 상태에서 월동하는 배저녁나방(*Acronycta rumicis*) 번데기의 내동성 변화

실험 시기	실험전의 최저온도	개체군	실험용수	사망율	처리온도 평균	처리온도 최저온도
		설 상 월 동				
1/XI	-3	Sukhumi	30	0	-23.7	-25.6
		Belgorod	25	0	-23.2	-25.1
		Leningrad	30	0	-23.1	-25.0
8/XII	-26	Sukhumi	25	88	-23.5	-27.0
		Belgorod	25	64	-27.5	-29.2
		Leningrad	25	28	-29.2	-32.0
21/XII	-34.0	Sukhumi	50	100	-	-
		Belgorod	25	100	-	-
		Leningrad	50	92	-26.0	-27.0
		설 하 월 동				
9/II	-2.7	Sukhumi	50	0	-25.5	-29.6
		Belgorod	25	0	-26.3	-30.6
		Leningrad	50	0	-29.7	-34.8
22/III	-2.2	Sukhumi	50	0	-26.4	-29.4
		Belgorod	25	0	-24.3	-31.9
		Leningrad	50	0	-29.6	-34.6

온도는 -35℃에 달하여 지역 간에 차이가 크다. 그러나 위의 사실은 여러 가지 지역개체군의 내동성의 실상을 충분히 나타내는 것은 아니다. 이런 사실은 Leningrad 지방 야외의 눈 위에서 월동하는 배저녁나방(*Acronycta rumicis*) 번데기의 냉동성이 시기적으로 변한다는 사실을 보면 짐작할 수 있겠다(표 29)(Danilevskii 1957a).

평균온도가 0℃ 이상이고 최저온도가 -3℃이하로 떨어지지 않는 한 번데기의 동결에 대한 저항성은 모든 계통에서 같다. 그러나 공중온도가 배저녁나방의 생존최저온도에 가까운 -26℃까지 떨어지면 동해의 정도는 개체군에 따라 차이가 있다. 즉 Sukhumi 지역개체군은 대부분이(88%) 동사하나 Leningrad 지역개체군 번데기의 사망률은 낮다. 그리고 실험초기와 후기 간에 과냉각능력이 변함을 알 수 있다. 즉 Belgorod 개체군에서는 과냉각점이 초기 개체군보다는 후기에서 4℃ 낮았고 Leningrad 개체군에서는 6℃ 낮아서 평균 -29.2℃였다. 이에 따라 지역개체군의 과냉각점의 최저치도 변하였다. Leningrad 개체군에서는 -32℃까지 온도가 떨어져도 살아남는 번데기가 있었다. 이 값은 *Acronycta rumicis*의 최저 내동온도인 듯하다. -15℃와 -20℃의 저온이 계속되고 최저 -34℃까지 온도가 떨어지면 남방계통 개체군의 번데기는 모두가 사망하였고 Leningrad 개체군에서는 소수가 살아남았으나 이것도 후에 죽어버렸다.

자연 상태에서 배저녁나방은 두꺼운 눈에 덮인 지표에서 월동한다. 이와 같은 조건하에서 앞서와 같은 조사를 하였는데 이때에도 영하의 온도의 영향으로 내동성이 증가한다는 사실이 밝혀졌다(표 29). 겨울철 눈 밑의 최저온도는 안정되어 있으며 평균 -

2.2~-2.7℃(최저 -9℃)로 치사한계온도보다는 훨씬 높다. 이런 조건하에서 2월까지 여러 지역개체군의 내동성은 눈 위에서 월동하는 번데기와 마찬가지로 변화하겠다. 그들은 이런 변한 상태로 봄철을 맞게 된다. 이 실험에서는 번데기의 사망은 없었다. 3개 개체군 모두의 번데기는 월동하여 봄에 정상적인 성충으로 우화하였다.

위의 실험을 통하여 내동성은 다음과 같은 거의 서로 독립된 두 가지 과정이 관여되어 있음을 알 수 있다. 그 첫째는 휴면유기와 관련된 것으로 그 생물의 내동성 수준과 관계가 있는 것이다. 두 번째 것은 영하의 온도의 직접적 영향에 의하여 월동 중에 내동성이 증가하는 과정이다. 지역개체군의 적응적 특성은 이 과정에서의 내동성 증대에서만 볼 수 있다. 북부지방 계통에서 볼 수 있는 영하의 온도의 직접적 영향으로 생기는 이런 내동성의 증대 현상은 눈이 적은 겨울철이나 가을이나 봄철의 심한 저온에서도 월동개체들의 생존력을 유지하는데 중요한 역할을 하는 것으로 생각된다.

지역개체군의 휴면기간과 월동 번데기 활성화의 조건을 조사하기 위하여 10월 초순 배저녁나방(*Acronycta rumicis*)을 재료로 용화 2주후부터 공중 습도 70% 조건하에서 30°, 25° 그리고 14℃ 등의 온도조건에 보존하였다. 그리고 자연 상태에서 눈 밑에서 월동하는 번데기에 대하여도 저온과 영하의 온도의 영향을 조사하였다. 그 결과는 표 30과 같다.

표 30에서 보는 바와 같이 배저녁나방 Leningrad 개체군은 남부개체군에 비하여 안정된 휴면성을 갖고 있으며 활성화에 보다 낮은 온도를 요구한다. 이런 현상의 생물학적 의의는 아직 알 수

표 30. 배저녁나방(*Acronycta rumicis*) 휴면용의 생존에 미치는 6개월간의 온도처리 영향

온도(℃)	개체군	실험용수	결과(%)		
			사망율	휴면	발육
30	Leningrad	25	100	-	-
	Belgorod	25	100	-	-
	Sukhumi	25	100	-	-
25	Leningrad	25	100	-	-
	Belgorod	25	92.0	8.0	-
	Sukhumi	25	88.0	12.0	-
20	Leningrad	25	56.0	44.0	-
	Belgorod	15	20.0	13.4	66.6
	Sukhumi	25	36.0	12.0	52.0
14	Leningrad	32	16.1	22.5	61.3
	Belgorod	35	11.5	0.0	83.5
	Sukhumi	50	12.0	0.0	88.0

없다. Leningrad 지역의 자연 상태 하에서 눈 밑에서 월동하는 개체들은 정상적으로 활성화되었다. 실험결과 12월말까지는 모든 개체들이 휴면상태였으나 2월 초에는 모든 개체가 휴면을 끝내 가온하면 모두가 성충으로 우화하였다. 따라서 활성화 기간은 약 4개월이며 1월 중에는 완전히 끝나는 것으로 보인다. 겨울철이 따뜻하고 짧은 남부지방에서는 활성화의 온도한계의 의미가 보다 명백할 것이다.

흰나비의 일종인 *Pieris brassicae*나 배추흰나비(*Pieris rapae*) 등에서는 휴면기의 온도요구의 지역적 변이가 배저녁나방(*Acronycta rumicis*)의 경우보다 더욱 명백하다. 흰나비의 일종인 *Pieris brassicae* Leningrad 개체군 휴면용은 정상적인 발육을 위하여 긴 저온처리기간을 필요로 한다. 20℃ 이상의 항온 하

에서는 휴면이 끝나지 않거나 4~6개월 후에 소수의 성충이 우화하나 그것도 우화한 성충은 대부분이 생존력이 약하였다(Danilevskii 1950). 남방계인 Sukhumi 개체군의 휴면기간은 훨씬 짧아 23℃의 항온조건 하에서는 2.5~3개월 이내에 상당히 균일한 발육을 하며 정상적인 성충이 우화한다. 배추흰나비(*Pieris rapae*)의 지역개체군 간에도 같은 변이를 볼 수 있다. Du Chzhen'-ven'에 따르면 조명나방(*Pyrausta nubilalis*)에서도 저온 하에서의 활성화는 북부 개체군보다 남부 개체군에서 빠르다고 한다.

이와 같이 지금까지 연구된 곤충류들에서는 지역개체군들 간에 재활성화에 요구되는 온도영역에 명백한 차이가 있다. 따라서 우리는 분포지역이 넓은 곤충들에서는 활성화의 온도조건에 유전적 차이가 있다는 것이 일반적인 것임을 알 수 있다.

5. 곤충의 생리학적 특성의 동일 종내 지리적 변이

위의 자료들을 보면 곤충들의 기후조건에 대한 적응현상의 생리학적 기초는 두 가지 서로 다른 현상을 바탕으로 하고 있음을 말해주고 있다. 즉 그 하나는 지역적 조건에 대한 적응현상의 종내 개체군의 지리적 변이를 반영한 것이고 다른 하나는 종이 갖는 비교적 안정된 반응의 그것이다.

첫째의 것들에는 휴면유기에 관여하는 광주기 반응과 온도반응이 포함되며 휴지기간과 활성화율에 영향을 미치는 휴면발육단계의 온도에 대한 적응현상도 포함된다. 다시 말하면 기후조건의 계절적 변화와 생활사 진행과정을 일치시키는 기능과 관련된 모든 생리학적 현상은 변이성을 갖고 있다는 것이다. 이의 생물학적 중요성은 명백하며 이것은 한 종의 분포권내의 지역개체군을 분포하지 않는 지역으로 이식하였을 때의 결과를 보면 특히 명백하다(Danilevskii 1957a).

이 장에서는 기후조건의 위도에 따르는 개체군의 생리학적 다양성에 관한 결과만을 인용하였으나 이런 현상은 다른 경우에도 있다. 온도조건은 같은 위도상에서도 대륙성 기후의 영향을 받아 경도에 따라 변하여 곤충류의 발육일정에 많은 변화를 일으켜 일장에 감응하는 발육단계의 출현이 지역에 따라 달라져 실제로 접하게 되는 일장에 차이가 생긴다. 그리하여 결국은 광주기 반응을 달리하는 지역계통의 출현을 초래하게 된다. Geispits(1960)는 위도상으로 거의 같은 지역인 Caucasus의 흑해연안과 Alma-Ata 지역 점박이응애(*Tetranychus urticae*) 개체군에서 그들의 임계일장에 명백한 차이가 있음을 밝힌 바 있다.

산악지대에서 고도를 달리한 지점의 개체군 간에도 이와 비슷한 생태학적 분화현상이 모든 곤충류에서 같은 목적으로 일어나고 있다. 이때는 고도가 높아짐에 따라 생장기간이 짧아지고 온도가 저하하는 고로 임계일장은 북부지역 계통에서와 마찬가지로 고지대의 개체군에서 길어지며 극단적으로는 1화성 생활사를 갖게 될 것이다. 이와 같은 사실은 Müller와 Kautz(1940)가 오스트리아 알프스 지역에서의 고도에 따르는 흰나비의 일종 *Pieris bryoniae* 개체군의 생활사와 휴면유기에 유전적 특성 차이가 있다는 보고에서도 알 수 있다. 이 고지대 계통의 1화성은 연 2세대를 경과할 수 있는 저지대에서도 1화성이다.

이 제1군 반응에 있어서 종내 변이성이 큰 이유는 이런 반응들이 여러 가지 복잡한 외부조건의 시간적 변동에 대한 간접적 적응현상이기 때문인 것이다. 각각의 요인들은 꼭 같이 변하는 것이 아니고 그것은 지역에 따라 변화의 정도가 달라 때로는 반대방향으로 변하기도 한다. 따라서 모든 지역에서 생활사를 환경변화에 정확하게 일치시키는 보편적인 생리학적 작용을 갖는다는 것은 불가능하겠다. 한편 종내 분화는 생활환을 조절하는 호르몬 기능에 의하여 손쉽게 일어난다. 종내 분화는 이전에 존재하지 않았던 질적으로 다른 새로운 반응이 생길 필요는 없고 다만 내분비계의 각각의 요소의 활성화가 양적으로 변하면 충분하기 때문이다.

제2군 반응은 종에 따르는 안전성이 큰데 이것은 그의 생태학적 의의나 생리학적 내용이 계절적 변동에 대한 반응과는 본질적으로 차이가 있다. 이 군의 반응에는 앞서 설명한 바와 같이 발육속도와 온도와의 관계, 활동기의 최적온도와 한계온도 그리고 휴면이 갖는 원래의 내동성 등 생활환경에 대한 적응현상 등이 포함되어 있다.

생태학적 입장에서 볼 때 활동기의 온도 적응현상에 종내 분화가 명백하지 않다는 사실은 여러 지역의 여름철 온도는 비교적 비슷하고 생물은 유리한 미기상조건을 택하는 적응현상을 갖고 있기 때문으로 생각할 수 있겠다. 영하의 온도에 대한 휴면기의 적응성 문제도 실제로 지역적 분화를 필요로 하지 않겠다. 왜냐하면 휴면기는 원래 본질적으로 내동성이 크기 때문에 종의 분포범위내의 기후대에서는 어디서나 월동이 가능하기 때문이다.

온도에 대한 안정된 적응성은 명백한 생리학적 이유도 있는 듯하다. Ushakov(1956, 1958, 1959a, 1959b, 1959c)는 여러 분류군 동물들의 조직이 갖는 내열성에 관한 연구를 통하여 이것이 중요한 종의 형질이라는 결론에 도달하였다. 기후적 조건이 크게 다른 지역에 분포하는 종들의 지역개체군 또는 아종을 보면 한계 고온에 대한 근육 단백질의 내성에는 적응적 차이가 없다. 그런데 서로 다른 종간에는 그것이 분류학적으로 극히 가까운 종이라고 하여도 명백한 차이가 있고 그것은 그들의 생활조건들과 직접적인 연관이 있었다. Ushakov는 이런 사실을 세포 단백질 구조의 종 특이성에 의한 것이라고 하였다.

이런 자료들이 우리들의 결과와 비슷하다는 것은 우연한 것이 아니다. 생물의 생장이나 발육은 주로 단백질 합성과정인 고로 생물의 온도에 대한 적응현상은 단백질의 종 특이성과 깊은 관계가 있을 것이기 때문이다. 곤충류의 동면발육단계가 갖는 내동성의 종 특이성(원형질의 코로이드 특성 때문에 생긴다)이 단백질의 구조적 특성과 상당한 관계가 있을 것이라는 것은 충분히 이해가 가는 일이다. 저온에 의한 내동성의 적응적 변화(강화)는 보다 단순한 것으로 Pantyukhov(1959)에 따르면 이것은 보호역할을 하는 환원물질의 변화와 관련이 있다고 한다.

물론 전체 생물체의 반응은 여러 가지 생리적인 적응현상이 결합된 복합적인 현상인 고로 조직의 반응보다는 좀 더 가변성이 클 것이라는 점은 잊어서는 안 되겠다. 이것은 Timofeev-Ressovsky(1935)가 보고한 초파리의 일종 *Drosophila funebris*의 여러 계통에서 볼 수 있는 최적온도의 차이에서도 알 수 있겠다. 그러나 이런 변화의 규모나 적응적 의의는 계절적 적응현상의 지역적 계통에서의 변이에 비하면 훨씬 적다.

종의 형태적 형질도 극히 안정되어 있다. 우리가 연구한 나비목 곤충류의 모든 지역개체군은 그것이 분포지역이 크게 달라도 모두가 형태적으로는 비슷하여 분류학적으로 아종 또는 명백한 계통이라고 할 정도로 뚜렷한 차이가 없었다. 그들 간의 차이는 아주 적고 안정적인 것이 못 되어 몸의 크기의 평균치나 체색에 약간의 차이가 있을 따름이었다. 즉 생리 생태학적으로는 종내 분화가 있어도 종의 형태적 통합성은 상실되지 않는 것이 보통이다.

제 6 장

광주기 반응의 유전

광주기 반응을 종의 형질로 보게 되면 교잡시의 그의 유전은 생태학적으로 문제가 되지 않겠다. 그러나 같은 종의 지역개체군 간에 광주기 반응의 적응적 차이가 있다는 것은 생태학적으로 중요한 것이어서 이런 연구는 생태학적으로 여러 가지 중요한 의미가 있다. 이런 문제는 생리학적으로 차이가 있는 지역 계통의 발달과정의 이해나 어떤 종의 생물학적 특성이나 생물학적 분포영역의 연속성 문제 등과 관련 중요한 문제이다.

광주기 반응 자체의 유전 문제를 다룬 문헌은 없으나 휴면의 유전에 관한 연구는 이 문제와 밀접한 관련이 있다. 이런 연구의 대부분은 실용면에서 중요한 누에의 계동들의 화성에 관한 것이 대부분이다. 이런 연구에서 추론된 결론은 서로 모순되는 점이 많다. 잡종 제1세대에서는 모계의 화성이 우성이라는 것만은 확실해졌는데 이것은 배자발생 초기에 일어나는 휴면의 내분비적

조절작용으로 설명되고 있다.

실험결과에 모순이 있는 것은 휴면의 유전연구에 있어서 외부조건에 대한 깊은 배려 없이 휴면을 유전적으로 고정된 독립형질로 보고 있기 때문이다. 이 문제에 관하여 나름대로의 관심을 갖고 연구한 것은 일본인의 연구가 유일한 것이다(Tanaka 1953). 미국에서 연구된 조명나방(*Pyrausta nubilalis*)이나 북방솔잎벌(*Gilpinia polytoma*)(Prebble 1941, Smith 1941) 등의 지역개체군의 유전에 관한 자료는 다른 종을 대상으로 한 휴면의 유전에 관한 연구결과들과 마찬가지로 일장주기 조건을 고려하지 않은 것이어서 여기서는 이용이 어렵다.

휴면의 생리학적 기구는 복잡하고 그것은 외부환경조건의 영향을 크게 받는다는 것을 생각할 때 휴면 그 자체의 유전 뿐 아니라 그에 영향을 미치는 광주기 반응의 유전문제도 연구해야 함은 명백한 일이다. 이 장에서는 Leningrad 대학 곤충학 연구실에서 연구한 종내 여러 계통 간의 잡종의 광주기 반응에 관한 결과를 중심으로 이 문제를 설명하려 한다.

1. 지역개체군에서의 광주기 반응의 유전과 변이

종내 잡종에 관한 실험결과를 논하기 전에 개체군내의 광주기 반응의 변이폭과 그의 유전적 안정성을 알아야 하겠다. 실험결과를 보면 광주기 반응의 변이는 각 지역개체군에 특이한 것이며 생태학적으로 정해지는 특성이다. 변이는 광주기의 영향을 받을 뿐 아니라 온도나 그 밖의 외부조건들의 영향을 많이 받기 때문에 변이의 특성을 파악하는데 어려움이 있다. 따라서 여기서는 최적온도조건에서 연구된 광주기 반응의 변이에서 가장 흔히 볼 수 있는 특성들만을 대상으로 논하려 한다.

조사된 모든 종과 지역계통에서 개체 간 변이가 가장 큰 것은 6~8시간 이하의 짧은 단일조건에서였는데 이 일장은 실제 야외에서 곤충이 경험 할 수 있는 일장은 아니다. 따라서 생태학적으로는 의미가 없는 것이어서 이런 범위의 광주기에 대하여는 명백한 적응적 영역이 발달할 수 없겠다.

모든 개체에 예외 없이 휴면을 일으키는 단일조건에 대한 반응은 대단히 안정적이다. 이와 같은 반응의 균질성은 비휴면 개체는 월동 중에 모두가 죽어버리는 심한 자연선택작용의 결과이겠다. 온도가 비교적 따뜻할 때 단일조건하에서 자연 상태나 실험실에서 계속 발육하는 것은 외 Caucasus의 밤나방의 일종인 *Chloridea obsoleta*와 같은 아주 남쪽의 개체군에서 뿐이었다.

야외에서 연간 2세대 이상을 경과하는 계통의 장일에 대한 반응도 아주 안정적인 것이 보통이다. 흰나비의 일종인 *Pieris brassicae*나 배저녁나방의 남방계통, 배추흰나비, 기타의 곤충류는 장일조건에서는 휴면하는 일이 없다. 그러나 들명나방류인 *Loxostege sticticalis*와 *L. verticalis* 그리고 화랑곡나방(*Plodia interpunctella*) 같은 곤충류는 특히 연속조명 하에서 그러하지만 휴면하는 예를 볼 수 있다. 콜로라도잎벌레는 개체 간 변이가 상당히 있어 고온조건(25~27℃)에서도 5~30%가 장일 하에서는 휴면한다.

자연 상태에서 1화성인 북방개체군은 장일조건에 대한 개체 간 반응에 변이가 큰 것이 보통이다. 그리고 한 개체군내에서도 이복의 개체군 간에 휴면율에 큰 차이가 있는 것이 알려져 있다.

예를 들면 23~24℃의 연속조명 하에서 배저녁나방 Leningrad 계통의 휴면율은 0~42%였고 불나방의 일종인 *Spilosoma menthastri*에서는 35~60%, 그리고 흰나비의 일종인 *Pieris napi*에서는 0~60% 등의 변이폭을 보였다. 1화성인 꼬마버들독나방(*Leucoma salicis*) 계통은 20시간 조명조건에서 난괴에 따라 휴면율이 10%에서 60%까지의 차이를 보였다. 그런데 북방계통에서의 이와 같은 반응차이는 실제로 생태학적인 의미는 없다. 그 이유는 북부지방의 자연 조건에서는 일장과는 관계없이 휴면이 유도되는 것은 낮은 온도 때문으로 여기서는 일장의 영향은 완전히 효력을 상실해 버리기 때문이다.

앞에서 본 바와 같이 지역계통 간의 차이는 주로 임계일장의 차이에 나타난다. 이와 같은 임계일장의 개체 간 변이는 자연 상태 하에서의 일장변화에 대한 개체군 반응의 정확성과 관련이 있기 때문에 생태학적으로 중요한 의미가 있는 것이다. 여러 가지 광주기 반응곡선을 비교해 보면 임계일장의 개체 간 변이는 광주기 반응곡선의 임계부의 경사도에 반영되어 있는데 그것은 종이나 계통에 따라 차이가 있음을 알 수 있다. 예를 들면 불나방의 일종인 *Spilosoma menthastri*의 Sukhumi 계통에서는 개체 간 변이가 극히 적어 15시간 조명 하에서는 휴면용만이 생기나 16시간 조명 하에서는 모든 번데기가 휴면하지 않는다. 따라서 개체 간 변이는 평균 임계일장에서 ±30분을 벗어나지 않는다. 이런 좁은 개체 간 변이폭은 솔나방의 일종인 *Dendrolimus pini*나 밤나방의 일종인 *Chloridea obsoleta*의 Caucasus 북부계통 기타의 곤충류에서도 알려져 있다. 야외에서는 유효일장이 구름이나 지형 때문에 곤충류의 서식처에서의 변동만큼이나 변화하기 때문에 이 이상의 제일적 반응을 기대할 수는 없겠다. 흰나비의 일종인 *Pieris brassicae*나 배저녁나방의 남방계통 등 여러 곤충에 있어서 평균임계일장이 극단적인 것은 ±1시간까지 가나 대부분(60~80%)은 30분 이내의 변이를 보인다. 임계일장에 있어서 큰 변이를 보이는 예는 일부 흡혈성 모기류인데 학질모기의 일종인 *Anopheles maculipennis messeae*의 경우 휴면 암컷의 수는 일장이 길어지면서 서서히 감소하는데 그의 변이 폭은 15시간에서 20시간 사이에 있어(Vinogradova 1958, 1960) 결국 개체 변이 폭은 ±2시간이라고 할 수 있겠다.

임계일장의 변이에 차이가 있는 것에 대한 생물학적 의의는 명백하지 않으나 이것은 개체군이 갖는 고유한 형질인 것은 확실하다. 생활환을 보면 자연 상태에서 임계일장 범위가 좁은 종의 경우 휴면은 모든 개체에서 동시에 일어나는데 반하여 변이가 큰 종의 그것은 가을철이 진행되면서 휴면개체수가 점점 증가한다. 후자와 같은 예는 학질모기에서 오래전부터 알려져 있는 사실이다.

같은 지역 개체군의 이복 자식 세대에서 평균임계일장에 큰 차이가 없다는 것은 중요한 것이다. 흰나비의 일종인 *Pieris brassicae*와 배저녁나방에서는 임계일장 변이폭은 1시간을 넘지 않는다. 따라서 평균임계일장은 개체군에 따라 상당히 안정된 형질이라고 할 수 있겠다. 여러 가지 지역 계통에 대한 조사결과를 보면 임계일장의 개체 변이의 극단치는 인접지역계통의 그것과 겹쳐진다. 따라서 이런 계통에는 평균치에 의하여서만 구별이 가능하겠다. 넓은 위도에 걸쳐 분포하는 계통에서는 개체 간 변이의 극단치에 큰 차이가 있다.

지역 계통에서 일주기 반응이 얼마나 유전하는가의 문제는 그것 나름으로 중요한 것이라 하겠다. 이 문제와 관련 배저녁나방(*Acronycta rumicis*) 3개 지역 개체군을 대상으로 수 세대에 걸쳐 광주반응의 유전특징을 조사하였다. 각각의 계통은 야외에서 채집한 한 마리의 암컷에서 출발한 것으로 같은 조건에서 사육한 것이었다. 여름 세대의 자료를 얻기 위해서는 장일조건(20~24시간 조명)의 성충을 이용하였고 휴면 개체는 12시간 조명 하에서 자란 것을 이용하였다. 남방계통은 이런 조건에 대하여 모든 개체가 같은 반응을 보여 장일조건에서는 모두가 발육하고 단일조건에서는 모두가 휴면하는 고로 이런 방법으로 도태를 면할 수 있겠다. 그러나 Leningrad 계통은 장일 하에서도 일부는 휴면하는 고로 비휴면 개체의 자손만을 여름철 제2세대에서는 이용할 수밖에 없었다. Sukhumi 지역 개체군의 광주기 반응은 실험실에서 얻은 제2세대, 5, 6, 7세대 째를 이용하였고 Belgorod 계통

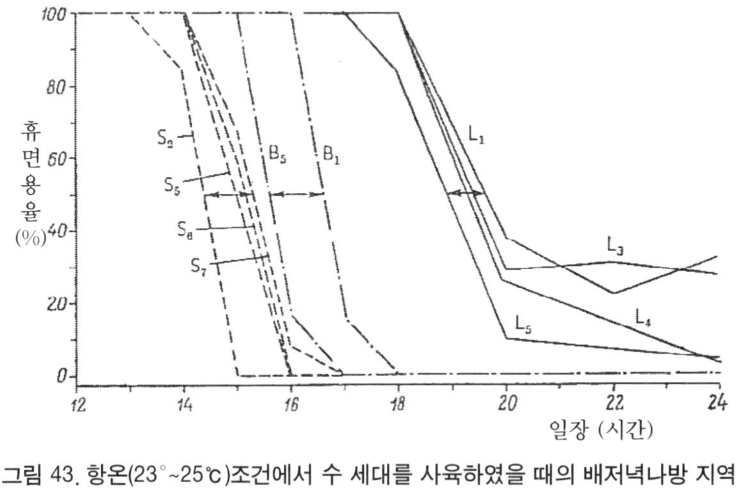

그림 43. 항온(23°~25℃)조건에서 수 세대를 사육하였을 때의 배저녁나방 지역 개체군의 광주기반 임계치

S, Sukhumi ; B, Belgorod ' L, Leningrad : 수치는 세 대

은 제1, 제5세대 그리고 Leningrad 계통에 대하여는 제1, 3, 4 그리고 5 세대의 것에 대한 것이다. 그 결과는 그림 43과 같다.

Sukhumi.계통에서는 세대가 진행되면서 임계일장이 점점 증가하고 있다. 그런데 Belgorod 계통에서는 제5세대에서 약간 짧아지고 있다. 그리고 Leningrad 계통에서는 임계일장이 거의 변하지 않으나 휴면율이 24시간 조명조건에서 제1세대는 42%이나 제5세대에서는 3~5%로 감소하고 있다. 이것은 아마도 여름철 세대를 얻기 위하여 비휴면 개체의 자손을 이용하였기 때문일 수 있겠다. 변이는 있으나 각 지역 계통에서의 특성은 모두에서 상당히 안정되어 있음을 알 수 있다. 50%의 번데기가 휴면하게 되는 임계일장의 변이폭은 1시간을 넘지 않아 자연 상태하의 개체군의 변이폭 범위 내에 있다.

불나방의 일종인 *Spilosoma menthastri*의 Sukhumi 계통, 흰나비의 일종인 *Pieris brassicae*와 도둑나방의 Sukhumi와 Leningrad 계통, 솔나방의 일종인 *Dendrolimus pini*의 Voronezh 계통 그리고 몇 가지 종에 대하여는 임계일장을 처음 2세대에 걸쳐서만 조사하였다. 이들 중 광주기 반응에 특별한 차이가 있는 것은 하나도 없었다.

Masaki(1956a)는 일본에서 여러 지역의 도둑나방에 대하여 실험실에서 2~3세대에 걸쳐 그의 광주기 반응을 조사하였는데 이 곤충에서도 각각의 계통의 특성은 변하지 않는다고 하였다. 따라서 각 지역 계통의 일장주기에 대한 나비목 곤충류의 유전적 안정성은 큰 것으로 생각된다.

Lees(1953a)는 영국 남부의 사과응애(*Metatetranychus ulmi*)는 광주반응이 극히 안정되어 있음을 지적하고 있다. 이 응애는 온도 25℃ 일장 16시간의 조건에서는 15세대 이상이나 휴면 없이 발육하던 것도 단일조건(8시간~12시간)에서는 월동세대의 것과 같이 휴면난을 낳는다.

Geispits(1960)는 점박이응애(*Tetranychus urticae*)의 지역 계통의 임계일장을 조사하여 이와는 다른 결과를 보고하였다. 여러 지역에서 채집한 암컷의 제1세대는 18℃의 온도조건에서 광주기 반응에 차이가 있어 남방계통은 북방계통에 비하여 임계일장이 짧았다(표 31). 그러나 이 특성은 불안정한 것이어서 전 세대 사육조건의 영향을 받는다.

표 31. 점박이응애 지역 개체군의 광주기 반응 (휴면 암컷 %). 온도 18℃ (Geispits 1960)

개 체 군	일 장 (시간)						
	24	18	17	16	15	14	13
Leningrad (60°N)	0	0	1.8	23.1	50.0	100	100
Tashkent (41°N)	0	0	0	0	33.8	59.5	69.3
Alma-Ata (43°N)	0	0	0	0	18.7	24.1	-
흑해 연안 (43°N)	0	0	0	0	0	12.7	38.5

그는 이 점박이응애의 두 지역 개체군을 여러 가지 온도에서 연속조명 하에서 수 개월간 사육하였다. Leningrad 계통은 25℃, Tashkent 계통은 15~16℃의 온도조건하에서 사육하였다. 같은 조건(18℃)에서 정기적으로 임계일장을 조사한 것을 보면 임계일장은 Leningrad 계통에서는 감소하였고 Tashkent 계통에서는 증가하여(그림 44와 45) 계통 내에서는 일정한 방향으로 변화함을 알 수 있었다. 7개월 후의 조사결과를 보면 남부계통의 임계일장 증가는 2시간 이상이 되어 원래의 북방계의 임계일장(16시간 30분)과 거의 일치하였고 북방계통에서도 비슷한 정도

또는 그 이상으로 빨리 감소하였다(그림 45). 전체적으로 볼 때 Tashkent 계통 점박이응애의 임계일장은 Leningrad 계통에 비

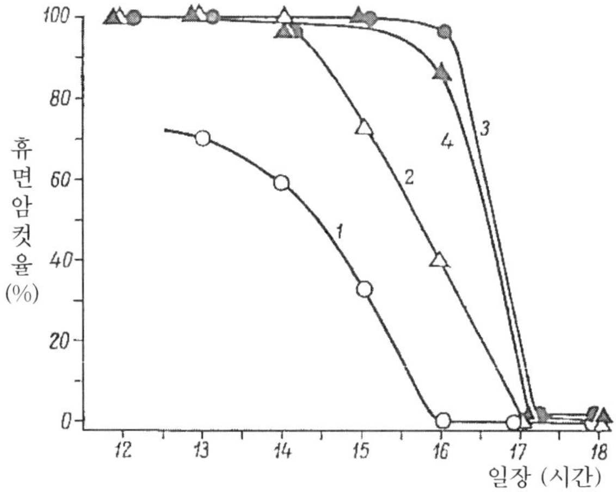

그림 44. 저온에서 누대 사육 시 점박이응애(*Tetranychus urticae*) Tashkent 지역 개체군 의 광주기 반응 변화, 온도 18℃

1. 야외개체군 ; 2. 15℃ 에서 5개월 사육하였을 때 ; 3. 7개월 후 ; 4. 8개월 후

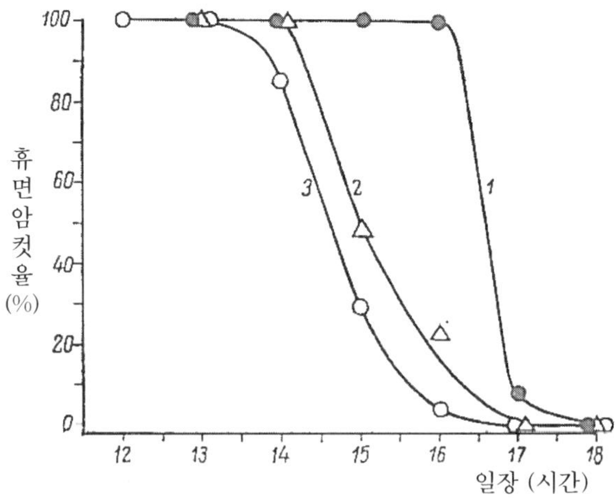

그림 45. 저온에서 누대 사육 시 점박이응애(*Tetranychus urticae*) Leningrad 지역 개체군 의 광주기 반응 변화, 온도 18℃

1. 야외개체군 ; 2. 25℃ 에서 1개월 사육하였을 때 ; 3. 5개월 후

하여 긴 데 이것은 야외 개체군에서의 것과는 완전히 반대되는 결과이다. 반응변화의 속도는 시간이 경과함에 따라 감소하여 그림 44에서 보는 바와 같이 7개월 이후에는 남방계통은 저온에 보존하여도 임계일장에 미치는 영향은 없다.

이와 같은 점박이응애의 반응은 그의 생태학적 의의와 그의 결정기구 면에서 흥미 있는 일이나 아직 밝혀진 것은 없다. 이것이 사육조건의 도태작용에 의한 것이 아님은 확실하다. 그러나 여하튼 점박이응애의 광주기 반응의 큰 가소성과 그가 거친 전 세대의 조건이 중요하다는 것은 틀림없는 사실이다. 이런 점에서 Shull(1943)의 연구는 흥미 있다. 그는 진딧물의 일종(*Macrosiphum solanifolii*)을 7년간 실험실에서 사육한바 광주기 반응이 장일성에서 단일성으로 변하는 것을 발견하였다. 그리고 이와 같은 생활환을 달리하는 계통을 야외 개체군에서도 발견하였다.

일반적인 생활환 형태를 벗어난 몇 가지 개체 변이의 유전형 특성은 휴면에 대한 인위적 도태가 큰 영향을 미친다는 사실로 알 수 있다. 이런 연구는 모두가 일장조건을 고려하지 않은 것이나 몇 가지는 극히 믿을 만한 것이다. 예를 들면 Le Berre(1953)는 짧은 기간 동안(6세대)에 이동성인 풀무치 *Locusta migratoria gallica*의 자연 개체군에서 두 개의 명백히 다른 계통을 분리하는데 성공하였다. 그 중 한 계통은 온도조건과는 관계없이 휴면난만을 낳는 1화성인 것이었고 다른 하나는 휴면하지 않는 다화성인 계통이었다.

Arbuthnot(1944)는 미국 Ohio주에서는 일부가 2세대를 경과하는 조명나방에서 실험조건하에서 1화성만인 계통을 얻는데 성공하였다. 그런데 안정적인 2화성 계통은 얻지 못하였다. Prebble(9141)는 Canada, New Brunswick 지역의 잎벌의 일종인 *Gilpinia polytoma* 2화성 개체군에서 선발을 통하여 휴면 없이 발생하는 한 계통을 선발 할 수 있었는데 그 중 어떤 계통은 22세대 동안 휴면 없이 발육하였다. 그러나 자연 상태에서 드물게 비휴면 개체를 낳는 보다 북쪽지역인 Gaspé 반도 개체군으로부터 다화성인 계통을 선발하는 데에는 성공하지 못하였다.

현재 휴면유기가 광주기 조건의 영향임이 잘 알려져 있어 인위적 도태에 의한 생활사의 변화는 원래의 광주기 반응 범주를 벗어난 개체들의 선발에 의한 것임이 확실하다. 이렇게 생각하면 인위적 도태가 효과를 보지 못한 경우에 대하여도 이해할 수 있겠다. 그러나 연구자들 자신은 이 점은 고려하지 않았다.

산누에나방(*Antheraea pernyi*)을 재료로 한 S. S. Chetverikov (1940)의 연구결과는 대단히 흥미가 있다. 그는 인위적 선발로 기대하지 못하였던 결과를 얻을 수 있었다. 그는 월동 후 제1세대에서 번데기가 휴면하는 1화성인 계통을 선발하려고 하였다. 선발 첫해에 벌써 1화성 개체수가 상당히 증가하였으며(Chetverikov 1940) 그 후의 세대에서는 거의 모두가 1화성 개체가 되었다. 그들 중 한 계통을 조사한 바(Danilevsky와 Geispits 1948) 휴면은 내부적 요인에 의한 것이 아니고 광 조건에 의한 것임이 밝혀졌다. 그러나 여기서 얻은 "1화성" 개체들은 일반의 산누에나방들과는 달리 장일반응성(표 4)이 아니고 단일반응성이었다. 따라서 이 경우에는 휴면용의 선발로 북부지방의 장일조건에서 완전히 반대되는 광주기 반응을 하는 계통을 선발한 것이 되겠다.

발육에 미치는 광주기의 영향에 관한 지식은 선발에 유용하게 이용될 수 있겠다. 생활환과 휴면의 특성에 대한 선발에 관한 지식은 양잠업에서 뿐 아니라 여러 가지 곤충류에도 이용할 수 있겠다. 포식곤충류를 이용한 해충류의 생물적 방제법의 발달은 여러 가지 기후조건에 대한 순화능력을 가진 계통의 선발을 요구하고 있어 이런 휴면의 흥미 있고 실용적인 결과를 많이 기대하고 있는 실정이다.

2. 잡종에서의 광주기 반응의 유전

종내 잡종의 광주기 반응의 변이는 다음과 같은 연구된 종들에 대하여 따로따로 설명하는 것이 편리할 듯하다.

(1) 배저녁나방 (*Acronycta rumicis*)

이 곤충에 대하여는 Leningrad 개체군과 Sukhumi 개체군 간의 상호교잡개체군의 광주기 반응을 조사하였다. 각 실험에는 여러 배의 유충 100마리 이상을 이용하였다. 그리고 원 계통과 잡종을 동시에 사육하였으며 원 계통을 대조구로 하였다. 잡종 제1세대 유충(F1)은 온도 23℃ 40W 전구를 광원으로 한 실내에서 사육하였고 잡종 제2세대 유충은 약간 높은 온도인 24.5℃와 15W 형광등을 광원으로 한 실내조건하에서 사육하였다. 계통 간 잡종은 모두에서 별 어려움이 없었고 알은 정상적으로 발육하였다.

잡종 제1세대에서는 잡종 강세현상을 볼 수 있었다. 원 계통의 평균 유충기간은 휴면을 일으키는 단일조건하에서는 20~21일이었고 장일조건하에서는 약 19일이었다. 잡종의 발육기간은 원 계통의 그것보다 2~2.5일 짧아 단일 하에서 18일 그리고 연속조명하에서는 약 16일이었다. 교잡의 긍정적 효과는 유충의 발육속도에도 반영되고 있는 것이다. 표 32는 원 계통과 잡종의 단일조건하에서의 체중이다.

표 32. 배저녁나방 계통 간 잡종 제1세대 휴면용의 체중(mg)

개체군	수컷		암컷	
	용수	체중(mg)	용수	체중(mg)
Leningrad	69	239(231~253)	68	274(263~296)
Sukhumi	46	276(263~288)	61	310(301~329)
♀ Sukhumi × ♂ Leningrad	116	300(292~305)	136	320(306~331)
♀ Leningrad × ♂ Sukhumi	113	260(253~267)	97	297(280~313)

Sukhumi 개체군은 Leningrad 개체군에 비하여 크기나 체중이 큰 것이 보통이다. Sukhumi 개체군 암컷과 Leningrad 개체군 수컷 교잡 시 잡종 제1세대 번데기 체중은 증가한다. 그런데 반대인 경우(Leningrad 개체군 암컷 × Sukhumi 수컷)에는 작기는 하나 Leningrad 개체군의 체중보다는 Sukhumi 개체군의 크기에 보다 가까운 크기이다. 잡종에서 비교적 많은 수의 번데기를 얻었다는 것은 원 계통에 비하여 잡종이 활력이 크다는 것을 뜻하는 것으로 보인다.

잡종과 원 계통의 광주기 반응을 비교하면 그림 46과 같다.

그림의 각 점은 각각 약 70개(53~83) 번데기의 값이다. Leningrad 개체군과 Sukhumi 개체군의 임계일장은 각각 19시간과 15시간으로 4시간의 차이가 있다. 그리고 잡종의 그것은 중

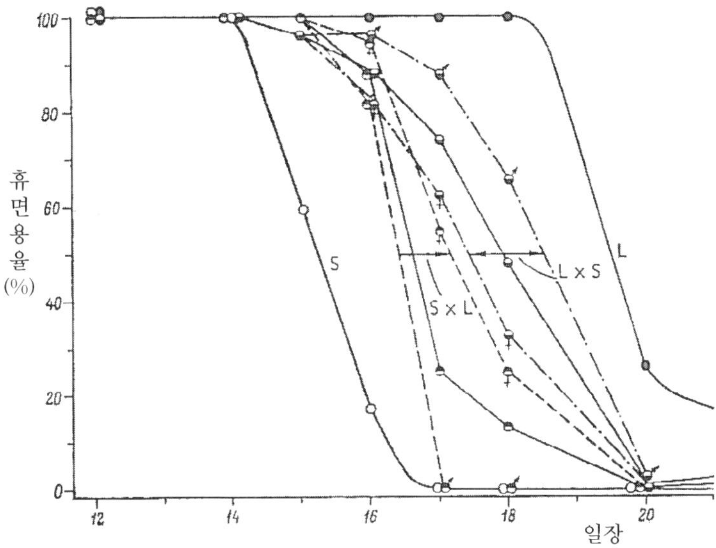

그림 46. 배저녁나방 Leningrad 개체군과 Sukhumi 개체군 간 잡종 제1세대의 일주기 반응

개체군(대조) : L. Leningrad, S. Sukhumi ; L×S, S×L, 잡종(♀×♂)

간이다. 암수 전체의 휴면율을 보면 Leningrad ♀×Sukhumi ♂(그림 46의 L×S)의 경우가 역교잡(S×L)의 경우보다 임계치가 큰 데 암수의 광주기 반응을 비교해 보면 교잡형 간(정, 역교잡) 차이는 더욱 명백하다. 양 교잡에 있어서 암컷의 반응은 동일하며 그의 임계일장은 17시간으로 이것은 두 원 계통의 중간치이다. 잡종 수컷은 명백히 모계에 가까우며 그에 따라 그들의 임계일장간의 차이는 약 2시간 이다. 원 계통에서는 암수 간에 일정한 차이가 없었다.

잡종의 광주기 반응과 휴면을 끝내는데 요구되는 온도조건 간에 상관이 있다는 것은 흥미 있는 일이다. 앞서의 실험에서 얻은 월동휴면번데기를 12월 말경까지 온도 5~6℃에 보존한 다음

18~20℃로 옮기면 우화가 시작된다. 이때 안정성이 적은 Sukhumi 개체군의 번데기는 완전히 휴면에서 깨어나 있는데 Leningrad 개체군 번데기는 대부분이 아직도 휴면상태에 있었다. Sukhumi 개체군 ♀×Leningrad 개체군 ♂의 교잡종 수컷은 Sukhumi 계통의 반응과 같으나 상반교잡 즉 Leningrad 개체군 ♀×Sukhumi 개체군 ♂의 경우는 Leningrad 개체군의 특성에 가까웠다. 따라서 잡종은 중간적인 생리학적 특성을 갖는 것이 보통이나 배저녁나방의 경우 잡종 제1세대는 어느 정도의 모계 유전의 영향이 나타난다.

그림 46의 곡선을 비교해 보면 잡종의 광주기 반응의 개체 간 변이가 순계에서 보다 큰 것을 알 수 있다. 성충의 체색에도 많은 변이가 있었다. 순계에는 없는 거의 흑색인 개체가 잡종에서는 가끔 출현하였다.

잡종 제2세대(F2)의 반응과 잡종 제1세대(F1)와 모세대 간의 역 교잡 결과는 광주기 반응의 유전과 관련 중요한 것이다. 배저녁나방을 대상으로 한 이런 실험조건은 제1세대를 대상으로 한 때의 조건과는 다소 차이가 있었기 때문에 비교를 위한 실험을 Leningrad 개체군과 Sukhumi 개체군 순계 뿐 아니라 잡종 제1세대의 것도 대상으로 하여 수행하였다.

잡종 제1세대 성충의 생식력은 정상적이었으며 어려움 없이 교잡시험을 할 수 있었다. 그런데 제1세대와는 달리 잡종 제2세대에서는 잡종 강세현상은 없었다. 그리고 잡종세대 유충의 발육은 Leningrad나 Sukhumi 순계 개체군의 그것보다 느려 고온에도 불구하고 발육은 잡종 제1세대보다 느렸다. 번데기의 체중은 조사하지 않았다. 앞서의 실험 때보다 온도가 높았기 때문에 대조구의 반응도 다소 차이가 있었다. 특히 Sukhumi 순계 개체군과 잡종 제1세대의 대조구에서는 일부 개체가 12시간 조명 조건하에서 비휴면 발육을 하였다. 실험결과는 그림 47과 같다.

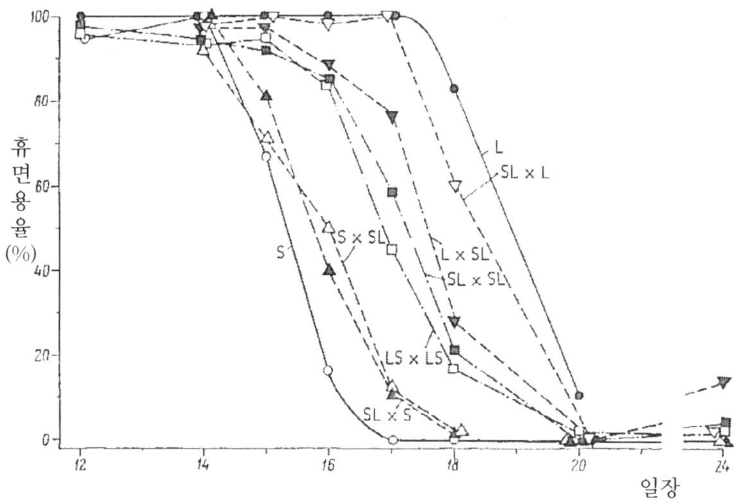

그림 47. 배저녁나방 Sukhumi 개체군과 Leningrad 개체군 잡종의 광주기 반응
대조개체군 : L. Leningrad ; S. Sukhumi
잡종 : □,■. F_2 ; △,▲. F_1과 순계의 역교잡(♀ × ♂)

제2세대에서는 암수 간 반응차이는 거의 없었다. 따라서 그림은 성을 무시한 전체 휴면용율이다. 그림 46과 47을 비교해 보면 잡종 제2세대에서 제1세대보다 광주기 반응의 중간적 특성이 보다 강하다는 것을 알 수 있다. 두 실험에서 잡종 제2세대도 같은 반응 특성을 보이고 있다. 즉 그들의 임계일장은 17시간으로 Sukhumi 개체군(15시간)과 Leningrad 개체군(19시간)의 평균치에 해당한다.

이런 자료를 통하여 다음과 같은 중요한 결론을 얻을 수 있겠다. 배저녁나방(*Acronycta rumicis*)의 잡종 제2세대에서는 광주기 반응 특성 분리는 명백하지 않으며 그의 변이폭은 대체로 제1세대의 그것과 비슷하다. 단일조건(11~12시간)에서 나타나는 소수의 비휴면용 출현이 잡종 제2세대의 변이가 크다는 증거로 생각할 수는 없을 듯하다. 그 이유는 대조구에서도 비휴면발육이 발견되었기 때문에 이것은 환경조건의 영향 때문으로 생각할 수 있기 때문이다.

잡종 제1세대와 순계간의 역교잡 시험을 잡종 제2세대에서와 같은 조건하에서 수행하였다. S×L 잡종(Sukhumi ♀×Leningrad ♂)의 역교잡종의 광주기 반응은 그림 47과 같다. 상반교잡(L×S)의 역교잡종에 대한 실험은 17시간 조명 하에서만 수행하였으며 그 결과는 표 33과 같다.

표 33. 배저녁나방(*Acronycta rumicis*) 지역 계통간 잡종(Leningrad ♀×Sukhumi ♂)과 순계간 역교잡 제1세대를 임계일장(17시간 조명)조건하에서 사육하였을 때의 휴면율

실험	잡 종	수 컷		암 컷		계	
		용수	휴면율(%)	용수	휴면율(%)	용수	휴면율(%)
1	♀LS×♂LS	35	37.2	25	56.0	60	45.0
2	♀L×♂LS	15	100	6	100	21	100
3	♀LS×♂L	55	98.2	46	100	101	99.0
4	♀S×♂LS	38	18.4	21	57.1	59	32.2
5	♀LS×♂S	50	0	56	3.5	106	1.9

그림 47에서 보는 바와 같이 잡종과 순계의 역교잡 자손에서는 광주기 반응치가 잡종 제1세대와 순계의 중간 값이다. 이 경우에는 암수의 조합관계는 관련이 없는 듯하며 Sukhumi 계통과의 잡종에서 암수 어떤 것을 순계로 하여도 잡종의 반응에 차이가 없는데 잡종과 Leningrad 수계간의 교잡에서는 모계의 영향이 약간 있기는 하나(1시간 이하) 이것은 무시할 수 있는 차이이다.

다른 잡종 시험에서와 같이 역교배 잡종1세대에서는 반응의 개체 간 변이가 크다. 예를 들면 L♀×S♂군에서는 양 순계의 특성은 특이하게 유지되고 있다. 즉 단일조건에서는 일부 개체는 Sukhumi 순계에서와 마찬가지로 휴면 없이 발육하였고 연속조명 하에서는 약 15%의 번데기가 휴면하였는데 이것은 Leningrad계 개체군의 특성과 같은 것이다.

상반교잡 L♀×S♂의 제1세대의 역교잡의 결과도 표 33에서 보는 바와 같이 같은 결과를 나타내고 있다. 이 실험에서의 잡종 제2세대(실험 1)는 임계일장 이하에서는 45%의 휴면용율을 보였다. 제1세대 자손을 Leningrad 순계와 역교잡 하였을 때(실험 2와 3) 휴면용수는 크게 증가하여 거의 100%에 달하나 Sukhumi 순계와 교잡하였을 때(실험 4, 5)는 휴면율이 크게 감소한다.

배저녁나방(*Acronycta rumicis*)의 종내 교잡실험을 통하여 다음과 같은 결론을 얻을 수 있겠다. 어떤 교잡의 경우나 자연 개체군이나 그의 교잡종 자손의 광주기 반응은 양친의 특성의 중간적 특성을 갖는다. 그들 간 제1세대에 나타나는 휴면에 미치는 성의 영향은 어느 정도 있으나 이것이 이런 설명에 본질적 변화를 초래할 정도로 큰 것은 아니다. 이와 같은 특성은 잡종 제1세대와 순계간의 역교잡에서도 차이가 없다. 이와 같은 교잡에 의하여 두 계통 간 중간적 광주기 반응을 하는 것을 얻을 수 있겠다.

잡종 제2세대에 있어서의 개체 간 광주기 반응은 잡종 제1세대에 비하면 그리 크지 않아 잡종 제2세대에서의 유전형 분리는 크지 않았다.

(2) 불나방의 일종 (*Spilosoma menthastri*)

이 곤충의 Sukhumi 개체군과 Leningrad 개체군 간 잡종의 광주기 반응을 온도 23℃에서 순계의 반응과 같이 조사하였다. 배저녁나방의 경우에서와 마찬가지로 성충의 교미와 그 자손의 유충 발육은 정상적이었다. 잡종의 광주기 반응은 그림 48과 같다.

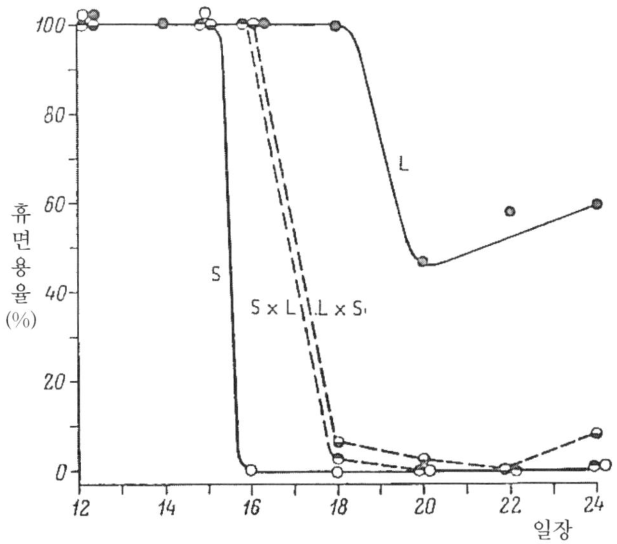

그림 48. 불나방의 일종 *Spilosoma menthastri* 지역 개체군과 그 잡종의 광주기 반응

대조개체군 : L, Leningrad ; S, Sukhumi
잡종개체군 : L×S, S×L, 앞이 암컷

그림에서 보는 바와 같이 어떤 교잡 조합에서도 양 순계의 특성은 우성이 아니다. 잡종의 반응은 두 순계간의 중간적 반응을 보이며 임계일장의 위치나 연속조명하의 반응양식에 있어서도 동일하였다. 연속조명 하에서 Leningrad 개체군은 50% 이하의 번데기 휴면율을 보였으나 Sukhumi 개체군에서는 휴면이 없었다. 그리고 L♀×S♂ 잡종에서는 소수의 휴면용이 나타났다.

여기서 주목하여야 할 점은 상반교잡 자손세대에서의 반응이 동일하며 암수 간의 영향에 차이가 없다는 점이다. 따라서 이 점에 있어서는 배저녁나방의 경우보다 간단하다. 잡종 성충간 교배 그리고 잡종과 순계 간의 교잡으로 얻은 성충은 정상으로 발육하는 알을 낳는데 제2세대의 광주기 반응은 조사하지 않았다.

표 34. 흰나비의 1종 *Pieris brassicae* 지역 개체군과 그들 간 잡종의 광주기 반응, 온도 18℃

개 체 군	일 장 (시 간)					
	9	12	14	15	16	18
Leningrad	100	100	100	70	8	0
Sukhumi	100	32	0	0	0	0
♀ Leningrad × ♂ Sukhumi	100	95	2	0	0	0
♀ Sukhumi × ♂ Leningrad	100	92	56	0	0	0

(3) 흰나비의 일종 (*Pieris brassicae*)

V. A. Maslennikova는 이 곤충의 Leningrad 계통과 Sukhumi 계통 간 잡종 제1세대의 임계일장을 조사하였다. 순계와 잡종은 온도 18℃에서 사육하였으며 각 광 조건에서 얻은 번데기 수는 24~77개체였다. 그 결과는 표 34와 같으며 이 곤충의 경우도 잡종의 임계일장은 양친의 중간 값을 보이고 있다.

(4) 조명나방 (*Pyrausta nubilalis*)

Du Chzhen'-ven'은 이 곤충의 Dnepropetrovsk(옥수수) 개체군과 Gomel'sk(대마 계통)개체군 간 잡종 제 1세대의 광주기 반응을 조사하였다. 이 두 지역 개체군의 광주기 반응은 상당한 차이가 있다. 남부계통의 임계일장은 약 15시간이고 북부계 등의 그것은 17시간으로 두 개체군 간에는 2시간의 차이가 있다. Gomel'sk ♀× Dnepropetrovsk ♂ 간 잡종에서는 정상적인 광주기 반응을 보이며 그의 임계일장은 16시간이어서 앞서의 곤충들과 같은 반응을 보였다.

이 결과로 Arbuthnot(1944)가 미국의 여러 지역 개체군의 유전적 구성이나 개체군 간 잡종에서의 생활환 특성유전에 관한 보고는 잘못된 것임을 알 수 있다. 그의 결과는 대상으로 한 개체군의 서로 다른 광주기 반응 때문이었을 것이 틀림없으나 그는 이 점을 고려하지 않았다. 조명나방의 경우 여러 지역 개체군 간 교잡에는 어려움이 있는 듯하다. 이 점에 관하여 Arbuthnot(1944)는 북미에서의 이 해충 1화성 계통과 2화성 계통의 교잡결과를 보고하였고 Karpova(1959)는 러시아 유럽지역에서의 남부계통과 북부계통 간의 교잡 시험에서 같은 결과를 보고 한 바 있다. 그런데 이와 같은 교잡의 어려움은 유전적인 불화합성 때문이 아니고 행동상의 차이 때문이다. Du Chzhen' ven'의 실험에 의하면 Sukhumi 계통과 북부계통 간 교잡은 정상적으로 이루어졌으며 암컷의 임성 저하나 낳은 알의 수정율 저하도 없었다고 한다. 이런 점은 결국 남부계통과 북부계통 간에는 아무런 생리학적 장벽이 없음을 의미하는 것이다.

(5) 꼬마버들독나방 (*Leucoma salicis*)

이 곤충에는 두 개의 중요한 계통이 존재하는데 북방계통은 1화성이고 남방계통은 다화성으로 이들은 지리적으로 상당히 격리되어 있으며 그의 생활사나 광주기 반응에는 명백한 차이가 있다. 그러나 유전적으로는 이들 계통은 분리되어 있지는 않아 계통 간 교잡에는 문제가 없고 그의 자손은 정상적으로 발육한다.

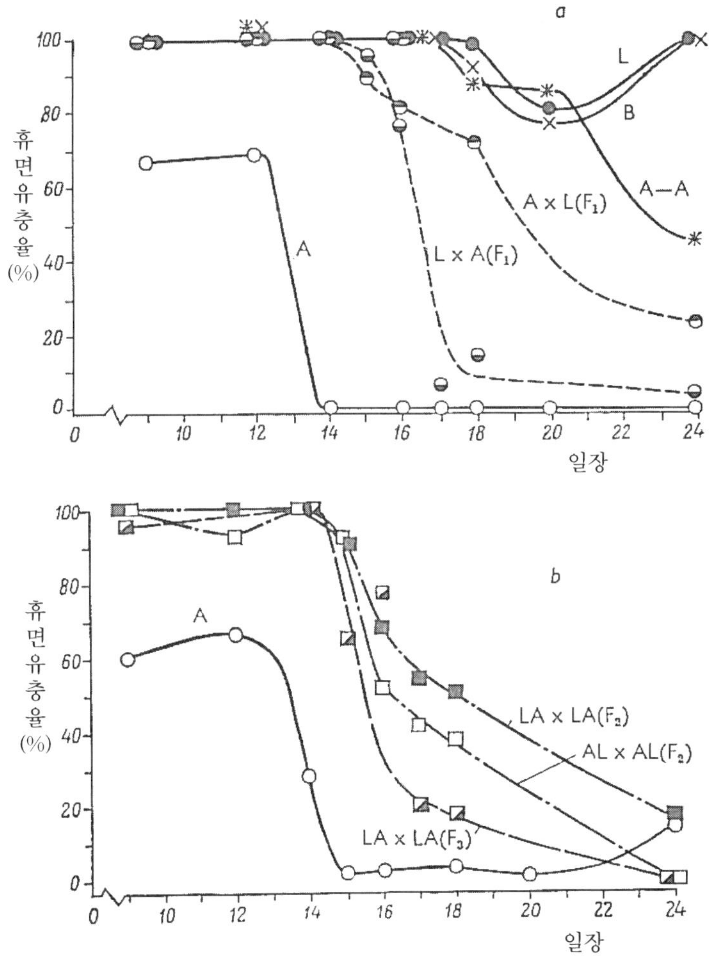

그림 49. 꼬마버들독나방(*Leucoma salicis*) 지역 개체군과 그 잡종의 광주기 반응, 온도 25℃

a. 잡종 제1세대, b. 잡종 제2, 3세대

개체군 ; L. Leningrad, B. Belgorod, A-A. Alma-Ata ; A. Armenia

잡종의 경우 앞이 원 계통

이 곤충의 잡종 제1세대의 25℃에서의 광주기 반응 특성은 그림 49a와 같다.

잡종의 반응곡선은 양 계통의 중간에 있다. 그의 곡선 형태는 장일형 다화성 계통 북방개체군의 반응곡선과 비슷하며 임계일장이 길고 장일조건하에서 상당수가 휴면하는 것이 특징이다. 잡종 제1세대에서는 암수 조합이 다르면 광주기 반응에 상당한 차이가 나타난다. Armenia 계통 암컷과 Leningrad 계통 수컷 간 잡종의 자손에서의 임계일장이 반대의 성 조합에서 보다 길어 1화성의 경향이 크다. 따라서 배저녁나방의 경우와는 달리 수컷의 특성이 우성임을 짐작할 수 있다.

그런데 잡종 제2세대에서는 성 조합간 차이가 사라져 두 순계 계통의 중간적 반응을 보인다(그림 49b). 이와 같은 경향은 잡종 제3세대에서도 마찬가지다.

(6) 배추흰나비 고치벌 (*Apanteles glomeratus*)

이 고치벌의 Sukhumi 개체군과 Leningrad 개체군의 광주기 반응은 그의 기주인 흰나비 *Pieris brassicae* 개체군의 그것보다 변이가 크다. 모든 실험은 온도 18℃ 하에서 Leningrad 개체군

표 35. 배추흰나비 고치벌(*Apanteles glomeratus*) 지역 개체군과 그 잡종의 광주기 반응 (휴면율), 온도 18℃

개 체 군	일 장 (시 간)					
	9	12	14	15	16	18
Leningrad	-	100	-	0	4	0
Sukhumi	0	0	0	0	-	-
♀ Leningrad × ♂ Sukhumi F_1	-	60	0	8	0	0
상동 F_2	53	-	0	-	-	-

*Pieris brassicae*를 기주로 하여 수행하였다. 그들의 잡종 제 1세대와 제 2세대의 일장반응은 순계의 그것의 중간 값으로 비슷하였다(표 35).

(7) 빨간집모기 (*Culex pipiens*)

E. B. Vinogradova(1960)는 빨간집모기 두 아종 *Culex pipiens pipiens*와 *Culex pipiens molestus*간 잡종의 광주기 반응과 생식 주기를 조사하였다. 이 두 아종은 생리학적으로 명백한 차이가 있을 뿐 아니라 주로 유충의 형태와 산란관의 형태에서이지만 형태적으로도 상당한 차이가 있다.

C. p. pipiens 아종은 단일조건하에서 명백한 성충휴면을 한다 (Danilevskii와 Glinyanaya 1958, Vinogradova 1958). 휴면 암컷은 별로 흡혈을 않아 난소는 성숙하지 않는다. 활동적인 성충도 흡혈 후에나 난소가 성숙한다. *C. p. molestus*는 이 아종과는 달리 휴면하지 않아 어떤 조건에서도 발육을 계속하는 고로 광주기 반응은 없다. 그리고 이 아종은 흡혈하지 않고도 최초의 난괴는 성숙할 수 있다. *C. p. pipiens*는 겨울철이 명백한 구북구의 온난한 지역에 분포한다. *C. p. molestus*의 원래의 분포지역은 남부 지중해 연안으로 생각되며 여기서는 야외의 생활권에서 서식한다. 그런데 현재에는 이 아종은 넓은 지역에 분포하여 북부는 *C. p. pipiens*의 분포지역까지 분포하고 있다. 다만 그의 출현은 도시에 한하며 겨울철에는 난방이 된 건물 안에서만 서식한다.

두 아종 간에는 생리학적 차이가 상당히 있어 교잡 시 부분적인 불임이 일어난다. Vinogradova의 실험에서는 *C. p. molestus* 암컷과 *C. p. pipiens* 수컷 간의 교잡에서 얻은 잡종 개체만을 이용하였으며 상반교잡에서는 불임성 알만 출현하였다.

잡종 제1세대에서는 광주기 반응이나 생식주기에서 두 아종의 특성이 혼재하였다. 단일조건(12~14시간)에서 발육하였을 때 잡종 암컷의 흡혈 활동은 장일조건(20시간)에서 자란 것에 비하여 현저히 감소하는데 이것은 불완전한 광주기 반응의 증거가 되겠으며 이것은 *C. p. pipiens*에 가까운 특성이라고 하겠다. 그러나 흡혈한 암컷은 단일하의 것을 포함하여 모두가 성숙하였다. 이 경우는 *C. p. molestus*와 같이 휴면하지 않는다. 한편 잡종 암컷은 흡혈하지 못하였을 때는 알이 성숙하지 않아 이점은 *C. p. pipiens*와 비슷하다.

그런데 잡종 제2세대에서의 양상은 크게 차이가 있다. 암컷은 흡혈하지 않고도 성적 성숙이 가능하여 134 개체의 암컷 난소를 조사한 바 25.3%가 흡혈 않고도 성숙하였음을 알 수 있었다. 그리고 일장에 대한 반응은 보다 명백하였다. 장일조건(20시간)에서 자란 암컷은 모두가 흡혈 성숙하였다. 단일조건에서는 흡혈 후에도 성적으로 성숙하지 못하고 휴면하는 것이 있었다. 16시간 조명 하에서 그 비율은 8%였으나 12시간 조명 하에서는 28.2%에 달하였다.

이와 같은 실험결과는 빨간집모기 아종간의 잡종의 생리학적 특성의 유전은 앞서의 종들의 경우보다 복잡하며 잡종 제2세대는 분리현상이 있어 잡종 제1세대의 그것과는 상당한 차이가 있음을 알 수 있다.

(8) *Dendrolimus* 솔나방의 종간 잡종

끝으로 솔나방류 두 종 *Dendrolimus pini*와 *Dendrolimus*

*sibiricus*간 종간 잡종에 관한 V. I. Kuznetsov의 연구와 두 종에 관한 R. F. Geispits의 연구결과를 비교해 보려고 한다.

*Dendrolimus pini*와 *D. sibiricus*는 물론 별개의 독립된 종이다. 외부 생식기의 형태나 성충과 유충의 체색은 크지는 않으나 차이가 있고 안정되어 있다. 그리고 이 두 종의 분포지역은 거의 중복되지 않는다. *D. pini*는 유럽 전 지역에 분포하며 Ural 이동에서는 서부 시베리아의 남부지방에만 분포한다. *D. sibiricus*의 주 분포지역은 동북아시아로 Ural지역까지 분포한다. 이리하여 두 종의 분포지역이 겹쳐지는 부분은 극히 좁은 지역뿐이다.

두 종의 독립성은 양종 간의 유전적 격리현상으로도 알 수 있다. 교잡이 가능한 것은 *D. pini* 암컷과 *D. sibiricus* 수컷 간 교잡뿐이며 이 경우에는 쉽게 교미가 일어나고 알은 정상적으로 부화한다. 반대인 *D. sibiricus* 암컷과 *D. pini* 수컷 간에는 교미가 힘들고 낳은 알은 부화하지 않는다. 잡종 제1세대에서는 *D. pini*(즉 어미)의 특성이 유충과 성충의 체색 그리고 외부 생식기 형태에 뚜렷하게 나타나 그의 우성을 알 수 있다. 그러나 일부 *sibiricus*형의 색체를 가진 것도 출현하는데 이런 개체들의 외부 생식기는 *D. sibiricus*에 가깝다.

이 두 종의 광주기 반응은 흡사하며 표 36에서 보는 바와 같이

표 36. 솔나방류 2종 *Dendrolimus pini*와 *D. sibiricus* 그리고 그들 간 잡종의 광주기 반응(휴면율), 온도 20℃

개 체 군	일 장 (시 간)								
	0	12	14	15	16	17	18	20	24
Dendrolimus pini	-	100	100	100	100	0	0	0	0
D. sibiricus	0	100	100	100	100	0	0	0	0
F_1 잡종 : ♀ *pini* × ♂ *sibiricus*	56.5	100	100	100	100	0	0	0	0

잡종 제1세대의 반응은 모세대의 반응과 같다.

두 종의 임계일장은 흡사하며 표 36에서 보는 바와 같이 잡종 제1세대의 광주기 반응은 양친 세대의 그것과 같다. 20℃에서의 그것은 16시간과 17시간 사이에 있으며 이보다 짧은 일장에서는 모든 유충이 일정한 일수(30~35일)를 지나면 휴면하고 장일조건 하에서는 휴면 없이 발육을 계속한다. 이 두 종은 휴면에 영향을 미치는 온도조건에 대한 반응 방식에서도 비슷하다(즉 온도에 따르는 휴면발육단계의 변화, 휴면기간, 동면에 들어가는 시기에 미치는 영향 등).

이런 모든 반응은 잡종에서는 보통 양친의 중간 값 또는 모친에 가까운 경향을 보인다. 따라서 잡종 제1세대에 있어서의 생활환의 조절에는 아무런 지장이 없으며 생활사가 갖는 적응현상은 그대로 유지된다. 불행히도 임성이나 잡종 제2세대를 얻을 수 있는 가능성에 대한 조사는 할 수 없었다.

3. 광주기 반응 유전양식의 적응적 의의

지금까지의 실험결과에서 다음과 같은 결론을 얻을 수 있겠다. 첫째로 지역 개체군간 잡종 제1세대의 광주기 반응은 언제나 순계 개체군간의 중간적 특징을 나타내며 우성은 나타날 수도 있고 나타나지 않을 수도 있다. 둘째로 이와 같은 중간적 특성은 제2세대에도 유지될 수 있어 제1세대의 그것과 거의 비슷한 개체 변이를 보여 명백한 분리는 없다. 이와 같은 것은 잡종 제1세대와 순계와의 역교잡에 있어서도 같은 경향을 보인다.

이와 같은 현상의 유전기구를 밝히려는 것이 저자의 생각은 아니다. 지금까지 알려진 것을 보면 광주기 반응이나 휴면의 특성은 여러 가지 요인의 영향을 받고 있는 것으로 보인다(Chetverikov 1940, Tanaka 1953). 우리들의 입장에서는 이와 같은 결과를 생태학적 관점에서 살펴보는 것이 보다 흥미 있는 일이다.

여기서 첫째로 강조해야 할 문제는 잡종의 반응은 언제나 적응적인 성격을 갖고 있다는 점이다. 잡종의 광주기 반응곡선의 전체적 양식은 임계치가 변할 뿐 양친의 그것과 비슷하다. 생태학적으로 차이가 있는 두 계통 간의 잡종은 양친 어느 쪽 보다 적응성이 떨어져 보다 심한 자연 선택을 받는다는 것이 일반적 견해이다. 이런 견해는 확고한 증거에 의한 것이라기보다는 논리적 추론에 의한 것으로 타당한 것이라고는 할 수 없으며 특히 기후적 조건의 지리적 차이에 따르는 적응적 분화라는 점에서는 그러하다. 우리가 얻은 실험결과는 오히려 반대의 결론을 암시한다. 서로 다른 두 개체군의 접경지역에 생기는 잡종은 중간적인 일장반응을 갖고 있어 양친보다 서식지 조건에 좀 더 나은 적응력을 갖게 된다.

이와 같은 사실은 배저녁나방(*Acronycta rumicis*)을 대상으로 한 연구결과로 뒷받침되고 있다. Sukhumi 개체군과 Leningrad 개체군 간의 잡종은 Belgorod 개체군과 비슷한 일장반응을 갖고 있으며 그들의 임계일장(17시간)은 북위 50°와 55° 사이의 삼림 스텝지대의 그것과 비슷하다.

멀리 떨어져 있는 두 지역 개체군을 교잡하여 그림 47에서와 같은 안정된 광주기 반응을 가진 일련의 이행형을 얻을 수 있다. 이런 이행형은 여러 가지 위도의 자연 개체군 계열과 비슷하다(그림 30 참조). 이들 두 계열의 차이는 잡종 계열에서는 반응의 개체 변이가 증가하기 때문에 임계치 부근의 곡선 경사가 다소 덜하다는 것뿐이다. 자연 상태에서는 지역적 조건에 완전히 적응한 양식이 빠른 시일에 생기게 될 것이다. 왜냐하면 비적응적 개체 변이는 잡종 제1세대에서 반드시 제거되기 때문이다. 물론 어떤 종의 분포지역 내 지역 개체군의 모든 차이가 양극단 계통간의 교잡에 의한 것이라고 생각할 수는 없다. 대부분의 경우 분화가 일어나는 것은 그 종이 분포지역을 확대할 때의 일이다. 그러나 교잡으로 지역적 환경에 대한 지역 개체군의 적응성이 약화되는 일은 없으며 어떤 종의 생물학적 연속성과 지역적 연속성은 그대로 유지된다. 여러 가지 곤충류에서 볼 수 있는 위도 변화에 따르는 광주기 반응의 점진적 변화는 자연 선택작용의 연속적인 교잡에 미친 결과라고 생각할 수도 있겠다.

분포지역 내 개체들의 점차적 광주기 변이의 원인과 조건은 완전히 밝혀져 있지 않아 흰나비의 일종인 *Pieris brassicae*나 꼬마버들독나방(*Leucoma salicis*) 그리고 조명나방(*Pyrausta nubilalis*)과 같이 분포지역이 넓은 종에서는 명백한 이행적 지역을 가진 지역 계통이 발달한다. 이런 종류의 변이는 분포지역내의 자연선택과 유전적 교류에 차이가 있고 한 계통의 분포영역 내에서도 선택압이 상대적으로나 절대적으로 약화되어 있는 것을 뜻한다. 이런 균형상태의 변이에 대한 확실한 이유는 종에 따라 서로 다를 수 있겠다. 현재로써는 최종적 결론을 내리는 데는 자료가 부족하다. 흰나비의 일종 *Pieris brassicae*의 유럽 평야지역 분포 개체군은 균질인데 그 이유는 이 종의 큰 이동성 때문이라는 주장도 있다. Petersen(1947, 1949)은 비이동성인 줄흰나비(*Pieris napi*)에는 형태적으로 차이가 있는 여러 가지 계통이 있으나 *P. brassicae*의 경우에는 형태적으로 차이가 있는 계통이 없는데 이것은 두 종간의 이동성 차이 때문이라고 하였다. 물론 *P. brassicae*의 광주기 반응을 약화시킨 데에는 다른 원인들도 있을 듯하다. 특히 성충의 수명이 길고 불리한 환경조건에서는 성충의 성적 성숙이 지연되는데 이런것이 적어도 북부지방에서는 생활환 진행에 영향이 있는 고로 관계가 있을 수 있겠다.

꼬마버들독나방(*Leucoma salicis*)은 이동성이 약한 곤충으로 그의 분포지역 대부분에서의 광주기 반응의 동질성은 다른 원인에 의한 것이다. 그의 생활환을 보면 연간 한 세대 발생을 하는 지역에서는 휴면 유기에 광 조건은 별로 중요하지 않아 선택작용에 의한 광주기 조건 분화는 없는 것으로 생각된다.

종 분화 과정에 있어서 생활환의 적응현상은 특히 중요하다. 생활환이나 광주기 반응에 큰 차이가 있는 멀리 떨어져 있는 계통들 예를 들면 꼬마버들독나방(*Leucoma salicis*)의 Leningrad 개체군과 Armenia 개체군이나 배저녁나방(*Acronycta rumicis*)이나 흰나비의 일종 *Pieris brassicae*의 Leningrad 개체군과 Sukhumi 개체군 간의 교잡시험결과를 보면 잡종들은 임성도 있고 활력도 정상적이다. 따라서 종내 개체군의 지리적, 생태학적 분화는 대개의 경우 생식격리까지는 가지 않는다. 그러나 때로는 생활환의 적응현상 차이로 생식적인 격리가 생겨 이것이 큰 유전형 차이로 이어져 서로 간 교잡이 불가능해지기도 하겠다. 이런 경우에는 독립된 종으로의 경계선 상의 지방형이 생기게 되겠다.

이와 같은 예를 빨간집모기의 두 아종 *Culex pipiens pipiens*와 *C. p. molestus*에서 볼 수 있다. *C. p. molestus*는 아열대 기후대인 남부 지중해 연안에 분포한다. E. B. Vinogradova에 따

르면 *C. p. molestus*와 *C. p. pipiens*의 북부 개체군의 생활환은 북부지방에서는 명백한 차이가 있으나 남쪽으로 가면서 그의 차이는 줄어들고 그들 간의 형태적 차이도 마찬가지로 감소한다고 한다. Azerbaijan 지역 이 모기 개체군은 변이가 심하다. 이 지역에는 광주기 반응이 약하다는 점에서는 북부계통과 차이가 있으나 형태적으로 특성이 상당히 큰 *C. p. pipiens* 개체군이 분포하며 동시에 유충의 호흡관 지수가 *C. p. pipiens*와 *C. p. molestus*의 중간적 특성을 가진 개체군도 분포한다. 이 개체군은 24℃의 온도조건에서는 광주기 반응을 나타내지 않고 모든 조건에서 휴면 없이 발육은 하나 흡혈 않고 난소가 성숙하는 일은 없다. 그런데 흡혈 않고도 성적으로 성숙하여 휴면을 않는 전형적인 *C. p. molestus* 개체군도 있다.

이와 같은 이질성은 두 아종 간의 교잡으로 생겼을 가능성이 크다. 이와 같은 가능성은 Italy에서도 알려지고 있다(Rossi-Espagnet 1957). Latina 지역에는 *C. p. pipiens*와 *C. p. molestus*의 중간적 특성을 가진 개체군이 발견되는데 그는 이것이 두 아종 간의 잡종이라고 생각하였다.

이와 같이 이 모기의 남부 유럽과 외 Caucasus 아종 개체군은 유전적으로 특이성이 크지는 않으나 그들의 양단 개체군은 격리의 정도가 크다. 북부지방 도시조건에 순화된 *C. p. molestus*는 그 지역 *C. p. pipiens*와 교잡이 안 되며 실험적 조건에서 얻은 잡종은 반불임이다. 다시 말하면 이들 계통은 서로 다른 종과 같이 행동하여 일부 분류학자는 독립된 종으로 생각하기도 한다. 이것은 소위 윤상종(Ring species, 輪狀種)에서 볼 수 있는 것과 같다(역자 주 : 조금씩 다른 형태와 분포권을 가진 몇 개의 아종이 이어질 때 확실한 별종으로 취급할 수 있을 정도의 차이를 가진 것이 같은 지역에서 교잡하는 일 없이 공존하는 경우 이들을 윤상조라고 한다).

이 문제와 관련 솔나방의 일종 *Lasiocampa quercus*에 관한 연구논문은 흥미롭다. 이 곤충은 유럽의 북단에서부터 지중해 연안까지 넓은 지역에 분포하고 있다. 이 종은 안정된 체색을 가진 몇 개의 지역 개체군으로 되어 있으며 그들의 생활환도 뚜렷한 차이가 있다. 북방형(*calunae*)은 어린 유충으로 월동하여 다음 해 다시 생장하여 휴면용으로 월동한다. 따라서 그의 생활환은 2년 이상을 요한다, 중앙유럽형(*quercus*)은 1년 1회 발생하며 유충태로만 월동하며 월동 휴면용은 없다. 최남단형(*sicula*)은 그의 크기나 체색이 다른 형과는 상당한 차이가 있으며 여름철을 휴면상태의 번데기로 지낸다. Pictet(1936, 1937)에 따르면 분포지역이 인접하여 있고 생활환이 같은 개체군(즉 *quercus*와 *spartii*)끼리는 쉽게 교잡이 되며 그 자손의 활력도 정상적이다. 그러나 분포지역이 멀리 떨어져 있고 생활환이 다른 계통(즉 *spartii*와 *calunae* 또는 *spartii*와 *sicula*)간에 생기는 잡종은 완전히 불임이었다. Alps 지방의 고도가 다른 지역 개체군 간에도 같은 현상이 있는 것이 알려지고 있다. *quercus*형은 평지에서 고도 600~800m의 범위 내에 분포하며 고지형 *alpina*는 1200~1800m의 고지대에 분포한다. 이들 개체군은 생활환이 다르며 교잡 시 자손은 생기지 않는다. 그러나 중간 고도에 서식하는 개체군과는 완전한 임성을 가진 잡종을 낳는다.

Pictet(1936)는 산지의 광대불나방(*Parasemia* (*Nemeophila*) *plantaginis*)에서 같은 현상을 보고하였다. 멀리 떨어져 있는 개

체군간 잡종에 불임인 것에서부터 현저한 발육장해를 나타내는 등의 여러 가지 형태의 유전적 변이를 나타내는 예에 관하여는 Goldschmit(1934)의 짚시나방(*Lymantria dispar*)에 관한 상세한 연구가 있다.

따라서 잡종 불화합성을 종 구분의 기준으로 하는 일반적인 생각(Mayr 1947)은 종의 독립성을 뜻하는 충분한 기준이 될 수 없다. 자연계에는 유전적 친화성을 가진 원형에서부터 거의 독립된 종에 달한 분화계통까지 여러 가지 단계의 지역 계통 개체군을 볼 수 있다. 그러나 실제로 중간형으로 연속성이 그의 분포지역 전체에 걸쳐 유지되어 있는 한 우리는 양극단형이 서로 교잡이 불가능 할 정도로 분화하였다고 하여도 그들은 단일종으로 보아야 하겠다. 계절적 변화에 대한 적응현상이 어떤 경우에는 유전적인 분화를 동반하나 어떤 경우에는 그 종의 유전적 통합성이 유지되고 있는 경우가 있는데 그 이유는 아직 불확실하다. 그러나 광주기 반응이 갖는 적응현상이 종 분화의 초기단계에서 중요한 의미를 갖는 한 요인임은 확실하다.

끝으로 지역 개체군의 분화나 새로운 광 조건에 대한 적응의 속도를 알 필요가 있겠는데 이 문제와 직접적인 관련이 있는 자료는 없다. 그러나 광주기에 대한 적응현상에 대한 선택작용은 대단히 강하고 언제나 직접적이기 때문에 아주 강력하다. 이와 같은 추론은 최근 유럽에서 북미로 침입한 조명나방(*Pyrausta nubilalis*)을 대상으로 한 연구결과가 그를 뒷받침하고 있다. 1921년 그의 생활환이 북부 유럽의 한 계통과 같은 이 해충이 New York주에서 발견되었다. 이것은 빠른 속도로 미국과 캐나다의 5대호 지역에 분포를 확대하였으나 그의 원래의 특성인 1화성은 그대로 유지되어 있었고 제1세대의 용화율은 1% 이하였다. 기후조건을 보면 이 지역은 남부 유럽의 그것과 비슷하여 온도조건으로는 2세대를 충분히 거칠 수 있었다. 1930년대 말이 되면서 Ontario, Ohio, Indiana 등지에서 연간 2세대를 경과하는 개체수가 증가하였다(Vance 1939, Neiswander 1947, Wishart 1947). Ontario 남부의 두 지점에서 조사된 유아등 유살수(Wyessel 1952)를 보면 2세대 비율은 1932년 2%에서 1951년에는 71~81%로 증가하였는데 1942년 이후의 증가가 현저하였다.

이와 같이 원래 1화성이던 것이 남부지방으로의 적응으로 짧은 시일동안에 2화성으로 변하한 것이다. 이것은 외부환경에 의한 것이 아니고 계절적 변화에 대한 반응의 변화에 의한 것임이 틀림없다. Vance(1939)의 조사결과를 보면 휴면기간이 변하고 이에 따라 월동유충의 용화시기가 빨라지고 있다. 또 광주기 반응의 임계치도 변한 듯하다. 현재 Ontario 개체군의 휴면유기임계일장은 15시간인데(Mutchmor 1959) 이것은 유럽 남부지역 개체군의 임계일장과 같다(그림 33 참조). 이 문제의 해결을 위해서는 아직 2화성 개체군이 발달하지 않은 지역의 1화성 개체군의 임계일장을 밝히는 것이 중요하겠다.

분포지역을 북쪽으로 확대할 때 임계일장이 길어지는 반대 방향의 변화는 북부에서는 도태작용이 보다 커 비휴면 개체는 겨울철에 모두 죽어버리기 때문에 보다 빨리 진행되겠다. 이 문제에 대한 해답은 그의 원산지나 침입시기 그리고 분포상황 등이 잘 알려져 있는 콜로라도잎벌레와 미국흰불나방과 같은 것의 유럽에서의 지역 개체군에 대한 비교연구에서 얻을 수 있겠다.

제 7 장

자연 상태에서의 곤충 생활환의 조절

실험결과를 검토할 때 곤충의 생태와 관련 광주기 반응의 중요성이 항상 강조된다. 그런데 이 문제는 실제 문제와 관련하여서도 대단히 중요한 것이어서 야외에서의 생활환을 바탕으로 검토해야하겠다.

곤충류 생활환의 계절적 조절에 관한 이론은 원래에는 단순하였다. 즉 가을철이 되면서 일장이 짧아져 임계일장에 달하면 월동형이 생긴다는 것이었다. 일장의 계절적 변화는 지역에 따라 정해져 있어 자연계에서의 생활환 변동을 각 종에 대한 임계일장을 아는 것만으로 충분한 듯하였다. 그러나 연구가 진행되면서 광 조건에 대한 반응은 가소성이 커서 유전적인 특성 뿐 아니라 환경조건 특히 온도의 직접적 영향도 중요함이 밝혀졌다. 따라서 생활환 문제의 연구에는 복잡한 외적 환경 모두를 대상으로 하여야 할 필요가 있겠다.

생활환의 생태학적 이해를 위해서는 광주기 반응의 특성에 관한 지식만으로는 충분하지 못하고 다른 생리생태학적 특성 특히 발육기간이나 발육속도에 미치는 온도의 직접적 영향 그리고 휴면발육단계에서 깨어나는데 필요한 온도나 습도조건도 깊은 관계가 있다. 그러나 이런 점들에 관한 지금까지의 연구는 극히 부족한 상태이다.

이 장에서는 자연 상태 하에서의 곤충류의 다양한 생활환과 그의 변동이나 지역 간 차이 등을 비교적 간단한 생리 생태적 인과관계를 통하여 설명하려고 한다.

곤충류의 분포나 기후적 적응에 있어서의 지리적 개체군의 생리학적 특성의 중요성에 관하여도 특별한 주의를 기울이려 한다.

1. 온도와 일장에 대한 반응의 종 특이성과 생활환과의 관계

- 장일성 곤충류의 생활환

온대지방에 분포하는 곤충류는 대부분이 장일형 발육을 하는 생활환을 갖고 있어 먼저 이런 곤충류 생활환의 적응현상을 살펴보려 한다.

삼림스텝지대에 분포하는 배저녁나방(*Acronycta rumicis*)의 생활환은 외부조건과 극히 간단한 관계를 갖고 있으며 이 지역에서 이 종은 연간 2세대를 갖는다. 그림 50은 Poltava 시험장에서 3년간에 걸쳐 조사된 유아등에 유살된 성충수이다. 유충의 발육상황과 휴면상황은 관찰에 의한 것이다.

Poltava 지역 배저녁나방의 생활환은 극히 안정적이다. 봄 세대 성충의 우화시기는 5월 중순부터 6월 중순까지이며 최성기는

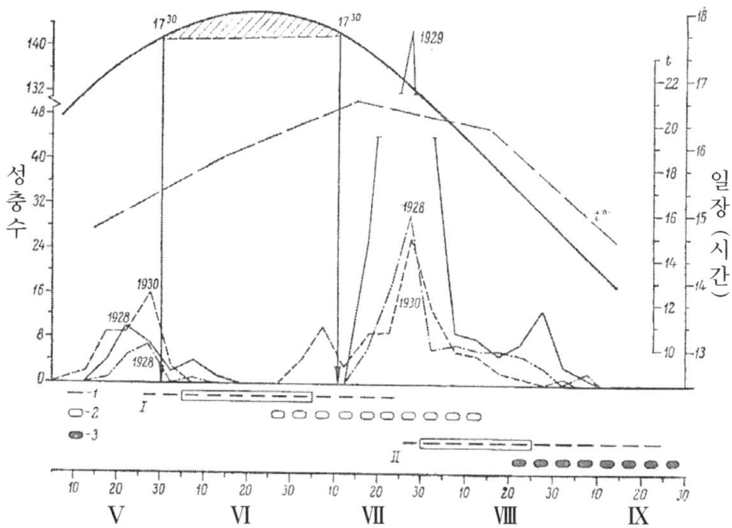

그림 50. 삼림스텝지대 배저녁나방(*Acronycta rumicis*)의 생활환
사선부 : 비휴면발육을 초래하는 일장기간, 그래프 : 유아등에 유살된 성충수 변동
I 과 II : 세대. 1, 유충 ; 2, 비휴면 번데기 ; 3, 휴면 번데기

5월말이다. 제2세대 성충의 출현 시기는 7월 중순부터 9월 초까지이며 봄 세대보다 발생이 많으며 우화 최성기는 7월 6반순이다. 제1세대의 번데기는 휴면하지 않으나 제2세대 번데기는 모두가 휴면한다. 이와 같은 생활사의 계절적 변동은 실험실 자료와 일치한다. 10℃ 이상의 1세대 유효적산온도는 약 550일도이다(표 27). Poltava 지방의 발육기간 중의 그것은 1150일도로 2세대 완료에 충분한 온도량이다. 따라서 추정치와 실측치는 잘 일치한다.

각 발육단계의 온도함수를 이용하여 자연 상태에서의 그의 출현일을 추정할 수 있겠다. 번데기가 월동하는 부식층의 봄철 온도변화는 알기 힘들어 제1세대 성충의 활동시기만은 관찰에 의한 것이다. 성충출현 최성일부터의 10일 마다의 유효적산온도치를 기준으로 추정한 유충의 부화최성일(70일도)은 6월 10일이 되고 유충발육에는 245일도를 요하는 고로 유충기는 7월 7~8일 경까지 계속되겠다. 그리고 제2회 성충은 유효적산온도가 520일도에 달하는 7월 25일경에 출현하게 되겠다. 이런 추산치는 자연계에서의 발생상황과 잘 일치한다.

제2회 성충의 자손은 대부분이 8월 초순부터 발육하는데 알과 유충의 발육에 필요한 유효적산온도(315일도)를 생각할 때 그들이 용화하는 것은 9월 상순으로 추산된다. 8월 말에 우화한 성충으로부터 발육한 유충은 10월까지 가겠다. 이런 추정은 실제의 관찰결과와 잘 일치한다.

휴면의 원인도 쉽게 설명할 수 있다. 두 세대 유충의 발육기간(6월 상순과 8월 중순)의 평균온도는 대략 비슷하기 때문에(18°~20℃) 제2세대에서의 휴면은 온도 때문이라고 할 수는 없다. 월동 후 제1세대의 유충은 $17\frac{1}{2}$시간 정도의 일장조건하에서 발육하는데 실험에 의하면 이런 일장은 삼림스텝지대 배저녁나방에 대하여는 휴면 없는 발육만을 하게 한다. 그런데 제2세대의 유충은 8월 초순부터 9월에 걸쳐 일장이 $16\frac{1}{2}$시간에서 14~13시간으로 점점 감소하는 조건하에서 발육하게 되는데 이것은 앞서의 실험결과에 따르면 휴면할 수밖에 없는 일장이다. 월동 후 제1세대 유충기간이 온도에 따라 변화한다고 하여도 일장변화는 임계일장 한계를 넘는 일은 없어 월동충은 언제나 제2세대의 유충이 되게 된다.

배저녁나방의 생활환 조절양식은 다른 장일성인 다화성 곤충류에도 원칙적으로 적용되나 모두에서 이와 같이 단순한 것은 아니다. 온도조건이나 광주반응의 임계치가 조금 달라도 발육상은 큰 차이가 생긴다. 생활양식이나 서식처의 미기후조건의 특성은 생활환의 계절성에 큰 영향을 미친다. 이런 조건들 모두는 곤충류의 계절적 생활사 진행에 큰 영향을 미치는데 이와 같은 다양한 발육양식은 한 지역에서도 볼 수 있다. 몇 가지 예를 들면 다음과 같다. Leningrad 지역에서 조사된 불나방의 일종인 *Spilosoma menthastri*와 흰나비류인 줄흰나비(*Pieris napi*)와 *Pieris brassicae*의 생활환에 미치는 온도와 일장조건의 영향을 보면 그의 특성을 알 수 있다. 이들 곤충류는 생태학적으로 비슷하여 비교에 편리하다. 이들은 모두가 다화성 곤충류로 남부지방에서는 연간 수 세대를 경과하며 월동은 휴면상태의 번데기로만 가능하다. 그리고 모두는 장일성 일장반응을 한다. 그러나 이 반응은 종에 따라 특징이 있다. 일장에 대한 감응발육단계는 유충기이며 3종 모두 거의 비슷한 미기후조건하의 초본식물체상에서 생활한다.

이와 같이 생태학적으로는 비슷한 점이 많으나 Leningrad에서의 이들 곤충류의 생활환은 큰 차이가 있다. 불나비의 일종인 *Spilosoma menthastri*는 연 1회 발생하며 줄흰나비(*Pieris napi*)는 월동 후 제1세대 번데기의 상당한 것이 휴면하기는 하나 2회 발생한다. 흰나비의 일종인 *Pieris brassicae*는 연간 2세대를 경과하나 줄흰나비와는 달리 월동 후 제2세대 번데기만이 휴면한다. 그림 51은 1954년과 1955년에 조사된 3종 곤충의 발생경과이다.

여러 가지 실험결과를 보면 이들 곤충 각각의 생활환은 온도와 일장에 대한 적응현상에 의한 것이라는 결론을 얻을 수 있다. 그러나 가장 중요한 것은 종에 따라 요구하는 유효적산온도가 다르다는 것으로 이런 특성은 종에 따라 명백히 구별되는 형질이다.

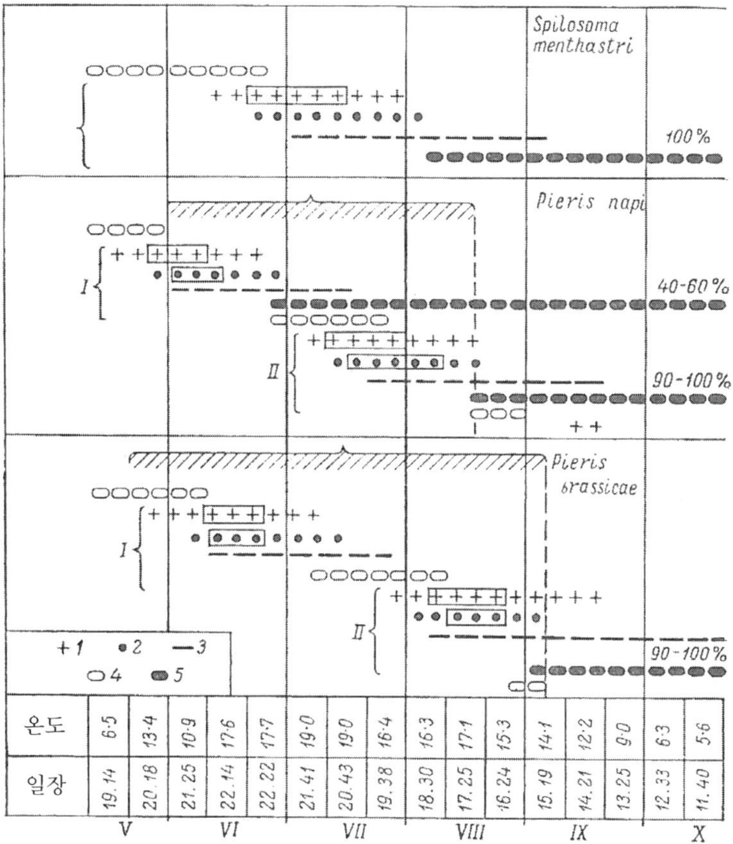

온도	6·5	13·4	10·9	17·6	17·7	19·0	19·0	16·4	16·3	17·1	15·3	14·1	12·2	9·0	6·3	5·6
일장	19.14	20.18	21.25	22.14	22.22	21.41	20.43	19.38	18.30	17.25	16.24	15.19	14.21	13.25	12.33	11.40
	V		VI			VII			VIII			IX			X	

그림 51. Leningrad 지역 불나방의 일종 *Spilosoma menthastri*, 줄흰나비(*Pieris napi*) 그 리고 흰나비의 일종 *Pieris brassicae*의 생활환

[+++] 와 [• • •] 는 성충과 난의 최성기
I ,II 세대 ; 사선, 비휴면기 ; 1, 성충 ; 2, 알 ; 3, 유충 ; 4, 비휴면용 ; 5, 휴면 용

표 37에서 보는 바와 같이 불나방의 일종인 *Spilosoma menthastri*의 발육유효적산온도량은 흰나비의 일종인 *Pieris brassicae*와 줄흰나비의 그것에 비하여 크다. 따라서 발육최저온도는 같아도 발육에 요구되는 유효적산온도량은 흰나비의 일종인 *Pieris brassicae*에 비하면 $\frac{1}{3}$정도가 많다. 그리고 줄흰나비의

표 37. 3종 곤충의 발육유효적산온도

종	발육한계 온도	유효적산온도(일도)				
		알	유충	번데기	성충(성숙)	계
Spilosoma menthastri	10	85	285	200	-	570
Pieris brassicae	10	50	200	125	50	425
Pieris napi	8	60	200	115	50	425

유효적산온도는 *Pieris brassicae*의 그것과 같이 425일도이나 발육최저임계온도는 8℃로 2℃ 낮다. 이런 차이의 의미는 발육기의 온도를 비교해 보면 확실해진다. 순평균치에 의하여 계산해 보면 Leningrad 지방에서의 10℃ 이상의 유효적산온도는 약 600일도로 순평균을 기준으로 한 유효적산온도는 과소평가될 수 있다는 점(후술)을 감안한다고 하여도 이 온도량은 2세대를 경과하기에는 부족한 온도량이다.

불나방의 일종 *Spilosoma menthastri* Leningrad 개체군의 휴면반응도 온도조건과 잘 일치한다. 이 개체군의 광주기 반응은 약하나 고온(23℃)하에서는 확실하게 나타난다(그림 48 참조). 이런 온도조건에서는 18시간 이상의 일장이면 상당한 수의 개체가 휴면 없이 발육한다. 그러나 이 이하의 온도에서는 장일의 영향을 받지 않으면 18℃에서도 광조건과는 관계없이 모든 번데기가 휴면한다(그림 38 참조). 낮은 온도에 의한 광주기 반응의 억제는 북부지방의 *Spilosoma menthastri* 개체군에 대하여는 중요한 적응적 의미가 있다. Leningrad 지방에서는 이 곤충의 유충 발육기간 중의 일장은 대단히 길어 박명기를 포함시키면 18시간 이상이 된다. 그러나 이 시기의 평균온도는 낮아 장일의 영향은 나타나지 않는다. 이 때문에 Leningrad의 환경조건하에서는 번데기는 반드시 휴면하게 된다.

이런 실험결과를 통하여 불나방의 1종인 *Spilosoma menthastri*는 다화성이나 자연 조건하에서 안정된 1화성 생활사를 갖게 되는 이유를 이해할 수 있겠다. 이와 같은 광주기 반응 특성 때문에 두 세대를 경과하는 데에는 부족한 유효적산온도량을 가진 지역에서는 발육이 억제되어 낭비를 막게 되는 것이다. 이 곤충의 생활환은 전체적으로 그 지역의 기후조건에 잘 적응되어 있다. 이것이 아마도 *Spilosoma menthastri* 불나방이 Leningrad 지역에서 매년 흔한 이유인 듯하다.

줄흰나비(*Pieris napi*)는 보다 낮은 온도에서도 발육이 가능하여 Leningrad 지방에서도 사정이 상당히 다르다. 수년간의 조사결과를 보면 이 지역의 발육최저임계온도인 8℃ 이상의 유효적산온도 865일도로 자연 상태에서는 사실상 거의 1000일도에 달한다. 이와 같은 온도조건은 이 흰나비가 연간 2회 발생을 할 수 있게 한다. 이런 조건 때문에 이 지역의 발생은 다화성 지역의 것과 같은 것이 될 수 있겠다. 그러나 실제 자연조건에서의 그의 발생이나 야외사육 결과를 보면 약 50%의 번데기만이 연내에 우화하고 나머지 번데기(40~60%)는 휴면상태로 정상적인 월동을 하였다. 이 흰나비의 휴면용율은 유충발육시기의 영향을 받지 않아 아주 일찍 용화한 것에서도 휴면율이 높았다. 이와 같은 월동 후 제1세대 번데기의 휴면특성은 이 나비의 Leningrad 개체군에 대한 광주기 반응을 조사한 실험결과를 보면 이해할 수 있겠다. 그림 52는 이 나비 Leningrad 개체군 유충의 여러 가지 온도조건에서의 광주기 반응이다.

줄흰나비(*Pieris napi*)의 광주기 반응은 다소 특이한 점이 있

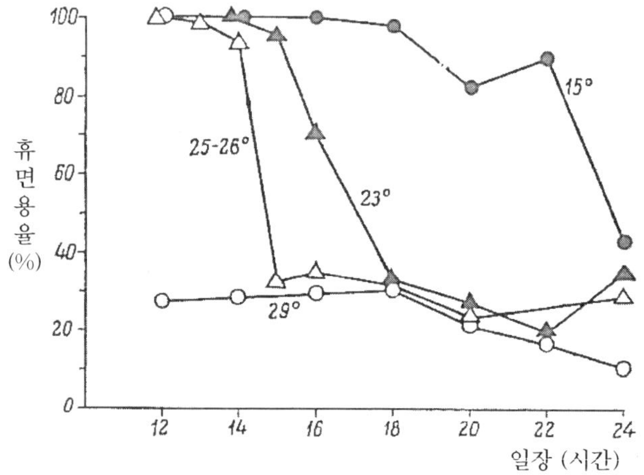

그림 52. Leningrad 줄흰나비(*Pieris napi*) 개체군의 광주기 반응에 미치는 온도의 영향

으며 유전적으로 1화성 경향이 강하다. 그에 따라 장일 하에서도 약 30% 정도의 번데기는 휴면하는 것이 보통이다. 장일 하에서 휴면하는 번데기의 수는 단일조건의 영향을 무력화할 정도의 고온인 29℃에서 유충을 사육하여도 감소하지 않는다. 그리고 전기의 불나방 *Spilosoma menthastri*에 비하면 저온의 영향은 적어 15℃에서도 광주기 반응은 그대로 나타난다.

월동 후 제2세대 유충의 발육기간은 7월말에서 늦은 가을이 되는데 이 시기는 일장이 19시간 정도이고 온도는 18℃ 이하인 가을철이 주가 된다. 광주기로 볼 때 이런 조건들은 거의 대부분의 번데기가 휴면하게 되는 조건이다. 초기 제2세대 유충이 발육하는 7월말부터 8월 초순의 일장은 17~20시간 정도인 고로 특히 여름철이 따뜻할 때 그렇지만 비휴면용을 낳아 제3회의 성충을 낳을 수 있겠다. Leningrad 지방에서도 9월 중순에 새로 우화한 성충을 볼 수 있는데 이것은 제3회의 성충에 틀림없다. 따뜻한 해에는 Finland 지방에서도 제3회의 성충이 발견된다(Kaisila 1954).

줄흰나비(*Pieris napi*)의 생활환은 이런 실험으로 설명할 수 있으나 월동 후 제1세대에도 휴면개체가 생기는 것이 생물학적으로 어떤 의의가 있는 지에 관하여는 확실치가 않다. 이것이 예외적으로 온도가 낮아 유효적산온도가 부족하여 제2세대를 완료할 수 없을 때의 종속 유치에 도움이 될 수는 있겠다. 1958년과 같은 저온의 해에는 2세대를 완료하는데 필요한 한계 온도량에 가까웠으나 Leningrad 지방에서는 이런 경우는 없었다. 그러나 근처인 Karelia 지역 같은 곳에서는 온도량 부족은 흔히 있는 일인 고로 이런 지역에서는 이 흰나비의 조기 휴면은 중요한 의미가 있겠다. 이 곤충의 북극계통에는 유전적으로 1화성인 특성이 더욱 강하다(Petersen 1947, 1949). Leningrad의 이 흰나비에서 볼 수 있는 광주기 반응 특성으로 볼 때 이 흰나비는 북방계통임이 확실하다.

흰나비의 일종인 *Pieris brassicae*의 생활사는 더욱 복잡하다. Leningrad 지역에서는 유효적산온도량이 부족한 상태에서 발육하게 되는 것이 보통이다. 실험실에서 조사된 성적을 보면 이 지역에서 2세대 경과에 필요한 유효적산온도량은 850일도가 필요하다. 그러나 Leningrad의 순평균 온도에 의하여 추정된 유효적산온는 600일도 정도에 불과하여 2세대를 완료하기에는 많이 부족하다.

V. A. Maslennikova는 자연 상태에서 이 흰나비의 발육시기에 관한 실험결과의 신빙성을 알아보기 위한 실험을 하였는데 그 결과에 따르면 제1세대의 알이 성충으로 발육하는데 까지 필요

한 유효적산온도는 353~390일도였으며 실험실에서의 평균은 375일도였다. 따라서 실험결과는 *Pieris brassicae* 흰나비의 온도 요구량을 상당히 정확히 나타내고 있다. 생육기간 중의 유효적산온도량과 실제 세대 수 간의 차이는 일 평균기온과 순 평균기온이 자연 상태의 실제 유효온도량을 반영하고 있지 못하기 때문임이 확실하다. V. A. Maslennikova의 미기상 관측치와 야외조사치는 다음가 같은 이유로 오차가 생겼을 것이 명백하다.

(1) 봄철에는 밤 동안의 온도가 발육최저온도보다도 낮을 때가 있겠는데 일 평균온도나 순 평균온도에는 낮의 따뜻한 때의 온도나 휴면 중에 발육을 촉진하는 간헐적인 고온이 고려되어 있지 않아 유효적산온도의 추정치는 낮아졌을 수 있겠다. 이와 같은 문제는 이 흰나비의 번데기의 발육에는 100일도 이상의 유효적산온도가 필요한데 순 평균온도가 발육최저온도에 가까운 5월에 성충이 출현하는 일이 자주 있는 것을 보아도 알 수 있다.

(2) 여름철 이 나비가 서식하는 지상 25cm 높이의 일중평균온도는 기상관측 측정지점의 온도보다는 0.5~1.0℃ 정도 높은데 이것은 유효적산온도에 70~80일도 정도를 더하게 된다.

(3) 가을철의 일 평균온도는 봄철의 경우와 마찬가지로 낮의 유효온도의 영향을 반영하지 못한다. 이런 점을 고려하였을 때 유효적산온도량으로 보아 이 곤충은 충분히 2세대를 경과할 수 있겠다. 그러나 그 값은 최저치에 가까운 온도량밖에 안 되는 고로 야외에서 보는 바와 같이 8월 중순 이전의 알에서 부화한 제2세대 유충만이 용화에 성공할 수 있고 그보다 늦게 낳은 알에서 부화한 유충은 발육을 끝내지

못하고 죽어버린다. 1958년과 같이 저온의 해에는 제2세대 유충 대부분이 죽었다.

흰나비의 일종 *Pieris brassicae*의 생활환은 광주기 반응이라는 측면에서 볼 때 지역적 조건과 완전히 조화되어 있는 것은 아니다. 월동 후 제1세대에서는 일장이 길어 휴면이 일어나는 일은 없다. 월동 후 제2세대 유충의 용화는 대개의 경우 9월 초순에 시작하는데 고온인 해에는 8월말에도 용화한다. 야외에서 조사된 것을 보면 8월 20일(일장 17시간 이상)까지 발육한 유충은 비휴면 용이 되나 그 이후에는 휴면용율이 급격히 증가하여 9월 1일 이후에 용화한 것은 유충기를 15시간 이상인 일장에서 경과하였음에도 불구하고 모두가 휴면하였다. 이와 같이 야외에서는 휴면 개시가 실험에서 얻은 시기보다 빠르다. *Pieris brassicae* 흰나비의 이와 같은 특성은 중요한 것이나 아직 밝히지 못하고 있다. 그러나 제2세대의 발육이 빠른 경우 월동능력을 가진 번데기의 수가 감소하는 것은 확실하다.

*Pieris brassicae*의 Leningrad 개체군이 그 지역 환경조건에 충분히 적응하고 있지 못하다는 것은 그의 월동 번데기가 내동성이 비교적 약하다는 점을 보아도 알 수 있다. Kozhanchikov (1936)는 이 흰나비의 동북부 분포한계는 1월의 기온이 -16° 또는 -20℃의 등온선과 일치한다고 하였고 우리가 실험한 결과에 의하면 번데기는 평균적으로 -22.5℃까지는 살아남으나 -24℃에서는 모두가 죽었다. Leningrad 지방에서는 거의 매년 이보다도 낮은 온도를 겪게 되는 고로 눈 위에서 월동하는 번데기는 죽어버릴 가능성이 크다고 하겠다.

Leningrad 지방에서 이 흰나비의 발생량은 해에 따라 변동이 심한데 이것은 이와 같은 생활사의 충분치 못한 적응 때문이라고 할 수 있겠다. 이런 점에서 *Pieris brassicae*는 발생량이 안정되어 있는 줄흰나비(*Pieris napi*)와는 차이가 있다.

이런 사실들로 보아 *Pieris brassicae* 흰나비는 남부지역의 것이 최근에 Leningrad 지역까지 분포를 확대한 것이라고 생각하게 된다. 물론 이것은 기주인 십자화과 식물의 재배면적 확대와도 관련이 있겠다. 이것은 여러 가지 사실로도 알 수 있다. 줄흰나비(*Pieris napi*)와는 달리 Leningrad 지방에서의 *Pieris brassicac* 흰나비는 야생의 십자화과 식물에는 발생하지 않고 재배지역에만 발생하나 삼림스텝지대에서는 자연 상태에서 *Aliaria*를 비롯한 다른 십자화과 식물에서도 발견된다.

온도(Maercks 1934)나 광조건(Bünning과 Joerrens 1959)에 대한 반응으로 볼 때 서부 유럽의 *Pieris brassicae* 흰나비의 경우는 Leningrad의 것과 같은 계통인 것으로 보이는데 그의 생활환은 지역 기후조건에 잘 일치하고 있다. 특별히 Baltic 지역 평지에서 그러하지만 이 지역에서는 발생량이 계속 많고 다른 지역으로의 다량 이동원의 구실을 하고 있다(Nordman 1954).

줄흰나비는 Leningrad 북쪽으로는 Kola 반도까지도 분포하나 그의 밀도는 극히 낮고 가끔 발견될 정도여서 이것이 그 지역 정착종인지 또는 다른 지역에서 이동해 온 것인지는 명백하지 않다. 이 곤충의 생활사가 Leningrad 지역 기후조건에 대해서 보다 북부지방의 기후조건에 대하여 적응성이 낮은 것은 확실하다. L. A. Stepanova는 1957년 8월 15~20일간에 Karelia(66.5N)에서 용화직전의 유충을 채집하였으나 그들은 모두가 월동할 수 없는 비휴면용으로 발달하였다. 북부의 고위도 지역의 장일은 월동 개체의 출현을 방해하고 일장이 임계일장 이하가 될 정도로 짧아지면 온도가 지나치게 낮아 발육이 방해되는 것이 확실하다.

솔나방의 일종 *Dendrolimus pini*(Geispits 1958)나 학질모기(*Anopheles maculipennis*)(Danilevskii와 Glinyanaya 1958, Shipitsyna 1959), 독나방의 일종인 *Orgyia antiqua*(Doskocil 1957a) 그리고 몇몇 다른 곤충류에 대하여도 지금까지 많은 연구결과가 알려져 있어 장일형 곤충류에 대한 상세한 설명은 피하려고 한다. 그리고 곤충류 외에도 사과응애(*Metatetranychus ulmi*)에 관한 Lees(1953a)의 연구도 있다.

여기서는 Goryshin(1953, 1958a)이 북부 Caucasus에서 조사한 밤나방의 1종 *Chloridea obsolata*의 복잡한 생활사에 관한 실험결과를 설명하려 한다. 이 연구는 봄철의 발육활동이 휴면종료 후의 특이한 적응현상과 깊은 관계가 있어 이것이 생활환에 중요한 영향을 미쳐 흥미가 있다. 이 밤나방의 발육 임계온도는 11℃이고 발육을 완료하는 데에는 600일도의 유효적산온도가 필요하다(Kozhanchikov 1938a, Rubtsov 1941, Goryshin 1958b). 조사지역은 Stavropol 지역이었는데 이 지역의 기후조건은 조사된 성적으로 생각해 보면 연간 2~3세대를 경과할 수 있다. 그러나 Goryshin이 보고한 바와 같이 대부분의 개체가 1화성이다. 이 곤충의 생활환 진행은 휴면유기 때와 휴면에서 깨어난 번데기의 발육한계온도가 활동기의 그것에 비하여 대단히 높아 18.5℃라는 점이 이와 밀접한 관계가 있다. 이런 이유로 월동한 번데기에서 성충이 우화하는 시기는 늦어져 7월 하순내지 8월 초순이 되게 되어 유충은 임계일장이하의 일장조건에서 생장하게 되는 것이다(그림 29 참조). 따라서 대부분의 번데기는 휴면할 수밖에 없다. 임계일장에 달하기 전에 번데기가 된 일부 개체는 제2회의 성충을 낳으나 그의 자손은 연내에 발육을 완료하지 못하고 죽어 버리겠다.

비휴면 또는 약한 휴면상태로 월동한 일부 번데기에서는 6월 초순에 성충이 우화하여 제2세대 나아가서는 일부 제3세대까지도 생기는 고로 그의 생활환은 복잡해진다. 그러나 이때에도 월동 후의 제1세대 발생량은 언제나 적다.

밤나방의 일종인 *Chloridea obsoleta*의 휴면에서 깨어난 후의 번데기의 높은 발육임계온도의 적응적 의미는 명백하다. 유충은 주로 식물체의 생장부위를 먹으며 호온성이다. 실험실에서 조사된 유충의 발육최저온도는 11℃로 낮으나 실제로 18℃ 이하에서는 발육이 이루어지지 않으며 최적온도범위는 25~30℃이다. 봄철 발육이 시작할 때의 높은 발육임계온도는 성충 우화를 지연시켜 유충 출현 시기를 먹이조건이 알맞아 발육에 유리한 시기에 맞추는 것이다. 봄철의 활동시기와 관계가 있는 휴면 후의 반응에 관하여는 아직 연구된 것이 없으나 이런 특성은 다른 곤충에서도 흔한 현상인 듯하다.

- 단일성 곤충류의 생활환

단일성 곤충류의 생태나 생활환에 관하여는 장일성 곤충류의 그것에 관한 것에 비하면 알려진 바가 극히 적다. 그러나 연구된 것을 보면 그들은 그들에 고유한 특성을 갖고 있다.

단일성 광주기 반응의 적응적 의의는 1년 2회 발생하며 배자초기에 휴면하는 2화성 누에 품종에서 명백하다. 앞서 설명한 바와 같이 이 곤충의 휴면은 배반전기 후의 배자의 발육조건에 따라 결정된다(Kogure 1933). 이 시기의 단일과 저온은 배자발육을 계속시켜 다음 세대로 발육하게 하나 장일과 고온은 휴면을 일으킨다(그림 21).

2화성 품종이 많은 남부지방에서는 월동 난의 발육은 아직 온도가 낮고 일장이 짧은 초봄에 이루어지기 때문에 제1세대의 성충은 비휴면난을 여름철에 낳는다. 그리하여 다음 세대의 배자발육은 온도가 높고 일장이 긴 여름철에 이루어져 제2세대 성충은 월동하는 휴면난을 낳게 된다. 따라서 이 곤충의 경우 광주기에 대한 감응발육단계가 월동 직후에 있는 것이 단일형 생활사의 원인이 되겠다.

장일성 곤충류에서도 광주기에 대한 감응발육단계가 발육후기에 있을 때에는 꼭 같은 생활사 특성이 생길 수 있다는 사실은 흥미 있는 일이다. 예를 들면 낡은무늬독나방(*Orgyia antiqua*)는 누에와 마찬가지로 배자발육초기에 외인성 휴면을 하는 종으로 광주기 반응기는 유충기이다. Czechoslovakia에서는 제1세대 유충은 이른 여름철에 발육하여 성충은 비휴면 난을 낳는다. 그런데 제2세대는 7월과 8월초의 단일조건에서 발육하여 이때의 알은 휴면하게 된다.

단일성 광주기 반응 때문에 특이한 생활환을 갖는 경우가 있는데 그의 생리학적 기구는 아직 잘 모르고 있다. 한 가지 흥미 있는 예는 K. F. Geispits가 연구한 독나방의 일종인 *Dasychira pudibunda*의 생활환이다. 이 곤충은 분포하는 전역에서 1세대를 경과하며 그의 분포남한에서도 1화성으로 휴면상태의 번데기로 월동한다. 성충 출현기는 5월부터 6월 사이이며 유충은 여름동안 섭식하면서 천천히 발육한다. 그러나 가을철에는 발육이 빨라지면서 번데기가 되기 시작한다. 생육기간이 길어지면 유충기간도 길어진다. Caucasus(Sukhumi)의 흑해연안에서는 이 곤충의 유충기는 6월부터 10월까지 4개월 이상이나 되는데 Leningrad의 그것은 2~2.5개월로 짧다.

따라서 이 곤충의 유충기간은 위도에 따라 달라지며 그의 달라지는 방향은 다른 곤충류에서와는 반대이다. 이 경우 유충기간은 광조건과 온도의 영향 때문이라는 것이 실험을 통하여 밝혀졌다. 다른 대부분의 곤충류와는 달리 *Dasychira pudibunda* 독나방 유충의 발육은 장일조건에서 보다 단일조건에서 훨씬 빠르다 (Geispits 1953). 온도가 높아지면 이 곤충의 유충기간은 장일조건이거나 단일조건이거나를 막론하고 길어진다(표 38). 이것은 곤충발육과 온도관계에 관한 일반적인 현상과는 달라 특이한 것이다.

표 38. 독나방의 일종 *Dasychira pudibunda* Sukhumi 개체군 유충의 발육기간에 미치는 온도와 일장조건의 영향 (K. F. Geispits)

온도(℃)	장일(24시간)	단일(10시간)
15	91.0(85~107)	63.3(50~78)
20	113.1(97~133)	73.4(57~86)
25	121.3(101~148)	117.0(115~120)

그런데 그림 53에서 보는 바와 같이 발육단계에 따르는 온도반응을 보면 6령기까지의 유충은 일반적인 곤충류에서와 같이 온도가 상승함에 따라 발육이 빠르다. 그런데 온도가 떨어지면 6령기와 7령기 유충은 곧 용화하나 고온 하에서는 변태가 방해를 받아 탈피를 계속하게 된다. 그리하여 25℃의 조건에서는 10령 내지는 12령에 달해야 용화한다. 이와 같은 이상 과령충은 지방조직의 조직학적 특성이나 그들의 행동과 섭식특성이 정상적인 유

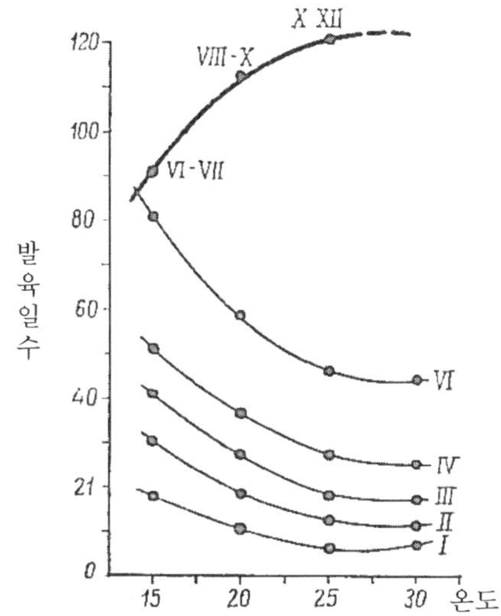

그림 53. 연속조명 하에서 독나방의 일종 *Dasychira pudibunda* 유충발육기간에 미치는 온도의 영향 (K. F. Geispits)

━━; 유충발육전기간, ──; 유충령기기간, 숫자 ; 유 충의 령

충에서와는 달라 이때의 고온 때문에 생기는 발육의 지연은 특수한 형태의 휴면 때문인 것으로 생각된다.

실험결과는 이 곤충의 생활환을 잘 설명하고 있다. 이 곤충의 유충은 25℃ 이상의 황온 하에서는 생존이 불가능한데 고온과 장일 때문에 생기는 발육의 지연 현상은 이와 같은 유충의 고온에 대한 약한 저항성 때문인 듯하다. 유충발육기간이 일장조건의 영향을 크게 받는다는 사실은 이 곤충은 1화성이 원칙이기는 하나 지역 개체군에 따라 광주기 반응에 차이가 있는 계통이 있을 것이라는 추측을 낳게 한다. 이런 사실은 Leningrad 지역 자연 조건하에서 남쪽과 북쪽의 계통을 동시에 사육한 실험결과를 보면 알 수 있다.

최근 Masaki(1957a, 1958)는 일본 Honshu 태평양 연안의 아

열대 지방(34° 42'N)에서 버드나무얼룩가지나방(*Abraxas miranda*)의 복잡한 생활환 연구결과를 발표한 바 있다. 이 자나방은 상록의 사철나무를 숙주로 하며 연간 2회 발생한다. 온도가 25~26℃인 여름철(6월~8월)에는 휴지상태의 번데기로 지내며 그의 발육은 주로 서늘한 시기에 일어난다. 제1회 성충은 4월~5월에 출현하고 제2회 성충은 9~10월에 출현한다. 월동은 활동성인 유충, 휴면 또는 비휴면 상태의 번데기로 한다. 이런 특이한 생활환은 번데기의 휴면특성과 관련이 있다.

휴면의 개시와 휴면기간은 주로 발육기간 중의 장일조건의 영향을 받으나 온도도 일부관계가 있다. 자연 상태에서의 이 곤충의 광주기 반응을 보면 단일형에 속한다. 일장이 14시간 이상일 때는 휴면기간이 긴 번데기만이 생긴다(평균 $2\frac{1}{2}$~$3\frac{1}{2}$개월). 일

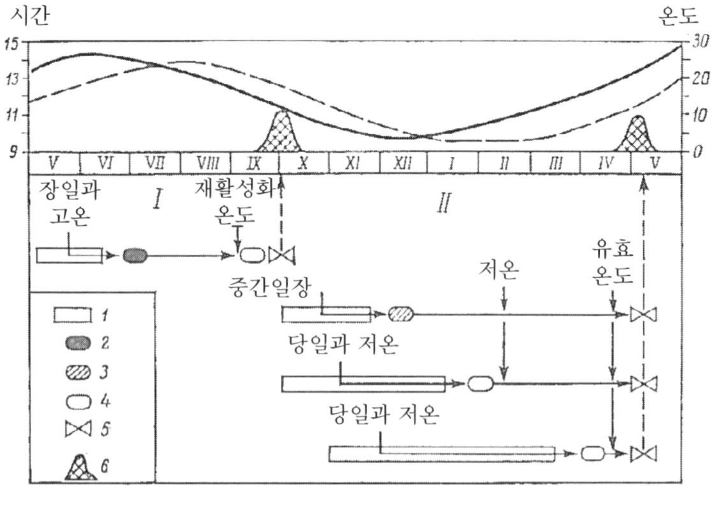

그림 54. 일본에서의 버드나무 얼룩가지나방(*Abraxas miranda*)의 생활환 (Masaki 1958)

——; 일장, ------; 온도 ; I ,II : 세대 1, 유충 ; 2, 휴면이 긴 번데기 ; 3, 휴면이 짧은 번데기 ; 4, 비휴면용 ; 5, 성충 ; 6, 성충우화사항

장이 짧아짐에 따라 휴면용율은 감소하고 휴면기간도 짧아지며 7~10시간에서 최저가 된다. 고온은 장일과 같은 방향으로 영향을 미쳐 휴면율을 증가시키고 휴면기간을 길게 한다. 그리고 저온은 단일조건의 영향을 증대시켜 발육을 돕는다.

야외에서의 이 곤충의 생활환은 온도와 광주기에 대한 그의 반응 특성을 보면 이해할 수 있으며 그것은 그림 54와 같다.

그림에서 보는 바와 같이 월동 후 제1세대 유충은 일장이 13$\frac{1}{2}$시간~14$\frac{1}{2}$시간 온도가 16~20℃인 5월부터 6월 초순 사이에 발육한다. 실험결과를 보면 이런 조건에서는 휴면이 긴 번데기가 되며 그것은 여름철 동안 지속된다. 가을이 되어 온도가 떨어지면 성충이 우화한다. 가을철에 우화한 성충의 자손은 온도가 급격히 떨어지는 조건에서 생장하게 되는 고로 여름철의 유충과는 다른 조건하에 놓이게 된다.

빨리 태어난 유충은 10월부터 11월 사이에 생장하게 되는데 이 때는 온도가 비교적 높고 일장은 11시간 50분에서 10시간 30분으로 짧아지는 시기인 고로 휴면기간이 짧은 번데기를 낳는다. 그러나 이와 같은 휴면은 겨울철이 되기 전의 발육을 억제하는 데에는 충분하다.

늦게 부화한 유충의 발육은 온도의 저하로 발육이 억제된다. 이것들은 단일조건(12월 중의 일장은 9시간 50분)에서 겨울철 동안 느린 속도로 발육하여 서서히 용화한다. 실험에 따르면 이들 번데기는 대부분이 비휴면 상태이다. 그러나 이들 번데기는 발육최저온도가 상당히 높아 봄철까지 발육이 억제된 상태로 지낸다. 월동 번데기의 발육은 온도가 발육한계를 넘게 되는 3월과 4월이 되어야 시작한다.

배나무얼룩가지나방과 같은 생활환을 가진 것은 아열대 기후 조건하에서 상록의 식물을 먹이로 하는 곤충류에서만 찾아볼 수 있겠다. 여름철과 겨울철에 휴면기간을 달리하는 휴면특성이 남부지방에서의 생활환 조절에 주요한 역할을 하고 있는 듯하다.

- 기생 곤충류의 생활환

기생곤충류의 계절적 적응문제에는 그들의 환경조건 변화에 대한 문제와 그의 숙주발생의 진행문제가 다 같이 고려되어야 하기 때문에 복잡하다.

기생곤충류의 발육과 그의 숙주의 발육이 정확히 일치하고 있다는 사실은 여러 가지 예에서 알려지고 있다. Salt(1941)는 여러 가지 연구결과를 검토하여 다른 사람들과 마찬가지로 기생자의 생장이나 발육은 그들의 숙주의 생장이나 발육에 의하여 결정된다고 하였다. 사실 이것은 많은 경우 맞는 이야기이다. 예를 들면 Bradley와 Arbuthnot(1938)는 조명나방의 알에 기생하여 번데기시기에 우화하는 고치벌의 일종 *Chelonus annulipes*의 생활환은 그의 숙주인 조명나방의 생활환과 밀접한 관계가 있음을 밝히고 있다.

다화성인 조명나방에서는 이 고치벌의 발육은 숙주와 마찬가지로2개월에 끝나나 일화성인 조명나방에서는 기생봉이 휴면유충 체내에서 월동하여 다음 해 봄에 숙주가 용화한 후에 발육을 끝내는 고로 유충 기간은 거의 10개월이나 된다. 이와 같이 기생자의 발육기간이나 휴면은 완전히 숙주에 의하여 결정된다. 이렇게 하여 기생자의 발육기간이나 휴면은 완전히 숙주에 의하여 결정되어 기생자의 성충 출현 시기는 기생할 숙주의 발육단계에 맞춰지는 것이다. Marchal(1936)은 잎말이나방의 일종 *Cacoecia rosana* 알에 기생하는 알좀벌의 일종인 *Trichogramma cacoeciae*에서 동일한 현상을 확인한 바 있다.

기생자의 발육과 휴면이 숙주의 그것과 얼마나 밀접한 관계가 있는가에 관하여 Schneider(1950, 1951)는 여러 가지 꽃등에류에 기생하는 등애살이뭉툭맵시벌의 일종인 *Diplazon fissorius*을 대상으로 상세한 연구를 하였다. 이 기생봉은 숙주의 어린 유충에 기생하는데 그의 발육은 1령기 유충으로 숙주가 번데기가 될 무렵까지 정지상태를 유지한다. 다화성 꽃등애류인 *Epistrophe balteata*의 경우 기생자의 발육정지기간은 짧아 연간 수세대를 경과한다. 그런데 휴면상태의 유충으로 월동하는 1화성인 꽃등에 *Epistrophe bifasiata*에 기생하였을 때는 유충에 기생한 채로 월동하여 이 기생봉도 1화성이 된다. Schneider는 기생봉 1령 유충을 생활환이나 생리상태가 다른 기주에 이식하였을 때 기생자의 탈피와 그 후의 발육은 숙주체액의 직접적 영향을 받는다는 것을 밝혔다. 이와 같은 현상은 기생자의 1령 유충의 표피가 갖는 큰 투과성과 관계가 있겠으며 아마도 이것은 변태에 관련된 호르몬에 의한 것으로 생각된다.

Lees(1955)는 기생곤충의 휴면은 1령 유충에서 일어날 때만 숙주의 생리상태의 영향을 받는다고 하고 이와 같은 발육정지는 외부조건에 의하여 유도된 휴지와 같은 상태일 것이라고 생각하였다. 그러나 이런 발육정지상태는 배자발육초기의 휴면과 같은 생리적 기구를 갖는 진정한 휴면으로 생각할 수도 있겠다. 배자휴면은 휴면하는 곤충 자체의 호르몬계의 영향을 받아 휴면하는 것은 아니다. 기생자가 이와 같은 종속적 발육양식을 나타낼 때는 야외에서 그의 생활환과 외부조건의 계절적 주기간의 조화는 계절적 주기에 대한 숙주의 생활사 적응에 의존하게 되는 셈이다.

그러나 기생자의 휴면이 개체발생의 후기에 일어날 때는 이와는 다른 조절양식을 한다. Geyspits와 Kyao(1953)는 흰나비의 일종 *Pieris brassicae*의 기생봉인 배추나비좀벌(*Apanteles glomeratus*)과 재주나방이나 박쥐나방에 기생하는 *Apanteles spurius* 좀벌의 경우 이들 기생봉의 전용휴면은 숙주체내에서 발육하는 유충이 받은 광조건의 직접적 영향을 받는다는 것을 밝혔다. 즉 *Apanteles spurius* 좀벌은 1화성인 박각시나방인 *Smerinthus ocellatus*나 재주나방의 일종인 *Dicranura vinula*에 기생할 때 장일조건에서 발육하면 용화하는데 단일조건하에서 발육하면 휴면한다.

Maslennikova(1958, 1959)는 배추흰나비의 일종 *Pieris brassicae*의 유충기생봉 *Apanteles glomeratus*(배추나비좀벌)의 전용휴면에 미치는 온도와 광주기의 영향에 관하여 연구하였다. 그 결과는 그림 35와 같다. 그런데 이 좀벌은 온도와 광주기에 독자적 반응을 나타내는 동시에 1령기 유충에서는 종속적인 반응도 나타낸다.

그림 55는 배추나비좀벌(*Apanteles glomeratus*)이 어린 유충기에 휴면하는 1화성인 상제나비(*Aporia crataegi*)에 기생하였을 때와 번데기 휴면을 하는 다화성인 흰나비의 일종 *Pieris brassicae*에 기생하였을 때의 생활환의 차이이다.

그림에서 보는 바와 같이 이 기생봉은 숙주의 생활환 특성에 따라 1화성 발생을 할 수도 있고 다화성 발생을 할 수도 있다. 두

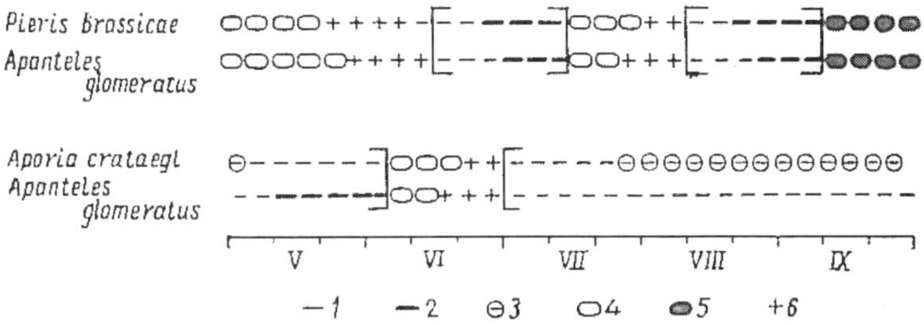

그림 55. Leningrad 지방 배추나비좀벌(*Apanteles glomeratus*)의 서로 다른 숙주에서의 생활환 (V. A. Maslennikova)

1, 1령 유충 ; 2, 노령 유충 ; 3, 월동 고치속의 휴면 유충 ; 4, 비휴면 전용과 용 ; 5, 휴면 전용과 용 ; 6, 성충. 〔 〕은 기생기간

경우 모두에서 기생봉의 발육은 외부조건의 계절적 변동과 잘 일치하는 동시에 기생자의 성충 출현기는 기생에 알맞은 숙주 발육기(1령 유충)와 일치하고 있다. 그러나 그의 기작은 기주에 따라 다르다.

상제나비에 기생할 때는 기생봉은 1령 유충 숙주 체내에서 월동하며 그의 생활사는 완전히 숙주의 생리적 조건의 지배를 받는다. 실험결과에 따르면 고온이나 장일조건은 가을철 기생자의 어린 유충의 발육에 도움이 되지 못하고(Maslennikova 1958) 봄철에 숙주가 휴면에서 깨어났을 때만 활동을 개시한다고 한다. 그러나 상제나비 체내에서 발육한다고 하여도 이 좀벌의 전용 휴면의 조절기구가 갖는 자율성은 유지된다. 이런 이유 때문에 만약 기생된 월동 유충을 봄철에 단일 저온조건에 처리하면 기생봉의 전용은 고치를 만들고 휴면한다. 그러나 이와 같은 조건들이 숙주인 유충발육에는 아무런 영향도 미치지 못한다.

Pieris brassicae 흰나비에 기생하였을 때는 숙주와 *Apanteles* 좀벌의 온도와 광조건에 대한 반응의 유사성 때문에 세대수나 휴

면의 일치성은 유지되나 이 경우 *Apanteles*의 기생기간은 숙주의 호르몬의 영향을 받아 차이가 있다.

배추나비좀벌(*Apanteles glomeratus*)는 1~2령 유충에 기생하여 숙주가 용화하기 직전에 발육을 끝내는 것이 보통이다. 그러나 실험조건에서는 좀 더 자란 유충에도 기생이 가능하며 이때에는 발육기간은 단축된다. 이것은 이 기생봉의 유충은 초기에는 정체되어 있고 발육은 주로 후기의 자란 유충기에 일어난다는 것을 의미한다. 이 때문에 기생봉의 성충 출현 시기는 *Pieris brassicae* 흰나비 다음 세대 유충 출현기를 맞추게 된다.

외부환경조건과 숙주발육에 대한 기생자의 생활환 적응은 대부분의 경우 위에서 설명한 바와 같은 두 가지 발육조절 작용 형태를 바탕으로 하고 있음이 확실하다. 배추벌레살이좀벌(*Pteromalus puparum*)과 *Trichogramma* 알좀벌류를 대상으로 조사한 결과를 보면 독립적인 반응과 종속적인 반응의 상대적 역할은 종에 따라 차이가 있는 듯하다(Maslennikova 1958, 1959).

발육기와 휴면기간에 대한 두 가지 조절작용은 기생자의 생태학적 적응능력을 증대시켜 그들이 여러 가지 다양한 숙주에의 기생을 가능하게 하고 있다. 외부조건에 대한 독립적 반응들은 필연적으로 지리적 종내 분화를 일으키며 숙주에 대한 종속적 발육양식은 여러 가지 기후 조건에 대한 일치성 발달에 도움이 되겠다.

2. 곤충 생활환의 연간 변동요인

어떤 지역의 곤충 생활환은 일정한 것이 아니고 기후적 조건 특히 생육기간 중의 온도조건의 영향을 받아 변화한다. 이와 같은 것은 활동발육단계의 출현시기의 변동 뿐 아니라 휴면개시의 시기에도 변동이 있어 다화성 곤충류에서는 연간 세대수에 차이가 생긴다. 이런 사실은 자연계에서는 광주기 조건이 지역에 따라 일정하다는 것과는 모순된 현상으로 생각된다. 그러나 연간 세대수가 주로 곤충류의 일장에 대한 반응특성에 의하여 결정된다는 것은 의심의 여지가 없고 이런 현상이 지금까지 설명한 바와 같이 온도의 직접적 영향에 의한 것이라고만 생각할 수는 없다. 생활환 진행의 변동은 개체군의 밀도나 월동수와 관련이 있는 고로 이런 측면에서의 검토가 필요하겠다.

기후조건에 의한 연간 세대수의 변동은 두 가지 원인에 의한 것으로 생각할 수 있겠다. (1) 온도의 영향으로 발육기가 변화하여 광주기에 감응하는 발육단계가 다른 일장에 접하게 되는 경우 (2) 환경의 온도나 기타의 조건의 직접적인 영향으로 광주기 반응 임계치가 변하는 경우 등이 그것이 되겠다. 자연계에서는 이 두 가지 요인이 동시에 관여할 수도 있겠다.

계절적 온도 변동이 생활환에 미치는 영향을 살펴보면 다음과 같다.

Komarova(1949, 1954)는 휴면유기에 미치는 온도의 간접적 연구결과를 많이 발표하였다. 그는 Azerbaijan 지방에서 포도의 대해충인 잎말이나방의 일종인 *Polychrosis botrana*의 연간 발생경과를 조사하였다. 이 잎말이나방은 이 지역에서는 연간 3회 발생한다. 제1세대에서는 휴면현상을 볼 수 없으나 제3세대의 번데기는 모두가 휴면한다. 제2세대는 7월부터 8월 사이에 발생하는데 휴면용율은 지역이나 한 지역에서도 해에 따라 큰 차이가 있다. 이런 생태학적 특성 때문에 이 해충에 의한 피해에 해에의 따르는 차이가 생긴다. Kirovabad 지방에서는 제2세대에서 휴면하는 것이 거의 없어 밀도는 제3세대까지 계속 증가하기 때문에 피해가 대단히 크다. 그런데 Kirovabad에서 8km 밖에 떨어져 있지 않은 Khanlar 지방의 구릉지대에서는 제2세대 번데기는 대부분이 휴면에 들어가 제3세대의 발생량은 많지 않아 피해가 적다.

Komarova는 이 잎말이나방의 휴면유기에 결정적인 영향을 미치는 것은 일장의 감소이며 온습도나 먹이조건은 별 영향이 없는 것을 밝혔다. 광주기에 대한 감응발육단계는 배자발육기이며 2령기 유충까지도 다소의 영향을 받는다. 따라서 휴면율은 주로 산란시기에 의하여 결정되며 임계일장은 7월 20일의 그것이 된

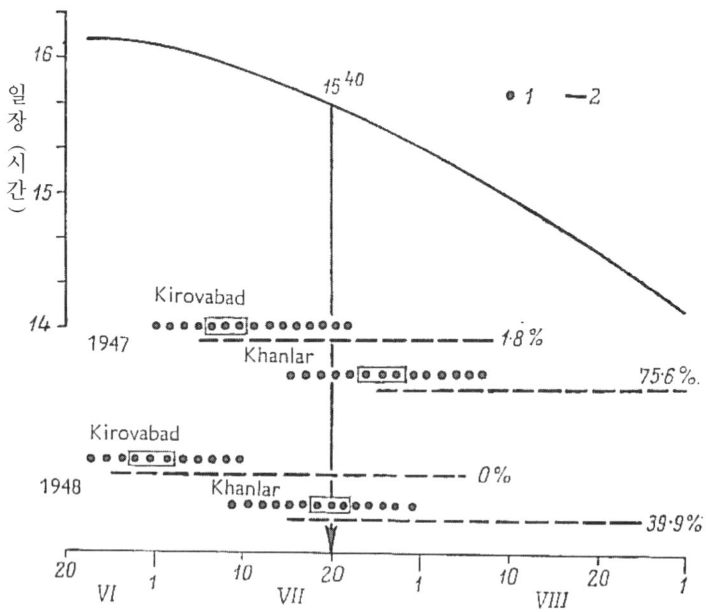

그림 56. 잎말이나방의 일종 *Polychrosis botrana* 제2세대에서의 휴면율과 산란시기와의 관계 (Komarova 1949)

⌒ ; 일장, ⟶ ; 임계일장일, 1; 알, 2; 유충, [• • •]; 산란최성기

다. Kirovabad와 Khanla 지역에서 2년간에 걸쳐 조사된 제2세대에서의 휴면율과 발육기간은 그림 56과 같다.

Kirovabad 지역에서는 1947년에는 산란이 임계일장 이전에 집중되고 그 이후의 산란은 별로 없어 휴면용은 극히 적었다(1.8%). 그러나 Khanlar 지방에서는 온도가 낮아 발육이 많이 늦어져 산란은 주로 7월 20일 이후에 이루어져 76%의 번데기가 휴면하였다. 1948년에는 여름철 기온이 높아 이 해충의 발육이 촉진되어 산란이 예년보다 빨라 Kirovabad 지역에서는 휴면용이 완전히 없었고 Khanlar 지역에서도 휴면율은 40% 밖에 안 되었다.

이런 예는 온도가 휴면유기와 관계가 있는 생리적 현상에는 직접적 영향을 미치지 않으면서도 휴면용율에 큰 영향을 미칠 수 있음을 말해주는 예가 될 수 있겠다. 이 경우는 온도가 발육속도에 영향을 미쳐 일장에 대한 감응발육단계를 다른 일장조건에 접하게 하여 생긴 결과이다.

사과해충인 코드링나방(*Enarmonia (Carpocapsa) pomonella*)의 휴면유충율의 연간 변동도 온도의 간접적 영향을 받는다. 몇몇 학자들(Kęthe 1937, Garlick 1948, Shel'deshova 1956)이 몇몇 지역 야외조사를 행하고 이 해충의 휴면시기가 매년 일정함을 보고하고 있는데 이것은 이와 같은 추정을 뒷받침하는 것이다. Garlick에 따르면 Ontario 지역에서의 유충 휴면율은 임계일장일인 8월 24일 이전까지에 생육을 완료한 유충수에 따라 27~37% 의 변이를 보였다고 한다.

그러나 온도의 영향은 보다 복잡한 형태로 나타나는 수가 많아 발육시기의 변화와 더불어 광주기 반응에 직접적인 영향을 미치는 일이 흔히 일어난다. 이런 예로 Poland에서의 콜로라도감자잎벌레(*Leptinotarsa decemlineata*)의 휴면과 발생횟수의 변동을 들 수 있겠다.

이 해충의 성충 수명은 1년 이상이나 되어 세대가 다른 성충이 공존하게 되는 고로 지금까지 설명한 곤충류의 생활환에 비하면 보다 복잡하다. 당해연도의 세대가 다른 성충과 전년도의 성충이 같이 월동한다. 그러나 Poland 지방에서는 산란을 끝낸 성충은 대부분이 겨울동안에 죽어버린다(Koval'akaya 1958, Vengorek 1958, Węgorek 1957b, 1959a). 따라서 다음 해의 발생량을 예측하는 데에는 휴면충의 내용에 관한 지식이 필요하다.

Węgorek(1957a, 1959b)에 따르면 Poland에서의 이 해충 발생은 연 1회가 보통이다. 제2세대가 발생하는 일은 드물고 발생량도 적은데 이것은 여름철에 우화하는 제1세대 성충 대부분은 성적으로 미성숙 상태로 휴면하거나 산란한다고 하여도 그 수는 극히 적기 때문이다. 그리고 그 자손은 1954년(그림 57)의 경우와 같이 겨울철이 다가올 때까지 발육을 끝내지 못한다. 제1세대 성충의 휴면율은 여름철의 온도에 따라 변한다. 여름철이 고온인 해(예 1953)에는 상당수의 성충이 성숙하며 산란수도 많다. 그리고 제2세대 성충까지 발육하여 월동하게 된다. 그러나 여름철이 저온인 해에는 여름철 성충은 모두가 휴면에 들어가게 되어 제2세대는 발생하지 않는다.

연간 세대수의 변동을 유효 온도량의 변동만으로 설명할 수는 없다. 예를 들면 1953년과 1954년의 발생경과는 차이가 큰데 이 잎벌레의 발육최저온도(11.5℃) 이상의 총 온도량은 786일도와 752일도로 두 해 사이에 큰 차이가 없다. 1세대를 완료하는데 필

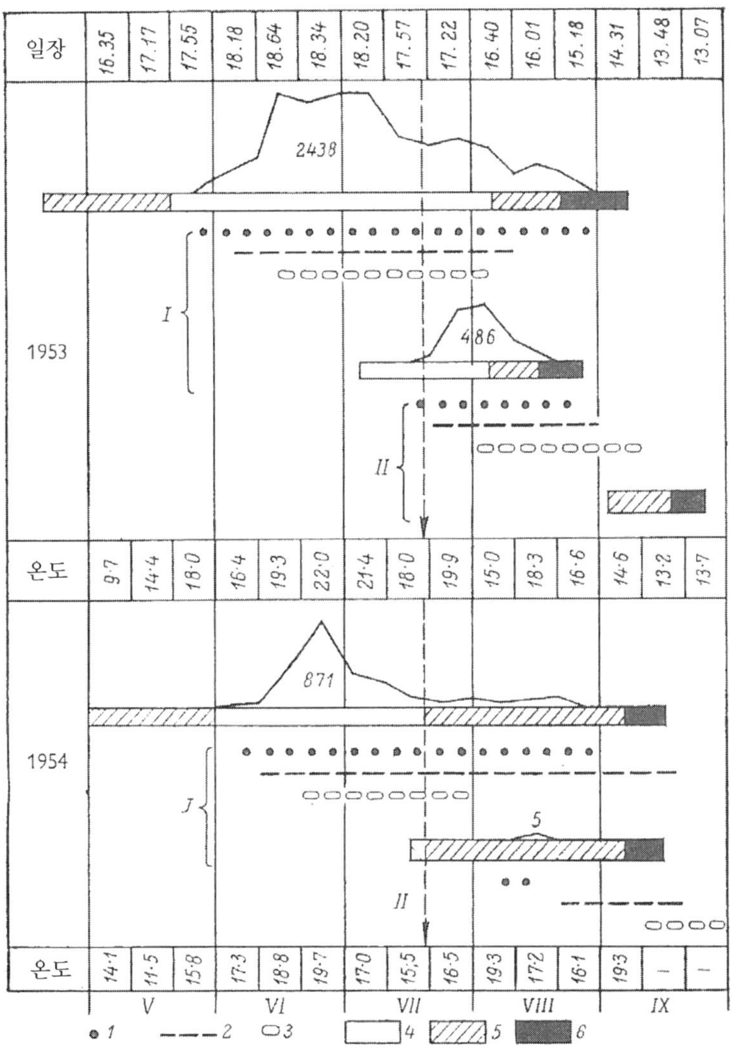

그림 57. Poland Poznan 지방 콜로라도감자잎벌레(*Leptinotarsa decemlineata*) 생활사에 미치는 여름철 온도의 영향 (Węgorek 1957, 1959 ; Larchenko 1958)

화살표 : 임계일장, I ,II : 세대, 곡선 : 산란수 ; 곡선내 수치 ; 산란수/우. 1, 알 ; 2, 유충 ; 3, 번데기 ; 4, 성숙한 성충 ; 5, 미성숙 성충 ; 6, 땅속의 월동 성충

요한 온도량은 360일도인 고로 이 두 해의 온도는 2세대를 완료하는데 충분하다(Larchenko 1958b, 1958c, 1958d).

따라서 이런 경우에는 휴면유기와 관계가 있는 조건을 생각해야 하겠다. Larchenko(1955, 1958a)는 이 잎벌레의 휴면이 연령과 먹이식물의 생화학적 성분의 계절적 변화와 관계가 있다고 하였다. 그러나 알려진 바와 같이 중요한 것은 일장조건이다(De Wilde 1954, 1955 ; Jermi와 Saringer 1955 ; Goryshin 1956, 1958a ;Węgorek 1958a, 1959b ; De Wilde, Duintjer과 Mook 1959). 특히 Goryshin(1956, 1958a)의 연구결과는 자연 상태 하에서의 발생경과 변이의 원인과 관련 흥미 있는 것이다. 그는 단일 조건은 직접 성충기에 대해서 뿐 아니라 유충에도 영향을 미쳐 성충에 휴면을 유기한다고 하였다. 임계일장은 온도뿐만 아니라 먹이식물의 조건에 따라서도 달라진다. 온도가 30℃일 때의 임계일장은 14시간 30분이고 18℃에서는 18시간 이상이다(그림 25 참조). 그리고 20℃에서의 임계일장은 약 17시간 30분이다. 일장이 길어짐에 따라 성충의 성적 성숙은 촉진되고 산란수도 증가한다. 이런 연구결과들은 해에 따라 휴면이나 산란수를 달리하는 이유를 충분히 설명해 준다.

그림 57은 이 해충의 1953년과 1954년의 발생경과이다. 이 두 해의 생육기간 중의 유효적산온도량은 비슷하나 연중 온도 분포에는 차이가 있다. 즉 1953년에는 6월과 7월의 온도가 대단히 높아 약 20℃였다. 그런데 1954년 7월은 온도가 낮았다(16.3℃). 이와 같은 차이가 이 해충의 발육에 직접 간접적으로 영향을 미쳤던 것이다.

일장과 온도조건의 직접적 영향은 월동 성충의 산란수를 보면 명백하다. 성충이 성적으로 성숙하여 최초의 산란을 하는 것은 15℃ 이상에서 인데 이것은 5월 하순 이후 일장이 17시간 이상이 되는 시기이다. 최대 산란기는 일장이 18시간 이상인 시기이다. 7월이 되어 일장이 임계일장까지 감소한 직후에는 산란수는 급격히 감소하여 8월이 되어 일장이 17시간 이하가 되면 대부분의 성충은 산란을 중지하고 월동준비에 들어간다. 이들의 산란활동은 Węgorek(1957a, 1959a)가 지적한 바와 같이 해에 따라 차이가 없으나 그림에서 보는 바와 같이 장일 하에서의 산란력은 고온 하에서 증가한다. 그러나 일장이 임계일장보다 짧아진 후에는 온도가 높아도 활동이 회복되지 않는다.

온도의 간접적 영향은 여름 세대에서의 휴면과 산란수에서 보다 뚜렷하다.1953년에는 온도가 높아 유충과 번데기의 발육이 빨라 제1세대 성충이 일장이 18시간을 넘는 7월 초에 출현하였다. 그래서 이 해에는 제1세대 성충 모두는 비휴면 상태였고 산란하였다. 그들의 산란수는 커서 최다는 997개였고 평균 486개를 산란하였다. 8월이 되면서 산란수는 떨어지기 시작하였고 월동하는 휴면충이 출현하기 시작하면서 산란은 끝났다. 9월(단일)에 우화한 제2세대 개체들은 단일조건 때문에 모두가 휴면하였다.

1954년에는 7월이 저온이었기 때문에 제1세대 성충은 7월 16일에 처음 출현하였는데 이것은 전년도 보다는 2주나 늦은 것이며 이때는 일장이 벌써 임계치에 달한 때이다. 그에 따라 비교적 빨리 우화한 성충도 성적으로 성숙한 것은 10% 이하였다. 이들의 8월 중 산란수는 고온(19.3℃)에도 불구하고 적었다(평균 5.6개).

대체로 여름 세대의 성충 중 산란활동을 하는 것은 일장이 17

시간 30분 이상인 7월 전반부에 우화한 것들 만이다. 일장이 17시간 이하가 되어 버리는 8월에 우화한 성충은 성적으로 성숙하지 못한 채 월동하게 된다. 7월 후반부터 8월에 걸쳐 우화한 성충은 온도나 먹이 식물의 조건에 따라 차이가 있기는 하나 산란하는 것은 별로 많지 않다. 이와 같은 사실은 Poland 여러 지역 개체군의 발생경과로 확인되었다. 북부지방에서는 기온이 낮아 월동 후 제1세대의 성충은 7월말~8월초에 우화하여 산란을 못하는 것이 보통이다.

산란활동을 중지한 직후 성충은 휴면준비기간에 들어가는데 이때 지방이 축적되고 체내 수분이 감소한다. 일장이 짧으면 짧을수록 휴면준비기간은 짧아진다. 그리고 이와 같은 현상은 먹이 조건(Larchenko 1958a, Węgorek 1958)이나 온도의 영향도 아울러 받는다. Goryshin(1958a)에 따르면 고온조건은 휴면준비기간을 어느 정도 단축시킨다고 한다. 온도의 급격한 저하는 성충의 토중 잠입의 직접적 자극이 되는 듯하다. 이와 같은 복잡한 관계 때문에 해에 따라 성충이 땅속으로 잠입하는 시기는 상당한 변동이 있다.

밤나방의 일종인 *Chloridea obsoleta*는 광주기 반응이 특이하여 그의 분포 남부지역에서의 월동충은 특이한 특성을 갖고 있다. Azerbaijan 지방에서는 이 해충의 월동 번데기는 생리학적으로 큰 변이성을 갖고 있어 휴면기간이 긴 것, 짧은 것, 심지어는 비휴면 용까지 다양하다. 번데기의 이와 같은 여러 가지 생리상태 때문에 월동 중의 생존율이나 봄철의 성충 우화시기가 달라진다. Komarova(1959)에 따르면 이와 같은 월동 번데기의 다양한 특성은 온도의 이 해충의 광주기 반응에 미치는 영향 때문이라고 한다.

표 17에서 보는 바와 같이 이 곤충의 광주기 반응은 약 23℃에서만 완전히 나타난다. 이보다 온도가 높거나 낮을 때는 단일효과가 억제되어 휴면용율은 감소한다. 그리고 휴면기간도 유충기의 온도에 따라 변화한다. 휴면기간은 고온에서 길고 20℃ 이하에서는 휴면기간이 짧은 번데기만이 생기며 이때의 용기간은 40일 정도이다. 이와 같은 사실들은 자연 상태하의 월동 충의 다양한 특성을 말해주는 것으로 그림 58은 Azerbaijan 지역 *Chloridea obsoleta* 밤나방 월동충의 생물학적 특성에 미치는 광조건과 온도조건의 영향이다.

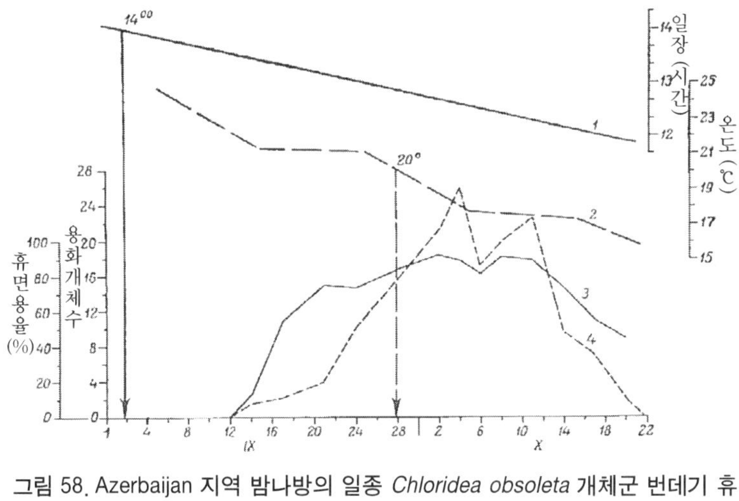

그림 58. Azerbaijan 지역 밤나방의 일종 *Chloridea obsoleta* 개체군 번데기 휴면에 미치 는 가을철 온도조건의 영향 (Komarova 1959)

1. 일장 ; 2. Sabirabad 지방 1954년도 순평균 기온 ; 3. 휴면용율 ; 4. 휴면용 수의 변동, 화살표는 임계일장과 휴면유기를 억제하는 온도개시시점

그림에서 보는 바와 같이 최초의 휴면용 출현은 9월 중순인데 이 시기의 온도는 20℃ 이상이나 휴면용율은 일장이 짧아짐에 따

라 급격히 증가하여 10월 초에 최고(90~92%)에 달한다. 그런데 그 후 온도가 20℃ 이하가 되면 번데기의 비휴면율이 다시 증가하여 10월 20일에는 휴면용은 45%에 불과하였다. 번데기의 휴면기간은 용화시기에 따라 차이가 있어 온도가 상당히 높아도 (21~25℃) 일찍 용화한 것은 휴면기간이 길며 후에 용화한 것은 용기간이 짧으며 말기에 용화한 것의 휴면기간은 대단히 짧다.

그림에서 보는 바와 같이 1954년에는 대부분의 유충이 광조건이나 온도조건이 휴면에 들어가기에 알맞은 시기에 용화하였다. 여름철과 가을철의 온도조건이 달라지면 용화 최성기를 불리한 조건에서 맞게 되겠는데 이렇게 되면 내한성 휴면용수는 감소하겠다. 이와 같은 사실은 중앙아시아의 *Chloridea obsoleta* 밤나방의 발생상황을 연구한 Manuilova(1958)의 결과를 보면 확실하다. 그녀는 늦게 용화한 번데기 비율이 높을 때는 유충의 광주기 반응의 특성상 이렇게 하여 생긴 번데기는 내한성이 없어 다음 해의 발생량은 감소할 것이라고 하였다.

이상의 예들로 알 수 있듯이 이상 저온 하에서의 광주기 반응의 변화는 다음 세대의 발생량을 감소시킬 가능성이 크다. 따뜻한 해에는 한 세대가 증가할 수 있으나 이것이 월동 개체수를 증가시키지는 못하는 것이 보통이어서 다음 해의 발생량은 크게 감소하게 되겠다. 따라서 온도에 따르는 임계일장변화는 그 지역의 온도변동에 대한 적응현상으로 보기는 힘들겠다. 이것은 아마도 온도의 지리적 변화에 대한 적응현상으로 개체군의 분포지역 확대에는 도움이 되는 것으로 생각된다.

3. 생활환의 지리적 변이

광주기 반응의 종내 변이의 의의는 여러 기후대에서의 생활환 특성을 보면 명백하다. 여기서는 곤충류 3종의 지리적 조건에 대한 적응현상의 차이를 중심으로 이 문제를 설명하려 한다.

(1) 배저녁나방 (*Acronycta rumicis*)

배저녁나방 생활환의 지리적 변이는 다화성 곤충류의 대표적 예이다. 그림 59는 여러 지역에서의 박명기를 포함한 일장의 계절적 변동을 위도와 이 종의 생활환과 관련시켜 도시한 것이다.

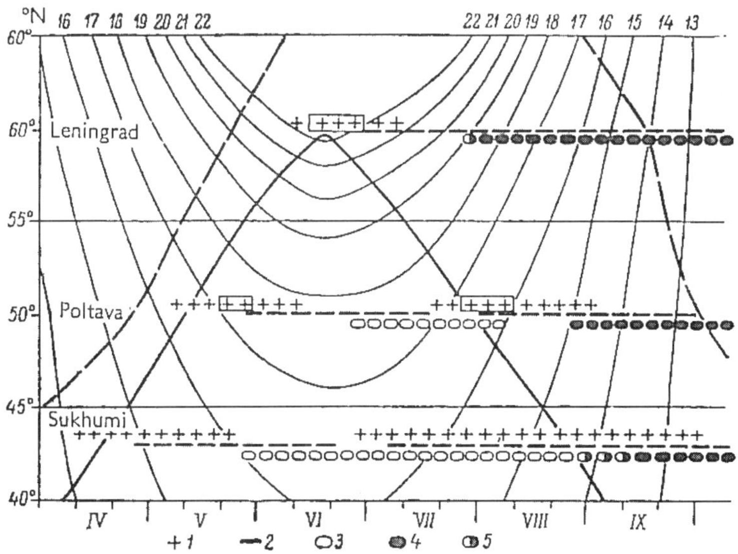

그림 59. 여러 지역 배저녁나방(*Acronycta rumicis*) 개체군의 생활환과 지역 일장과의 관계

점선 : 온도 10℃ 이상의 시기의 한계 ; 굵은 실선 : 비휴면 발육에 필요한 일장기간 ; 가는 선 : 일장 시간, 1. 성충(▭안은 우화최성기) ; 2. 유충 ; 3. 비휴면용 ; 4. 휴면용 ; 5. 휴면용과 비휴면용

모든 지역에서 성충은 기온이 12~14℃가 되면 출현한다. 이런 시기는 Leningrad 지역에서는 6월 초순이고 삼림스텝지대(Poltava)에서는 5월 초순 그리고 Sukhumi 지역에서는 4월 초순이다. 우화최성기는 초우화일로부터 10일 내지 15일 후가 되나 때로는 우화기간이 아주 장기간에 걸치는 수도 있다. 그 후의 발생경과는 지역에 따라 차이가 있으며 발생 횟수는 주로 생육기간 중의 유효적산온도량에 의하여 결정된다. 연간 세대수는 실험실에서 조사된 10℃ 이상의 유효적산온도량 525~550일도와 잘 일치한다(표 27 참조).

Leningrad 지방의 여름철 온도조건(570일도)은 1세대만을 경과할 수 있으며 번데기로 휴면한다. 유충은 대단히 긴 일장조건(22~18시간)하에서 생육하나 이때의 온도는 20℃ 이하로 낮다. 이와 같은 조건하에서는 Leningrad 계통의 곤충은 내인성 휴면을 할 수 밖에 없다(그림 36 참조). 이 개체군은 20℃ 이하의 온도조건에서는 24시간 조명 하에서도 비휴면 발육은 완전히 불가능한 유전적 특성을 갖고 있다. 남부계통에서는 이와 같은 특성이 없는 고로 이것은 적응적 특성에 틀림없으며 이 때문에 연간 2세대 경과에는 생육기간이 부족한 북부지방에서는 장일 하에서도 1화성 특성을 유지하게 된다.

한편 연간 2세대를 경과하는 삼림스텝지대에서의 이 곤충의 생활환에 관하여는 앞서 설명하였다. 야외에서의 생활환과 실험실에서 조사된 온도와 광 조건에 대한 반응을 대조해 보면(그림 36) 월동 후 제1세대에는 휴면현상이 없고 제2세대에서는 휴면을 하는데 이때의 휴면은 전적으로 지역 개체군(Belgorod형)의 광주기와 온도에 대한 반응 특성 때문이라는 것을 쉽게 이해할 수 있겠다. 다른 지역의 개체군은 삼림스텝지대의 환경조건과는 명백히 맞지 않는 생활환 특성을 갖고 있다. 예를 들면 Leningrad 개체군은 18시간이라는 긴 임계일장을 갖고 있는 것이 특징인데 이 지역 개체군은 최장의 일장을 나타내는 제1세대에서도 휴면한다. 그러나 남방계인 Sukhumi 개체군의 경우는 위도 50°N에서의 일장은 제2세대의 발육기에도 지나치게 길어 3세대의 성충 출현도 가능하나 이 경우에는 발육에 필요한 온도조건이 제한이 된다.

온도조건으로만 생각한다면 Sukhumi 지역에서 유효적산온도는 2100일도인 고로 이론적으로는 4세대를 경과할 수 있다. 그러나 Milyanovskii(1956a)는 3세대 발생만을 관찰할 수 있었고 이 경우 세대간의 중첩이 있었다. 최종 성충은 10월까지 관찰되었고 유충은 11월에도 발견되었다. 여름철부터 9월초까지 즉 일장이 14시간 30분 이상인 시기에 발육한 개체들은 비휴면용을 낳았으나 그 이후의 것은 모두가 휴면용을 낳았다. 이런 발생경과와 부합하는 것은 Sukhumi 개체군의 임계일장뿐이다(그림 30과 36 참조).

이와 같이 실험실에서 얻은 지역 개체군의 생리학적 특성으로 여러 가지 위도에서의 세대수의 차이나 그들의 계절적 발생 특성의 그 지역 기후조건과의 관계를 이해할 수 있다.

(2) 도둑나방 (*Barathra brassicae*)

이 곤충은 아주 북쪽을 제외한 구북구 거의 전체에 걸쳐 서유럽으로부터 태평양 연안에 걸친 넓은 지역에 분포하며 일본에도 분포한다. 남쪽으로는 지중해연안과 여러 섬, 아열대 소아시아 그리고 서북 인도의 산악지대와 남부 중국에까지 분포하며 북미에도 분포한다. 이들 지역의 기후조건은 극히 다양하나 이 해충은 거의 모든 지역에서 중요한 해충의 하나이다. 이와 같은 유례를 볼 수 없는 생태학적 적응은 생활환의 가소성 때문일 것이다. 우리 연구실에서의 연구결과와 일본에서의 이 해충에 대한 Masaki의 연구결과(Uchida와 Masaki 1954, Masaki 1956a, 1956b, 1957b, 1957c)를 통하여 이 해충의 여러 지역 개체군의 지역적 적응현상의 특성을 짐작할 수 있다.

배저녁나방과 마찬가지로 도둑나방은 번데기시기에 외인성 휴면을 하는 다화성 곤충이다. 그의 생물학적 특성은 유럽과 일본에서 많이 조사되었으나 외부조건의 발육에 미치는 영향에 관한 실험적 연구결과는 극히 적다. L. A, Arapova가 이 해충의 Sumy와 Batum 지역 개체군을 대상으로 한 조사결과를 보면 모든 발육단계의 최고 온도는 약 30℃이고 32℃에서는 모두가 사망한다고 한다. 그의 발육적온범위는 16°~25℃이다. 발육율을 바탕으로 추정한 생장최저온도는 약 10℃이며 이것은 발육단계에 따라 다소 차이가 있다. 최적조건에서의 전 발육기간의 유효적산온도는 560~580일도인데 성충의 성적 성숙기간을 포함시키면 약 600일도 정도이다.

이외의 생물학적 형질로는 유충의 광식성과 호습성(Kozhanchikov 1956)을 들 수 있겠는데 호습성은 아마도 어두운 곳을 좋아하며 야간에 주로 활동하는 행동습성과 관계가 있는 것으로 보이며 이것은 밝은 곳에서 생활하는 곤충류에 비해 유효일장을 짧게 하게 되겠다.

휴면용은 상당한 내동성을 갖고 있어 -18℃와 -19℃에서도 살아남는다(표 28 참조). 번데기는 땅 속 비교적 깊은 곳(9~12cm)에서 동면하는 고로 이 정도의 냉동성으로도 엄동의 북부지방에서도 살아남을 수 있다.

이 곤충의 휴면 번데기의 특성은 내건성이 크다는 점으로 특히 배저녁나방이나 다른 곤충류의 번데기는 탈수현상으로 비교적 짧은 시간 내에 죽게 되는 고온에서 그러하다(표 39). 도둑나방의 이런 형질은 그의 분포 남한에서의 생활사와 관련 중요한 의의가 있는 것이다.

표 39. 여러 가지 온도와 공중 습도에서의 휴면용의 체중 감소 (10일간 생체중 1g당의 감소(mg))

종	공중습도(%)	온도(℃)					
		5	10	15	20	25	30
Barathra brassicae	40	2.2	2.7	3.5	4.0	5.0	5.2
	75	2.0	2.2	2.0	3.0	2.8	4.0
Acronycta rumicis	40	7.5	17.5	18.7	30.0	50.5	70.0
	75	9.5	10.0	14.5	15.0	16.5	32.5

이 곤충의 유럽과 Caucasus 계통의 광주기 반응의 지리적 변이를 보면 북부지역개체군에서 남부지역개체군으로 가면서 임계일장이 점점 감소하게 되는데(그림 31 참조) 표 40은 여러 지역

표 40. 도둑나방(*Barathra brassicae*) 번데기 휴면에 미치는 일장과 온도의 영향 (휴면율 %)

개체군	유충기 온도	일장 (시간)							
		12	14	15	16	17	18	20	24
Leningrad (60°N)	18	100	100	100	100	-	100	94	97
	25	100	100	100	91	70	57	35	25
Sumy (51°N)	18	100	100	100	100	83	0	5	0
	25	100	97	87	3	0	0	0	0
Adzharian (41°N)	18	100	100	100	0	2	0	2	0
	25	100	68	12	4	25	0	0	0

개체군의 유충기의 온도가 임계일장에 미치는 영향에 관한 연구 결과이다.

다른 다화성 곤충류와 같이 도둑나방의 서부 분포지역에서의 세대수는 남쪽으로 가면서 증가한다. 이 때문에 러시아의 유럽지역과 Caucasus 분포지역을 3개 지역으로 나눌 수 있겠다. 북위 53~54° 이북에서는 연 1세대뿐으로 모두가 번데기로 휴면하다. 때로는 제2세대 성충이 출현하기는 하나 다음 세대는 발육을 끝낸 지 못하는 고로 경제적 피해는 문제가 되지 않는다. 연간 2세대가 발생하는 2세대 지역은 남쪽으로는 삼림스텝과 북부 Caucasus의 남단의 스텝지대까지를 포함하며 피해가 문제가 된다. 흑해와 외 Caucasus의 따뜻한 지대에서는 연간 3세대까지 발생한다. 그런데 산악지대에서는 고도에 따라 발생횟수가 달라 고도 1500m의 지대에서는 연간 1세대 밖에 발생하지 않는다. 여러 지역에서의 생활환과 그의 발육상황은 그림 60과 같다.

발생세대수는 온도와 발육기간과 직접적인 관계가 있다. 이것은 추산된 10℃ 이상의 유효적산온도량(600일도)과 일치한다. 지금까지 휴면유기의 지역적 차이에 관하여는 잘 모르고 있었으나 지역 개체군의 광주기 반응의 특성이나 그의 온도와의 관계가 실험적으로 밝혀져 휴면 준비에 관한 문제의 이해에 도움이 되고 있다.

Leningrad 지역(그림 60a)에서 이 곤충의 연간 발생횟수가 1회라는 것은 배저녁나방(*Acronycta rumicis*)의 경우와 같은 이유에서이다. 이 지역에서는 7월에도 기온이 18℃ 이하로 이와 같은 여름철의 저온은 유효적산온도가 부족하여 제2세대의 발생이 불가능할 뿐 아니라 광주기 반응으로 휴면이 유도되어 1세대 밖

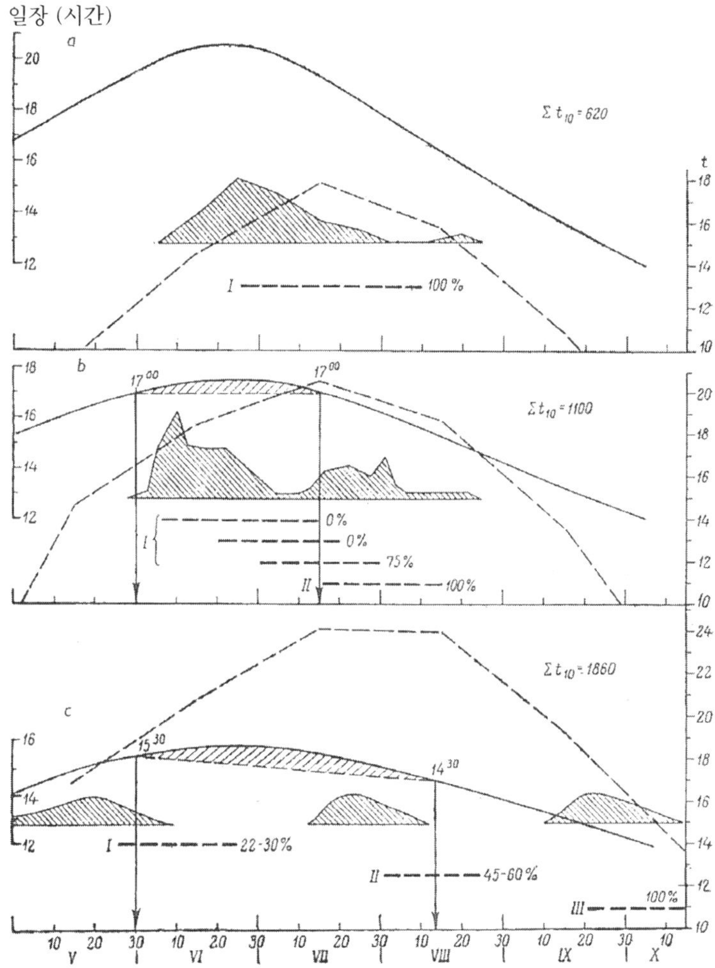

그림 60. 여러 지역 도둑나방(*Barathra brassicae*) 개체군의 발생상황

a. Leningrad (60°N) ; b. Voronezh (52°N) ; c. 동 Gruziya (42°N)
화살표 : 임계일장 ; /// 부위 : 비휴면 발육일장 ; 곡선 : 성충출현 ; Ⅰ,Ⅲ,Ⅲ : 세대 ; 점선으로 된 곡선 : 유충 ; 수치는 번데기의 휴면율

에 발생 할 수 없다. Leningrad 개체군을 이용한 실험(표 40)을 보면 이와 같은 저온에서는 연속조명 하에서도 모든 번데기가 휴면한다. 그러나 가끔 생육기간 중의 온도가 18℃에 달하는 예외

적인 고온의 해에는 소수의 비휴면용이 출현할 수 있겠다. 이것은 가끔 출현하는 8월말의 성충으로도 알 수 있다.

Moscow(Kal'bergnov 1951)나 Sverdlosk(Nedovodiev 1953)와 같은 북부지방에서 볼 수 있는 발생상황도 Leningrad에서의 그것과 같다. 이 지역에서의 발육 기간 중의 온도는 18℃를 넘지 않아 번데기는 모두가 휴면하는 것이 보통이다. 그러나 Moscow에서는 따뜻한 해에는(예 1931) 일부 제2세대를 볼 수 있다(Chesnokov 1936).

북부의 여러 지역에서의 이 곤충의 발생상황이 비슷하다는 것은 이들 지역 개체군이 Leningrad의 개체군과 온도나 광 조건에 대한 반응이 같음을 말하는 것으로 그들은 모두가 같은 지리적 계통임을 뜻한다고 할 수 있겠다. 북부지역의 남단에서는 온도가 높아 제2세대가 보다 자주 출현하겠는데 이 때문에 때로는 월동하는 번데기의 큰 수적 감소로 나타나게 되겠다(Chesnokov 1936). 단편적인 발생상황 자료를 토대로 생각할 때 이와 비슷한 생활환 반응을 보이는 계통들이 동부인 Irkutsk 지역까지의 Siberia 전역에 분포하고 있는 것으로 보인다.

남부 분포지역에서의 도둑나방 생활환은 배저녁나방의 그것보다 복잡하다. 즉 50°N 부근의 삼림스텝지대에서는 발육기간 중의 유효적산온도(1100~1300일도)때문에 매년 완전한 2세대를 경과한다. 그러나 제1세대 번데기의 상당한 수가 휴면상태로 월동한다. 즉 Zhitomir와 Kiev 지역에서는 10~50%의 제1세대 번데기가 휴면하며(Krishtal'과 Petrukha 1949) Kharkov 지역 개체군은 약 40%, Voronezh 지역 개체군은 약 45%(Konakov 1927) 그리고 Saratov 근처에서는 70~80%(Klements 1958)가 휴면한다. 이런 제1세대의 휴면율 차이는 제2세대 발생량에 영향을 미친다. Voronezh 지방에서 조사된 Konakov(1926)의 당밀유살 자료를 보면 제2세대 성충은 전체의 30%에 불과하였다. Poltava 시험장에서 조사된 유아등 성적도 비슷하였다. 배저녁나방이나 밤나방의 1종인 *Polia dissimilis* 기타 제1세대에서 휴면하지 않는 곤충류에서는 제2세대 발생량이 제1세대보다 훨씬 많은 것이 보통이다.

제1세대 휴면의 이유에 관하여는 지금까지 알려진 것이 없고 다만 유충의 발육시기와의 관계만이 알려지고 있다. Konakov (1926)과 Klements(1958)가 관찰한 바에 의하면 초기 번데기는 휴면하지 않고 후기에 가면서 휴면하지 않는 번데기 수가 급속히 감소한다. 이런 현상은 온도 때문이라고 설명할 수는 없고 일장의 계절적 변동의 직접적 영향에 의한 것으로 알려지고 있다. 삼림스텝지역 도둑나방 개체군의 광주기 반응을 통하여 이 지역에서의 이 곤충의 생활환을 설명해 보려한다.

그림 60b는 Voronezh 지역의 이 곤충을 대상으로 Konakov (1926)가 조사한 성충의 출현, 발육기간 그리고 휴면율의 계절적 변동 상황이다. 다른 호암성(好暗性) 곤충류에서와 같이 여기서의 일장은 박명기의 반을 더한 것이다. Sumy 지역 도둑나방 개체군을 대상으로 한 조사 자료에 따르면(표 40 참조) 19~20℃의 온도조건하에서의 임계일장은 자연 상태에서는 16시간 30분 내지 17시간 사이인 것으로 보인다.

그림에서 보는 바와 같이 일장이 이 범위 이상인 시기는 5월말에서 6월 중순까지로 아주 짧다. 성충의 출현 시기는 7월 초로 비교적 늦고 그의 활동기간은 대단히 길고 제1세대 유충기는 6월

10일부터 8월 중순까지로 많은 유충은 일장이 임계일장 이하인 시기에 자라게 된다. 따라서 그들 중 거의 반수가 휴면하게 되는 이유를 이해할 수 있다. Konakov는 6월 20일 이전에 부화한 유충만이 비휴면용으로 발육한다는 점을 강조하였다. 7월 초에 부화한 유충은 약 70%가 휴면한고 그 후에 출현하는 유충은 모두가 휴면용으로 발육한다. 이런 사실은 이 지역 자연 상태의 일장조건과 완전히 일치한다. 그림 60b에서 보는 바와 같이 초기의 유충은 장일기간 중에 발육하나 후의 것들은 임계일장 또는 그 이하의 단일조건에서 발육하게 된다. 이에 따라 휴면율이 급격히 증가하게 되어 8월 초 이후에는 제2세대 성충의 출현율은 급격히 감소하게 된다.

제2세대 유충은 그것이 빨리 출현한 성충으로부터 발생한 것이라고 하여도 그들은 단일조건인 7월 하순에서 8월 중에 발육하기 때문에 모두가 휴면한다. 이 시기의 온도는 제1세대 유충 초기의 그것과 마찬가지의 영역범위 내에서 변동한다. 따라서 이때의 발육(휴면)은 일장조건에 의하여 결정되는 것이다.

Saratov 지역의 저지대와 고지대에서의 이 해충의 세대수의 차이도 이런 관계로 충분히 설명이 가능하다. Klements(1958)에 따르면 도둑나방은 고지대에서 두 세대를 경과하기는 하나 제1세대에서 많은 것이 번데기로 휴면한다고 한다. 이 지역에서의 생육상황이나 환경조건은 Voronezh 지역의 그것과 비슷하다. 제1세대 유충은 6월 10일에 출현하기 시작하나 부화최성기는 7월 초순이다. 그런데 7월 중순의 일장은 임계일장에 해당하는 고로 7월 중순 이후에는 휴면율이 높아진다(70~85%).

Volga강 유역에서는 일년에 한 세대만이 발생한다. 이것은 봄철에 긴 침수기간이 있어 번데기의 발육과 성충우화가 많이 늦어지기 때문이다. 최초의 유충부화는 7월 20일경이며 대부분의 유충부화는 8월 초순이라고 Klements는 말하고 있다. 이것은 침수현상이 없는 지역에서의 제2세대 유충발육기에 해당한다. 이때가 되면 일장은 벌써 임계일장이하가 되게 되어 두 경우 모두에서 휴면은 피할 수 없게 된다.

Caucasus 지역에서의 도둑나방 생활환은 극히 복잡하다. Dolidze(1957a, 1957b, 1957e)에 따르면 Gruziya 지역의 저지대로부터 고도 500m 지대까지 에서는 2세대 그리고 1300~1700m의 고지대에서는 1세대를 경과한다고 한다. 각 고도지대에서의 유효적산온도 값은 이런 사실과 잘 일치한다. 저지대(Tiflis 409m)에서의 10℃ 이상의 유효적산온도는 1860일도로 이것은 3세대를 경과하는데 충분한 온도량이다. 중간지대(Dusheti 890m)의 그것은 1230일도로 2세대 경과 온도량에 해당된다. 그리고 고도 1715m(Akhalkalaki) 지대의 유효적산온도는 590일도로 겨우 1세대를 경과할 수 있는 온도량이다.

그림 60c는 Dolidze가 저지대 도둑나방을 대상으로 조사한 그의 연간 발생상황이다. 성충은 4월 하순에 출현하기 시작하여 온도가 17.6℃에 달하는 5월 중순에 최성기를 맞으며 제2세대는 7월 20일경에 나타나며 제3세대 성충은 9월 중순에 출현한다. 이들 세대 간 간격도 유효적산온도량을 기준으로 한 추정치와 잘 일치한다.

활발한 활동을 할 수 있는 기간이 길고 온도가 높은데도 불구하고 제1세대에도 휴면용이 출현하며 제2세대에는 그 수가 증가하고 제3세대에는 100%가 휴면한다. 이런 이유는 도둑나방 남방계와 북방계는 휴면임계일장에 차이가 있어(표 40 참조) 남방계의 임계일장이 북방계의 그것에 비하여 짧다. Tiflis 지방 위도 하에서의 한 여름철 유효일장은 15시간 30분을 넘지 않는 고로 얼마간의 번데기 휴면은 항상 있겠으며 실제 휴면용수는 유충생육기간 중의 온도조건에 따라 차이가 있겠다. 비휴면 발육이 우세한 시기는 6월 10일부터 8월 10일 간의 2개월간뿐이다. 제3세대에서는 모두가 일장이 13시간 이하인 조건에서 유충이 발육하게 되어 온도와는 관계없이 모두가 휴면한다.

제1세대의 휴면용과 관련 Dolidze는 흥미 있는 관찰결과를 보고한 바 있다. 제1세대 번데기 중 상당한 번데기(25%~30%)가 동면까지 가지 않고 가을철에 발육을 재개하여 제3세대의성충과 같은 시기에 성충으로 우화한다고 한다. 따라서 Gruziya 지역 도둑나방은 여름철에는 짧은 휴면을 한다. 실험에 따르면 25℃의 온도조건에 2~3개월 휴면용을 보존하면 발육이 재개되는 것을 볼 수 있다. 남방계통에서의 이런 휴면특성은 일본의 아열대 지역 도둑나방의 생활사와 비슷하다.

일본에서의 도둑나방의 지역 개체군간 생활환 변이는 대단히 특이하다. Masaki(1956a)에 따르면 Hokkaido(Sapporo, 43°N)에서는 이 곤충의 성충은 7월부터 9월에 걸쳐 출현하며 연간 2세대를 경과하는데 제2세대에서는 모두가 휴면한다. 남부지방에서는 유효적산온도는 증가하나 세대수는 증가하지 않는다. Ryukyu 제도(Amami섬 28°23°N)와 같은 발육한계온도를 넘는 기온이 연중 계속되어 6~7 세대를 경과할 수 있는 지역에서도 2세대만 발생한다. 남부지역에서는 봄부터 가을철에 걸쳐 발육을 하는데 여름철 세대에는 여름동안 휴면기가 있다. 그리고 여름철 휴면기간은 남쪽으로 가면서 길어져 Amami 지역에서는 겨울철의 휴지기간 보다 여름철의 휴지기간이 길다. 그런데 Hokkaido 지역 개체군에만은 여름철 휴면이 없다.

Masaki(1956a)는 북쪽은 Hokkaido로부터 남쪽 Ryukyu 지역까지에 걸친 일본 14개 지점 개체군을 대상으로 지역 계통의 생리학적 적응현상의 실상을 조사하였다. 우리는 그의 연구결과를 우리가 지금까지 얻은 실험결과와 비교함으로써 이 곤충의 일본 계통과 유럽 계통의 생활환 조절 반응의 지리적 변이의 차이를 알 수 있겠다.

일본의 도둑나방에서는 Hokkaido 개체군만이 유럽계통에서 보통 볼 수 있는 광주기 반응을 보여 장일조건하에서는 계속 발육하나 단일조건하에서는 휴면한다.

24℃에서 Sapporo 지역 개체군의 임계일장은 14시간인데 (Uchida와 Masaki 1954) 이것은 유럽의 삼림스텝지역 개체군의 그것과 거의 비슷하다. 그 이남의 개체군은 고온(24°~28℃)에서도 단일(12시간), 장일(16시간) 모두에서 휴면하여 기본적으로는 1화성이다. 그러나 휴면특성은 휴면 전 기간의 광 조건에 따라 차이가 심하다, 단일조건(12시간)은 기간이 긴 겨울형 휴면을 유도하는데 이런 특성은 모든 개체군에서 공통적 특성이다. 이때 겨울철 휴면으로부터의 활성화에는 저온이 필요하여 26℃에서는 저온처리 없이는 휴면은 190일 이상 1년 또는 그 이상 계속된다.

장일조건은 월하형의 짧은 휴면을 유도하며 이것은 저온처리 없이 끝나는 것이 보통이다. 하면기간은 각 개체군에 특이한 것으로 그 기간은 남방으로 갈수록 증가한다(그림 61). 즉

Hirosaki(Honshu의 북단) 개체군의 경우 26℃ 항온 하에서 여름 휴면은 2개월 이내에 끝나는데 남방 Amami 지역 개체군은 4개월 이상이 걸려 겨울철 휴면과 구별하기가 힘들다. 광주기 반응이나 휴면기간의 차이는 적응면에서 중요한데 Masaki의 실험으로는 이와 같은 특성은 실험실에서 2~3 세대간은 변하지 않고 유지되었다고 한다.

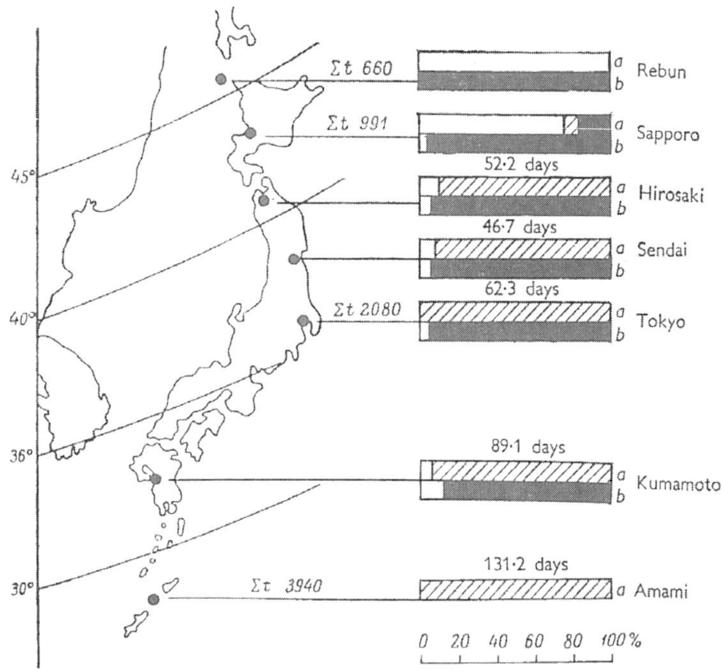

그림 61. 일본 도둑나방의 생활환과 휴면 특성 (Masaki 1956)
유충을 장일(a)조건과 단일(b)조건에서 사육하였을 때의 휴면율(%)
백색 : 비휴면용 ; 사선 : 여름철의 짧은 휴면 ; 흑색 : 겨울철 휴면

장일조건으로 유도된 여름철 휴면기간은 번데기가 겪는 온도조건과 상당히 깊은 관계가 있다. 남부 일본의 개체군의 경우 휴면이 끝나는 것은 26℃에서는 70일 후였으나 19℃에서는 33일

그리고 15℃에서는 19일이면 충분하였다. 저온이기는 하나 발육이 가능한 온도에 번데기를 처리하면 여름철의 휴면은 일어나지 않는 듯하다. 따라서 여름철의 휴면은 유충의 발육에 영향을 미치는 환경조건 뿐 아니라 번데기에 미치는 온도의 영향도 관련이 있다고 하겠다.

Masaki의 실험결과로 일본의 온난한 기후지대에서의 도둑나방의 특이한 생활환이 설명된다. 남부의 환경조건에서도 광주기 반응은 생활환 조절의 주요인임이 명백하다. 여름철에 긴 휴면을 할 수 있는 능력은 고온건조에 대한 도둑나방 번데기의 강한 저항성과 관련이 있을 것이다.

여름철 휴면이 갖는 적응적 의미는 그리 명백하지 않다. 여름철 휴면은 대부분이 월 평균온도가 24℃ 이상인 지역에서 일어난다. 실험실에서는 이와 같은 고온이 이 곤충의 번데기 발육에 큰 영향을 미치지 않는다. 그러나 자연 상태에서는 이런 고온평균치는 아치사 온도부근까지 온도가 높아질 수 있겠다. 야간에 활동하는 나비목 곤충류의 대부분이 그런 것과 같이 이 해충의 성충의 활동적온은 낮은데 이런 것이 이 문제와 관련 중요한 의미가 있을 수 있겠다.

일본에서 두 개의 중요한 생리적 계통의 분포가 Tsugaru 해협에 의하여 분리되어 있다는 사실은 이들 계통의 성립과 분포가 생태학적 요인과 더불어 역사적 요인이 중요한 역할을 하였음을 뜻한다. 또 이것은 북방적 요소를 많이 갖고 있는 Hokkaido 개체군은 북방형 생활환 특성을 갖고 있다는 점에서 특이하다고 하겠다.

구북구 서부와 일본의 도둑나방 발생상황의 지역적 변이를 조사한 것을 보면 그들의 생리학적 현상에 근본적인 차이가 있다는 인상을 받는다. 유럽 계통의 변이는 주로 임계일장의 변화와 관련이 있는데 반하여 일본의 개체군에서는 광주기 조건에 따르는 휴면형의 차이의 문제이다. 그런데 우리가 대상으로 한 것은 60°~40°N간에 분포하는 것인데 반하여 여름철에 휴면을 하는 일본의 그것은 40~28°N간에 분포하는 개체군이 대상이었다. 구북구의 서부에서도 분포남한지역에서는 여름철 휴면이 외 Caucasus 지역 개체군에서는 볼 수 있어 이것이 강화되면 일본형의 생활환으로 발달할 수 있을 것이라는 추측은 충분히 할 수 있다. 이것은 북방형 종의 아열대 지역 기후조건에 대한 적응양식의 하나로 생각된다.

(3) 꼬마버들나방 (*Leucoma salicis*)

이 곤충은 그의 분포지역 내에서는 거의 모든 지역에서 1화성이며 그의 분포 남한 몇몇 지역에서만 연간 2세대를 경과한다. 그의 생활사는 잘 알려져 있으며 2~3령 유충으로 수피 하에서 월동한다. 월동난에 관한 보고가 있기는 하나(Rimsky-Korsakov와 Gusev 1949) 확실하지는 않다. 봄철의 발육은 비교적 빨라 성충은 한 여름에 출현한다. 일찍 부화한 유충은 2~3주간 섭식 후 휴면에 들어가 추워지기 훨씬 전에 월동 상태에 들어간다.

비슷한 생활환은 독나방류인 *Euproctis chrysorrhoea*나 *E. similis* 그리고 *Dasychira fascelina* 등에서도 알려져 있다. 지금까지 이들 곤충류에서 휴면은 유충 발육의 불가결의 발육단계의 하나라는 이론으로 설명되었으며 그의 휴면은 외부조건과는 무관한 내인성인 것으로 알려지고 있었다(Kozhanchikov 1948,

1950a). 그러나 이들 곤충류의 휴면이 외인성인 것이 실험적으로 밝혀져(Geispits 1953) 자연 상태에서 그들의 생활환도 외부환경조건의 영향을 받는다는 것이 밝혀졌다. 여러 가지 기후조건이 다른 지역에서의 1화성 발육의 특성이나 남부지방에서의 다화성의 원인을 지역 개체군의 생리 생태적 특성과 관련시켜 살펴보면 아래와 같다.

꼬마버들나방의 광주기 반응을 살펴보면 앞서 설명한 바와 같다. Leningrad에서부터 Ukraina 그리고 남부 Kazakhstan 등지에서는 이 곤충은 1화성으로 그들은 광 조건에 대한 반응이 동일하다(그림 49 참조). 이들의 경우 비휴면 발육이 가능한 것은 온도조건이 23~25℃에서는 일장이 20시간 이상인 때에 한한다. 그리고 이 경우 중요한 것은 광 조건에 대하여 감응할 수 있는 발육단계는 아주 어린 것에 한하며 개체 간 변이가 심하여 최적 일장조건하에서도 모든 유충이 휴면하지는 않는다는 것이다. 이복의 자손의 경우 발육율에 20~60%의 변이가 있다. 이때 온도도 중요한 영향을 미치는데 20℃에서는 일장효과는 완전히 없어져 모든 유충이 휴면한다.

이와 같은 결과를 온도와 일장의 지리적 차이를 결부시켜 생각하면 흥미 있는 결론을 얻을 수 있다. 온도가 20℃ 이상이고 일장이 18시간 이상으로 휴면이 일어나지 않게 되는 환경조건을 가진 지역은 하나도 없다. 따라서 이들 개체군은 자연 상태에서는 1세대 이상을 경과할 수 있는 지역은 없다. 그러나 기후조건이 달라지면 중요한 역할을 하는 요인이 달라진다. 표 41은 꼬마버들나방 지역 개체군의 어린 유충 기간 중의 온도와 일장조건의 발육에 미치는 영향이다.

표 41. 꼬마버들독나방(*Leucoma salicis*) 지역 개체군 유충 3령기까지의 발육에 미치는 외부환경조건의 영향

지 역	성충 우화기	어린유충 발육기간	어린유충 발육기간의 조건		유충 휴면율(%)	
			온도	일장	야외	실험 추정치
Leningrad(60°N)	20VI-15VIII	15VII-25VIII	17~15	20.40~16.25	100	100
Ukraina(50°N)	1VII-30VII	15VII-15VIII	21~19	17.20~15.30	100	100
남부 Kazakhstan(43°N) (고도 800~1100m)	1VII-20VII	15VII-15VIII	22~20	16.00~14.50	100	100
남부 Armenia(40°N)						
1세대	1VI-15VI	10VI-30VI	21~14	16.00~15.05	일부	10~20
2세대	5VIII-25VIII	20VIII-10IX	24~22	14.30~13.35	100	100
남부 Armenia(40°N) 고지대(1950m)	1VIII-15VIII	25VIII-25IX	16~12	14.30~13.00	100	100

Leningrad 지방에서는 유충이 휴면 없이 발육할 만큼 일장이 긴 시기에 부화하나 여기서는 온도가 너무 낮아 일장조건은 문제가 되지 않겠다. 반면에 남부지방(Ukraina와 남부 Kazakhstan)에서는 온도조건은 부분적으로 비휴면 발육이 가능하나 여기서는 일장 때문에 모두가 휴면하게 된다. 더 남부지방에서는 일장이 더욱 짧아 이 경우에는 고온임에도 불구하고 1화성 발육을 하겠다. 같은 이유로 *Euproctis chrysorrhoea*와 *E. similis* 등 독나방에서도 모든 지역에서 1화성 생활환을 갖게 된다.

꼬마버들독나방의 발생특성과 관련 밝혀지지 않은 또 하나의 요인이 있는데 이 문제에 관하여는 Geispits도 앞서의 연구에서 다루고 있다. 이 곤충은 북쪽은 Leningrad에서부터 남쪽 분포한계지역에 이르기까지에 분포하는 1화성 개체군은 지역과 관계없이 모두가 성충 우화시기가 거의 같다. 이것은 표 41의 자료에서도 명백하다. Milyanovskii(1956a)에 따르면 남부지방인 Sukhumi에서의 성충 우화시기는 6월~7월간으로 이것은 북부지

방에서의 우화시기와 거의 같다. 남부지방에서는 기온이 발육최저온도 이상이 되는 시기가 빠르고 유효적산온도량도 커서 이와 같은 결과를 낳는 데에는 발육속도를 감소시키는 특별한 요인의 작용을 생각하지 않을 수 없다. 생활사 진행 상황을 보면 이와 같은 현상은 여러 가지 1화성 곤충류의 일반적 특성으로 보인다.

Geispits(1953)는 독나방의 일종인 *Euproctis chrysorrhoea*를 대상으로 한 실험결과를 토대로 남부 저위도 지방에서 볼 수 있는 발육지연의 원인은 단일 때문으로 이것이 월동 유충의 봄철 활성화와 그 후의 발육을 지연시킨다고 하였다. 그러나 이 주장을 뒷받침할 만한 충분한 실험결과나 야외조사 성적은 없다.

꼬마버들독나방 1화성 계통의 분포남부한계가 여름철과 가을철의 환경조건에 의하여 결정되는 것은 확실하다. 여기서 휴면이 시작되는 것은 한 여름인 고로 휴면유충은 오랜 기간 고온 하에 놓이게 되는데 이것은 그들에게는 불리한 것이 확실하다. 실험실에서 조사한 것을 보면 온도가 20℃ 이상이고 습도가 60~70%일 때 휴면유충은 건조로 1.5~2개월 이내에 죽어버린다. 이와 같은 조건 때문에 유럽의 지중해 기후지역이나 북 Caucasus 그리고 1부 중앙아시아 지역(Kirghizia)에서는 다화성인 계통이 생긴 듯하다.

Armenia 남부 지역 개체군의 광주기 반응은 1화성인 것의 그것과는 큰 차이가 있어(그림 49 참조) 온도가 25℃에서는 단일조건(9~12시간) 일지라도 모든 유충이 휴면하지 않으며 13시간 이상의 일장일 때에는 월동 후 제1세대에서만 휴면 없는 발육을 한다. 버드나무의 생긴지 오래된 잎을 먹고 자라는 유충(제2세대)에서는 임계일장이 상당히 길어진다. 표 42에서 보는 바와 같이 온도가 이 곤충 유충의 광주기 반응에 큰 영향을 미쳐 온도가 15℃

일 때는 일장과는 관계없이 휴면한다.

표 42. 꼬마버들독나방(*Leucoma salicis*) 유충 휴면유기에 미치는 일장과 온도의 영향(휴면율 %)

개 체 군	온도	일장 (시간)							
		12	14	15	16	17	18	20	24
Leningrad	25	100	100	100	100	100	99.2	81.0	100
	20	100	100	100	100	100	100	100	100
Belgorod	25	100	100	100	100	100	91.5	77.5	100
	20	100	100	100	100	100	100	100	100
Alma-Ata	23.5	100	100	100	100	-	88.6	87.4	45.1
남부 Armenia	25	66.3	0	0	0	0	0	0	0
	20	100	100	-	51.0	-	45.3	14.9	5.6
	15	100	100	-	100	-	100	-	100

이상의 실험결과는 Avakyan(1953)이 연간 2세대를 경과하는 Armenia 남부의 계곡지대에서 조사한 발생경과와 완전히 일치한다. 이 지역에서 이 곤충의 월동유충은 4월 하순에 발육을 개시하며 성충은 6월 초순에 우화한다. 그리고 다음 세대 유충은 6월 중순에 부화하는데 3령기까지의 발육상황은 표 41과 같다. 3령기까지의 일장은 16시간이고 이때의 온도는 20℃를 약간 넘는다. 실험결과를 보면 이와 같은 조건하에서는 약 25%의 유충이 휴면할 것으로 생각된다. Avakyan의 조사에 따르면 일부 제1세대 유충(%는 불명)이 실제로 휴면하였다. 그러나 이들은 가을철까지 생존하지 못하여 월동충은 제2세대의 것들만으로 된다. 제2세대의 휴면 전 발육은 일장이 14시간까지 감소하는 8월 하순부터 9월 초순까지에 진행된다. 온도가 25℃ 이하에서는 실제로 완전히 휴면하게 된다. 그러나 온도가 높을 때는 유충발육이 계속된다. 따라서 1953년과 같이 가을철이 따뜻한 해에는 일부가 제2

세대까지 가는 것은 이해할 수 있다. 같은 발생상황을 Yugoslavia의 이 곤충에 대한 연구에서도 보고된 바 있다(Serafimovsky 1954). 이 지역에 분포하는 계통은 생리학적으로 Armenia의 것과 아주 닮은 것임이 틀림없다.

Armenia의 산간지방에 분포하는 꼬마버들독나방은 연간 1세대를 경과하는데 Avakyan(1953)은 이것은 저온 때문이라고 하였는데 그것은 옳은 일이다. 야외 조사결과를 보면 고도 2,000m 이상의 곳에서는 월동 유충이 발육을 시작하는 것은 5월 하순이며 이것은 Ararat 계곡지대에서의 그것에 비하면 1개월이나 늦은 시기이다. 온도가 낮기 때문에 고지대 것들의 발육은 느리게 진행되어 성충은 계곡 낮은 지역에서는 벌써 제2세대 성충이 출현하는 8월 초순에야 겨우 우화한다. 그리고 이들의 어린 유충은 9월 말에 휴면에 들어간다.

꼬마버들독나방의 산지개체군이 어떤 계통에 속하는지를 결정하는 데에는 생활환에 관한 자료만으로는 불충분하다. 표 41과 42의 자료를 토대로 생각해 보면 고지대의 온도조건은 북부(1화성)나 남부(다화성) 계통 모두에서 휴면하게 되어 1세대만 경과하게 될 것으로 생각된다. 산간지역 개체군에 관한 연구는 이 곤충의 두 가지 계통의 원산지나 그의 상호관계에 관한 중요한 정보를 제공할 것으로 보인다.

꼬마버들독나방 북방계통은 휴면 않고 발육할 수 있는 잠재적 능력을 갖고 있기는 하나 야외 조건에서 그런 것이 알려진 예는 어디에도 없다. 따라서 그의 광주기 반응의 생태학적 의의가 문제가 된다. 아마도 광주기 반응 그 자체는 특별한 생태학적 의미는 없고 과거 유용하였던 조절기능의 잔재에 불과 할 수 있겠다.

따라서 다화성인 남방 개체군은 그것이 현재에는 한정된 지역에 분포하고 있을지라도 그것은 조상형으로 생각해야 하겠다. 이와 같은 예는 광주기 반응에 의하여 생활환을 조절하고 있는 다른 여러 가지 곤충류에서도 마찬가지이다. 현재는 고산지대 기후조건하에서 형성된 것으로 생각되는 북방형 개체군이 종의 분포권 대부분을 차지하고 있다.

4. 지리적 계통의 분포확대와 순화 능력

지역 개체군의 생활환 변이의 연구를 통하여 다음과 같은 결론을 얻을 수 있겠다.

각 지역의 기후조건이나 광 조건에 각 지역 개체군이 완전한 적응적 광주기 반응을 갖고 있으면 생태학적 가소성이 감소하여 그 종의 분포영역 내에서도 직접, 간접으로 생태학적 적응능력이나 분포확대능력을 감소시키겠다. 특정 지역의 광주기 조건이나 기후적 조건에 적응한 계통을 조건이 다른 지역에 이식하면 그들의 생활환이 기후적 조건 변동에 맞지 않아 기후적 순화가 불가능 하겠다. 이와 같은 일은 비교적 단일성이 강한 남부계통을 여름철의 일장이 긴 북부지방에 이식하였을 때 명백히 나타날 것이다. 이런 경우에는 적정 시기에 휴면하지 못하여 월동 중에 죽게 되겠다. 반대로 북방계통을 남부지방에 이식하였을 때는 휴면에 들어가는 시기가 너무 빨라 월동충은 보다 긴 시간을 고온에서 지내야 하겠는데 이것 역시 불리한 영향을 받겠다. 온도조건이 광주기 반응 양식에 영향을 미치기는 하나 그것은 어느 정도의 완화능력은 있으나 완전한 것은 못된다.

또 실험결과에 따르면 발육기의 온도요구나 휴면기의 내동성은 여러 지역 개체군 간에 이런 조건을 극복할 정도로 큰 것도 못된다. 이런 결과로 보아 한 종의 분포 영역 내에서의 이주나 순화현상에 있어서 온도에 대한 적응현상은 중요한 역할을 못한다는 것을 알 수 있겠다.

곤충류의 분포를 제한하는 요인이나 기후적 순화에 영향을 미치는 요인들에 관한 현재까지의 자료를 보면 이런 결론은 의외로 생각할 수 있겠다. 현재까지 제한 요인으로 생활환 적응의 종내 변이는 전혀 고려하지 않고 온도나 먹이 조건에 대한 적응형상과 다른 생물들과의 관계만이 중시되어 왔다. 이런 문제를 검토하기 위하여 나비목 곤충 몇 개 남부종 개체군을 북부지방 자연 조건하에서 사육하였다. 배저녁나방(*Acronycta rumicis*)에 관한 조사가 가장 상세한 것인데(Danilevskii 1957a) 이 곤충 여러 지역 개체군 즉 Leningrad, Belgorod 그리고 Sukhumi 개체군을 Leningrad 근교에서 동시에 사육하였다. 사육 시기는 각 지역 개체군의 자연 상태에서의 생활환에 맞추어 행하였으며 그 주요 결과는 그림 62와 같다.

이 실험결과는 3개 지역 개체군의 생활사 진행은 3회의 실험에서 동일하여 온도의 발육에 미치는 영향은 마찬가지였다고 생각된다. 유충의 발육유효적산온도는 미기후조건이 달라 실험에 따라 248~260일도였으며 이것은 실험실에서 얻은 것과 거의 같았다. 자연 조건하에서 3개 개체군 간의 생존률에는 차이가 없었다. 가을철이 되어도 남방 개체군이 토착의 것과 다른 특이한 악영향을 받았다는 징후는 없었으며 번데기의 몸무게와 성충의 산란수도 정상적이었다. 따라서 생육기간 중의 온도조건이 이 종의 분포

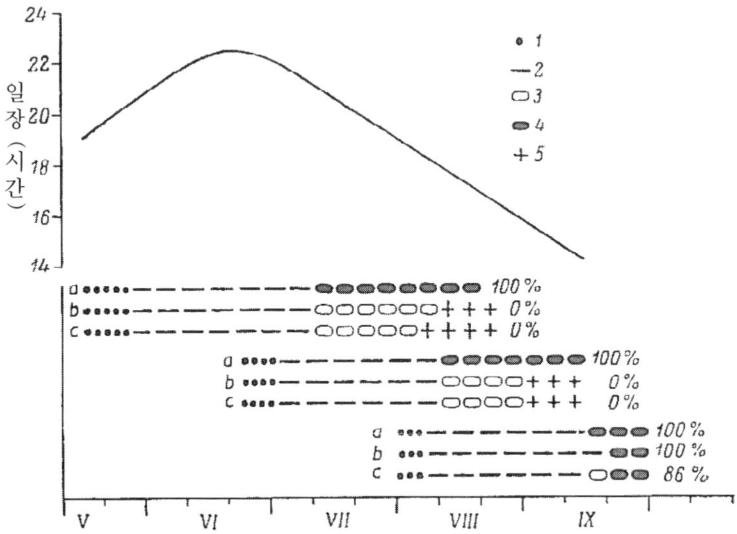

그림 62. 여러 지역 배저녁나방(*Acronycta rumicis*) 개체군의 Leningrad의 자연 조건하에서의 발생 경과

개체군 : a. Leningrad ' b. Belgorod; c. Sukhumi. 수치는 휴면용율 : 1, 알 ; 2. 유충 ; 3. 비휴면용 ; 4.휴면용 ; 5. 성충

영역 내에서의 이동을 방해하는 장해가 되지는 않았다. 그러나 이들 개체군에서의 월동 발육단계는 차이가 컸다. 즉 Leningrad 개체군은 예상한 바와 같이 월동태는 모두가 번데기였으나 남방 2개 개체군의 그것은 큰 차이가 있어 처음 2회의 실험에서는 유충은 발육을 끝내고 임계일장시기가 도달하기 훨씬 전에 용화하여 모든 번데기가 성충으로 우화해버려 번데기로 월동하는 것은 없었다. 그리고 3회의 실험은 9월의 일장조건하에서 수행되었는데 이때는 온도가 낮았을 뿐 아니라 일장이 Belgorod 개체군에 대하여는 임계일장이하로 짧았고 Sukhumi 개체군에 대하여는 거의 임계일장에 가까웠음으로 Belgorod 개체군에서는 모든 번데기가 그리고 Sukhumi 개체군에서는 약 80%의 번데기가 휴면하였다.

Leningrad의 환경조건에 대한 남부 계통 개체군의 적응문제를 완전히 이해하려면 휴면용의 그 후의 발육에 대한 조사가 중요하겠다. 다음해 야외에서 월동한 3개 개체군의 번데기는 토착 개체군이 우화하는 시기인 6월 13일~21일 사이에 우화하였다. 그런데 이들 번데기에서 우화한 성충으로부터 얻은 유충은 8월 상순까지 장일조건에서 생육하여 남부계통의 것들은 월동할 수 있는 휴면용으로 발육하지 못한다. 고로 배저녁나방의 남부계통 개체군의 북부지방 조건에 대한 순화가능여부를 밝히는 실험을 행하였다. 그 결과 결정적 요인은 생육기간 중의 환경조건과 이 계통의 광주기 반응 간의 일치성 결여였다.

Geispits(1958)는 솔나방의 일종인 *Dendrolimus pini* 두개 지역 개체군의 발생경과를 Leningrad 지방에서 조사하였는데 이 곤충은 모든 지역에서 1화성이라는 점 때문에 흥미 있는 것이다. Leningrad 지역의 정상적 발육시기에 Voronezh 개체군과 Leningrad 개체군을 같이 사육하면(산란 7월 11일, 유충 부화 7월 26일) Leningrad 개체군은 9월 말에 모두가 휴면한다. 그런데 남부계통 개체군의 유충은 늦은 가을까지 활동하나 월동 준비가 되지 않아 죽었다. 이것은 이 계통이 휴면하려면 Leningrad 계통보다 짧은 일장이 필요하기 때문이다(표 26 참조). 그런데 이와 같은 일장조건은 9월 초나 되어야 생기며 남부계통의 것이 휴면 준비를 완료하려면 저온조건이 50일 이상은 되어야 하는 고로 유충은 아직 내동성이 없는 발육단계로(준비가 되어 있지 않은 상태) 첫 서리를 맞게 되겠다.

북부지방의 광주기 조건에 대한 적응력이 없는 남부계통 개체군의 예는 독나방의 일종인 *Dasychira pudibunda*에서도 볼 수 있다. 이 곤충 생활환의 특성은 이 곤충은 휴면상태의 번데기로 월동하는데 그의 유충발육은 여름철의 장일조건으로 지연된다. K. F. Geispits가 Leningrad 지역에서 조사한 것을 보면 이 지역의 이 곤충 유충은 8월 중순에 발육정지기를 끝내고 발육을 다시 시작하여 9월 중순에 용화한다. 그런데 남부지방의 개체군은 단일조건에 적응되여 있어 Sukhumi 개체군은 8월 중순의 일장도 그들에 대하여는 아직 너무 길어 발육이 중지된 상태로 지난다. 발육재개를 도울 수 있는 일장 14시간 이하의 일장은 9월 중순 이후가 되어야 하는데 이때는 온도가 낮아 용화하지 못한다. 어떤 실험구에서는 유충이 10월 중순까지도 섭식활동을 하였으며 이런 유충은 서리가 내리면 죽어 버린다. 따라서 생태나 생활환이 크게 다른 곤충류들은 광주기에 대한 적응력에 차이가 있어 이것이 분포영역 내에서의 이동에 제한적 요소가 된다. 이와 같은 사실은 다른 나비목 곤충류에서도 알려져 있다. 즉 Sukhumi 지방의 흰나비의 일종 *Pieris brassicae, Spilosoma menthastri* 불나방, 도둑나방(*Barathra brassicae*) 등은 Leningrad에서는 휴면할 시기에 휴면에 들어가지 못한다. 다만 도둑나방은 자연상태 하에서 저온인 가을철에 휴면에 들어가 정상적인 월동을 하였다. 그러나 새로운 기후조건에 대한 이와 같은 한정된 적응력이 언제나 이와 같은 형식으로 발휘되는 것은 아니다. 예를 들면 꼬마버들독나방(*Leucoma salicis*)의 경우 남부의 Belgorod 개체군을 Leningrad 지방으로 이식하였을 때 그들은 정상적인 발육을 하며 Leningrad 지역 개체군과 같은 시기에 월동에 들어갔다. 이것은 꼬마버들독나방은 다른 종들과 달리 삼림스텝지역 개체군과 북부지역 개체군 모두가 같은 생리학적 특성을 갖고 있다는 점을 생각하면 충분히 이해할 수 있다. 흰나비의 일종 *Pieris brassicae*의 경우도 실내 실험결과에 의하여 두 지역 개체군 간에는 광주기 반응이 같은 것이 밝혀졌음으로 두 지역 개체군 간의 이식에는 문제가 없을 것으로 보인다. 기후적 순화를 결정하는 것은 그 곤충의 서식지 조건이 아니고 개체군이 갖는 생리학적 특성의 차이 때문이며 이것은 종에 따라 차이가 있는 고로 기후적 순화문제를 기후적 조건의 유사성을 중심으로 생각하는 것은 적절치가 않다.

지역 개체군의 적응현상은 휴면에 미치는 온도와 광조건의 상대적 영향력과도 관련이 있다. 휴면이 온도의 영향을 덜 받는 종은 새로운 지역의 조건에 적응하는데 어려움이 더 크겠는데 그런 예는 다음 예에서 짐작할 수 있겠다.

Du Chzhen'-ven'에 따르면 Sukhumi 계통 조명나방(*Pyrausta nubilalis*) 개체군은 안정된 광주기 반응을 갖고 있어 온도범위가 18°~25℃에서는 임계일장이 15시간 30분으로 차이가 없다고 한다. 이 개체군을 계절을 달리하여 Leningrad에서 사육하면 휴면은 일어나지 않았고 가장 사육 시기가 늦은 것에서는 유충이 7월 15일부터 9월 초순 간에 자랐는데 그의 최종령 유충기는 저온이었으나 모두가 휴면 없이 용화하였다. 이 곤충은 저온의 영향을 받아 노숙유충으로 휴면하는데 이 경우 최종령 유충은 아주 낮은 온도조건을 겪는 셈인데도 휴면하지 않고 번데기까지 발육한 것이다. 그런데 북부 Ukraina(Glukhov) 개체군의 유충의 임계일장은 25℃에서 17시간이며 저온에서는 더 긴데 이 개체군을 Leningrad에서 사육하면 Sukhumi 개체군과는 달리 용화하지 않고 유충은 모두가 휴면에 들어가 대조적이었다.

꼬마버들독나방(*Leucoma salicis*)의 Armenia 개체군에 대한 조사결과는 특히 흥미 있다. 고온조건(25℃)에서는 그의 광주기 반응은 명백히 Leningrad 개체군의 그것과는 다르며 단일조건에서도 일부는 휴면 없이 발육한다. 그러나 저온 하에서는 그 차이는 적어진다. 온도가 18℃일 때는 장일(20시간)하에서도 Armenia 계통 유충은 반 이상이 휴면하는데 온도가 15℃일 때는 일장과는 무관하게 모두가 휴면한다. 이들의 임계일장은 생긴지 오래된 잎을 먹으면 길어진다.

Leningrad 지방의 자연조건에서 Armenia 계통 개체군 유충은 여름 초반에 자라면(6월 3일 산란, 7월 23일 부화) 휴면 없이 자라 8월 하순에 제2회의 성충이 우화한다. 그러나 이것이 Leningrad 개체군이 보통 경과하는 시기(7월 24일 산란, 8월 7일 부화)에 자라면 유충은 2령충으로 Leningrad 개체군과 같은 시기에 모두가 월동에 들어간다. 이들의 발육기간 중의 일장은 18시간~16시간 30분으로 아직 상당히 길고 온도(19°~20℃)도 높다. 그러나 2령기 말이 되면 온도가 갑자기 떨어져 11℃까지 된다. 이런 온도 저하가 휴면유기의 원인이 된 것이다. 발육시기가 달라지면서 월동을 준비하는 발육단계가 이렇게 달라진 것은 1959년 여름철의 기후조건이 예년과 달랐기 때문이었을 것으로 생각된다. 예년에는 월동에 들어가는 개체수는 극히 적은 것으로 생각된다. 메밀거세미나방(*Trachea atriplicis*)이나 명나방의 1종 *Loxostege sticticalis*, 기타 몇몇 곤충류의 남방계 개체군에서 일부 개체들이 휴면하는 것이 알려져 있으나 그들의 광주기 반응에 관하여는 아직 충분한 것이 밝혀지지 않고 있다. 이들 연구결과는 대체로 남부계통은 월동을 위하여 보다 짧은 일장을 요구하기 때문에 이들이 북쪽지방으로의 분포확대가 어렵다는 것을 말해주고 있다.

반대로 장일조건에 적응하여 생육기간이 짧은 북부계통의 것이 남부지방으로 분포를 확대하게 되는 경우에 관하여는 직접적인 야외 조사결과는 없다. 그러나 이 경우도 기후적인 순화가 어려울 것으로 생각되는데 이 때에는 남부에서 휴면발육단계의 고온과 건조에 대한 저항성 이 상당한 관계가 있을 듯 하다. 따라서 종에 따라 남부로의 진출 가능성에 차이가 있겠다.

지금까지의 조사결과를 보면 이런 가능성은 곤충 생태학의 일반적인 문제일 뿐 아니라 실용적인 측면에서도 중요한 문제이다.

해충류의 분포권을 생태학적 측면에서 구분하거나 대발생으로 인한 피해를 예측할 때는 각 계통들의 지역조건에 대한 적응문제나 그들이 생리학적 특성의 차이를 충분히 고려해야 하겠다.

이런 자료를 바탕으로 생각할 때 해충류의 생물적 방제에 이용되는 기생 곤충류나 포식자에 대한 현재의 기후순화 방법에 대한 재검토의 필요성이 있겠다. 외국으로부터 천적류를 도입할 때 뿐 아니라 그들의 분포권내에서의 이식 시 실패하는 이유 중 중요한 것의 하나가 기후조건의 계절적 변동이나 광조건의 지역적 특성에 대한 각 종의 적응특성이 고려되어 있지 않은 데에 있는 것이다.

끝으로 종내 분화에 관한 지식은 생태학적 입장에서 볼 때 외국으로부터의 해충류의 침입경로나 그의 침입지역에서의 피해정도를 가늠하는 데에도 도움이 되는 것이다.

생리생태학적 방법과 야외 연구를 병행하면 이와 같은 중요한 문제의 해결이 가능할 것이다.

역자 후기

이 책은 소련의 A. S. Danilevskii(Leningrad 대학교, 동물학과 교수)의 저서(1961)의 영역본 "Photoperiodism and Seasonal Development of Insects"(J. Johnston 1965, Oliver and Boyd)를 번역한 것으로 일역본 "昆蟲の光周性"(日高敏隆, 正木進三, 공역, 1965, Tokyo 대학교, 출판부)도 참고로 하였다.

곤충류의 생활환은 극히 다양하여 종에 따라 연간 발생 세대 수가 다르고 같은 종에서도 생활사 발육단계에 따라 생활양식에도 차이가 있으나 활발한 활동을 하는 시기와 생장이나 발육이 정체 또는 완전히 정지되는 휴지 또는 휴면기가 있다. 휴면은 불리한 환경조건에서 일어나는 고로 활동기와는 다른 특별한 특성을 갖고 있다.

잘 알려져 있는 바와 같이 휴면기의 곤충류는 저온이나 고온 또는 건조와 같은 불리한 환경조건에 대한 저항성이 활동기의 것들에 비하여 특별히 큰 것이 보통이다. 그 뿐만 아니라 휴면은 생활환의 진행을 환경조건의 계절적 변화와 동기화시켜 생활사의 각 발육단계가 유리한 환경조건일 때에 출현하도록 하는 생활사 진행의 조절 문제와도 밀접한 관계가 있다.

휴면은 일차적으로 광 조건에 의하여 유기되고 진행되나 그것의 유기나 "휴면 발육"은 온도나 영양조건 기타의 영향을 받는다. 이 책은 이와 같은 휴면 현상의 생물학적 특성을 설명하고 그의 종내 변이를 지역 개체군의 특성과 관련시켜 논하여 곤충류 생활환의 계절성 분야 연구에 중요한 출발점이 되었다.

곤충류의 휴면발육단계는 종에 따라 정해져 있는 것이 보통이다. 그러나 그것은 알, 유충, 번데기 그리고 성충 등 어느 발육단계에서도 일어난다. 그리고 연간 여러 세대를 거치는 다화성 곤충류에서도 특정 세대의 특성 발육단계에서 휴면한다. 예를 들면 우리나라의 애멸구는 여름철 세대에서는 휴면이 없고 겨울철은 휴면상태의 4령충으로 월동한다. 같은 분류군에 속하는 곤충류는 휴면발육단계가 한 발육단계에 집중되어 있는 경향이 있어 계통학적 특성이 있기는 하나 한 종 내에서 발육단계 간에 불리한 환경조건에 대한 저항성에는 큰 차이가 없는 것이 보통이다. 따라서 이것은 휴면이 불리한 환경조건에 대한 적응성과 관련이 있는 것은 사실이나 또 다른 적응적 의의의 존재를 뜻하는 것이다.

더욱이 휴면은 불리한 환경조건이 도래하기 이전의 환경조건의 자극에 의하여 유도되며 휴면기간 중의 "발육"은 활동기의 환경조건에 대한 것과는 다르다. 예를 들면 누에의 휴면난은 일정기간 저온을 겪어야만 휴면에서 깨어날 수 있고 이런 저온을 겪지 않은 알은 부화하지 못한다.

이 책이 출간된 지 50여 년이 경과하여 현재에는 광수용기, 광주기의 계기와 축적, 뇌신경 분비나 기타의 내분비기관과 휴면생리 그리고 실용적 문제 등에 관한 많은 연구가 있어 극미의 분자수준의 현상과 일장의 일주기 변화나 계절적 변화와 같은 천문학적 현상의 연결고리 실체가 상당히 많이 밝혀지고 있다.

자연계에서 생산자가 무생물계와 생물계들 에너지와 물질의 도입을 통하여 연결하고 있는데 반하여 휴면은 불리한 환경조건에 대한 보다 큰 저항성으로 생존을 이어가게 하고 무생물적 환경의 일주 또는 계절적 변화에 생물의 활동기와 휴면기를 동기화 시키는 역동적 기능을 갖고 있는 것이다. 또 이와 같은 휴면의 생활사 조절 기능은 생식격리나 종 분화 같은 진화문제와도 깊은 관계가 있어 분자생물학에서부터 진화생물학에 이르는 광범위한 것으로 이 책은 이와 같은 광범위한 연구에 대한 중요한 출발점이 되었다. 특히 우리나라와 같이 자연사(Natural History) 시대 없이 근대적인 생물학(Biology) 시대를 맞은 경우에는 이 책에서 제시하고 있는 생물학적 현상에 대한 접근양식을 깊이 음미해 볼 필요가 있겠다고 생각한다.

부 록

* 일장 반응이 연구된 곤충류와 응애류
L=장일형 ; S=단일형 ; M=정일형 ; N=중립형 ; LSU=Leningrad 대학 연구실

종 명	휴면 발육단계	반응형	연 구 자
Lepidoptera(나비목)			
Tortricidae(잎말이나방과)			
Laspeyresia molesta Busck, 복숭아순나방	전용	L	Dickson과 Sanders, 1945 Dickson, 1949
Carpocapsa pomonella L. 코드링나방	〃	L	Dickson, 1949
Polychrosis botrana Schift,	번데기	L	Komarova, 1949, 1954
Acalla fimbriana Thnbg.=*lubricana* Mn.	성충	L	Kuznetsov, 1955
Tortrix viridana L.	-	N	LSU
Pandemis corylana F. 치악잎말이나방	유충	L	Danilevskii, 1957a
Pandemis ribeana Hb.	〃	L	Danilevskii, 1956
Capua reticulana Hb.	〃	L	Danilevskii, 1957a
Cacoecia podana Se.	〃	L	Danilevskii, 1956
Cacoecia rosana L.	-	N	LSU
Zygaenidae(알락나방과)			
Harrisina brillians	번데기	L	Smith와 Langston, 1953
Plutellidae(좀나방과)			
Plutella maculipennis Curt. 배추좀나방	-	N	Atwal, 1955
Gelechiidae(뿔나방과)			
Gelechia malvella Hb.	전용	L	LSU
Pyralidae(명나방과)			
Chilo suppresalis Wlk. 이화명나방	유충	L	Inouye와 Kamano, 1957
Plodia interpunctella Hb. 화랑곡나방	전용	L	Danilevskii, 1956
Loxostege sticticalis L.	〃	L	〃
Loxostege verticalis L.	〃	L	〃
Pyrausta nubilalis Hb. 조명나방	〃	L	Mutchmor와 Beckel, 1958, 1959 ; Mutchmor, 1959 ; Beck와 Hanec, 1960
Pieridae(흰나비과)			
Aporia crataegi L. 상제나비	-	N	Maslennikova, 1958
Pieris brassicae L.	번데기	L	Danilevskii와 Geispits, 1948 ; Geispits, 1953 ; Doskočil, 1956a ; Masslennikova, 1958, 1959 ; Bünning과 Joerrens, 1959 ; Danilevskyii와 Goryshin, 1960

종 명	휴면 발육단계	반응형	연 구 자
Pieris rapae L. 배추흰나비	번데기	L	Danilevskii, 1956
Pieris napi L. 줄흰나비	〃	L	LSU
Papilionidae(호랑나비과)			
Papilio podalirius L.	〃	L	Wohlfahrt, 1957
Nymphalidae(네발나비과)			
Araschnia levana-prorsa L.	번데기, 계절형	L	Danilevskii, 1948 ; Müller, 1955a, 1955c, 1956, 1957b, 1959
Vanessa io L.	성충	L	LSU
Sphingidae(박각시과)			
Sphinx ligustri L. 줄홍색박각시	-	N	LSU
Smerinthus ocellatus L.	번데기	L	Danilevskii, 1956, 1957a
Smerinthus populi L.	〃	L	〃
Notodontidae(재주나방과)			
Lophopteryx camelina L.	번데기	L	LSU
Pygaera pigra Hufn.	〃	L	Danilevskii, 1948
Geometridae(자나방과)			
Abraxas miranda Butl. 버드나무얼룩가지나방	번데기	S	Masaki, 1957a, 1958
Bombycidae(누에나방과)			
Bombyx mori L. 누에나방	배자	S	Kogure, 1933
Attacidae(산누에나방과)			
Antheraea pernyi Guer. 산누에나방 다화형	번데기	L	Tanaka, 1944~53 ; Andrianova, 1948 ; Belov, 1951
A. pernyi 1화형	번데기	S	Danilevskii와 Geispits, 1948
Lasiocampidae(솔나방과)			
Dendrolimus pini L.	유충	L	Geispits, 1949, 1953, 1957
Dendrolimus sibiricus Ischtv.	〃	L	LSU
Cosmotriche potatoria L.	유충발육 속도	L	Kuznetsova, 1955
Lymantriidae(독나방과)			
Orgyia antiqua L.	배자	L	Doskočil, 1956, 1957a, 1957b
Euproctis similis Fuessl. 흰독나방	유충	M	Geispits, 1953 Kuznetsova, 1955
Euproctis chrysorrhoea L.	〃	M	〃
Leucoma salicis L. 꼬마버들독나방		M	〃
북방형	〃		
〃 남방형	〃	L	LSU

종 명	휴면 발육단계	반응형	연 구 자
Dasychira pudibunda L.	발육속도 탈피회수	S	Geispits, 1953
	-		
Lymantria dispar L. 집시나방		N	LSU
Arctiidae(불나방과)			
Arctia caia L. 불나방	유충	L	LSU
Arctia aulica L.	〃	L	〃
Arctia villica L.	-	N	〃
Parasemia plantaginis L.	유충		Danilevskii와 Goryshin, 1960
Spilosoma menthastri Esp.	번데기	L	Danilevskii, 1957a, 1957b
Spilosoma lubricipeda L. 배점무늬불나방	〃	L	LSU
Hypantria cunea Dr. 미국흰불나방	〃	L	Jermi와 Springer, 1955
Lithosia grisëola Hb.	유충	L	LSU
Cymbidae(나무껍질밤나방과)			
Hylophila prasinana L.	번데기 (계절형)	L	LSU
Noctuidae(밤나방과)			
Acronycta rumicis L. 배저녁나방	번데기	L	Danilevskii, 1948, 1956, 1957a, 1957b ; Danilevskii와 Glinyanaya, 1949, 1950 ; Goryshin, 1955 ; Geispits, 1957 ; Danilevskii와 Goryshin, 1960
Acronycta megacephala F.	번데기	L	Danilevsky, 1957a
Acronycta leporina L. 흰저녁나방	〃	L	〃
Acronycta psi L. 북방저녁나방	〃	L	〃
Demas coryli L.	〃	L	〃
Barathra brassicae L. 도둑나방	〃	L	Way, Hopkins와 Smith, 1949 ; Matsumoto, Santa와 Otụka, 1953 ; Otuka와 Santa, 1955 ; Uchida와 Masaki, 1954 ; Masaki, 1956a, 1957b
Polia oleracea L.	번데기	L	Way, Hopkins와 Smith, 1949 ; Way와 Hopkins, 1950
Polia contigua Uill.	〃	L	LSU
Polia dissimilis Kn.	〃	L	Danilevskii, 1956
Trachea atriplicis L. 메밀거세미나방	〃	L	LSU
Athetis ambigua F.	유충	L	〃
Agrotis C-nigrum L.	〃	L	Danilevskii, 1956
Agrotis triangulum Hufn.	발육	S	LSU
Agrotis puta Hb.	-	N	〃

종 명	휴면 발육단계	반응형	연 구 자
Agrotis segetum Schift. 거세미나방	유충발육 속도	L	LSU
Agrotis occulta L.	〃	L	〃
Agrotis saucia Hb.	〃	L	〃
Chloridea obsoleta F.	번데기	L	Goryshin, 1953, 1958b ; Manuilova, 1958 ; Komarova, 1959
Chloridea dipsacea L.	〃	L	Goryshin, 1953, 1958b
Chloridea peltigera Schift.	-	N	〃
Melicleptria scutosa Schift.	번데기	L	〃
Diptera(파리목)			
Culicidae(모기과)			
Anopheles maculipennis messeae Fall.	성충(우)	L	Danilevskii, 1956 ; Danilevskii와 Glinyanaya, 1958 ; Vinogradova, 1958, 1960
A. m. sacharovi Fevre	지방체 축적	L	Khodukin과 Lisova, 1954
A. m. atroparvas Thiel	성충(우)	L	Vinagradova, 1960
Anopheles hyrcanus Pall.	〃	L	〃
Anopheles superpictus Gr.	〃	L	〃
Anopheles pulcherrimus Th.	유충발육 속도	L	〃
Anopheles bifurcatus L.	유충	L	Khodukin과 Lisova, 1953
Anopheles barberi Coq.	〃	L	Baker, 1935
Culex pipiens pipiens L. 빨간집모기	성충(우)	L	Tate와 Vincent, 1936 ; Danilevskii와 Glinyanaga, 1958 ; Vinogradova, 1958, 1960
C.p. *molestus* Forsk.	-	N	Vinegradova, 1960 Love와
Aedes triseriatus Say	유충	L	Whalchel,1955; Baker,1935.
Tendipedidae(깔다구과)			
Metriocnemus knabi Coq.	유충	L	Paris와 Jenner, 1959
Heleidae(등에모기과)			
Culicoides guttipennis Coq.	〃	L	Baker, 1935
Muscidae(집파리과)			
Musca domestica L. 집파리	-	N	LSU
Hylemyia brassicae Bouche	번데기	L	Hughes, 1960
Pegomyia hyosciami Pz. 애시금치꽃파리	〃	L	LSU
Larvivoridae(기생파리과)			
Protophormia terraenovae R. D.	성충	L	LSU

종 명	휴면 발육단계	반응형	연 구 자
Hymenoptera(벌목)			
Tenthredinidae(잎벌과)			
Athalia colibri Chr.	전용	L	Stepanova, 1959
Lygaeonematus compressicornis F.	〃	L	Danilevskii, 1956
Braconidae(고치벌과)			
Apanteles glomeratus L.	〃	L	Geispits와 Kyao, 1953 ; Maslennikova, 1958, 1959a
Apanteles spurius Wesm	〃	L	Geispits와 Kyao, 1953
Chalcididae(좀벌과)			
Pteromalus puparum L.	〃	L	Maslennikova, 1958
Trichogramma evanescens Wstw.	유충	L	Maslennikova, 1959b
Neuroptera(풀잠자리목)			
Chrysopidae(풀잠자리과)			
Chrysopa sp.	전용	L	Danilevskii, 1956
Coleoptera(딱정벌레목)			
Chrysomelidae(잎벌레과)			
Leptinotarsa decemlineata Say. 콜로라도잎벌레	성충	L	De Wilde, 1954~1959 ; Jermi와 Saringer, 1955 ; Goryshin, 1956, 1958a ; Węgorek, 1959
Chrysomela fastuosa Se.	〃	L	Danilevskii, 1956
Phaedon cochleariae F.	〃	L	Way, Hopkins와 Smith, 1949
Haltica saliceti Ws.	〃	L	Kuznetsova, 1955
Coccenellidae(무당벌레과)			
Coccinella septempunctata L. 칠성무당벌레	-	N	Hodek, 1958
Homoptera(매미목)			
Jassidae(Cicadellidae)(매미충과)			
Euscelis plebejus Fall.	계절형		Müller, 1954, 1954a, 1956, 1959
Euscelis lineolatus Br.	외부생식기의	-	Müller, 1957b, 1958b
Euscelis ohausi Wg.	구조	-	Müller, 1958b, 1958b
Nephotettix cincticeps Uhler 끝동매미충	체형, 체색		
Delphacidae(멸구과)			
Stënocramus minutus F.	유충, 계절형	L	Kisimoto, 1959a,b
	성충	L	Müller, 1957a, 1958a, 1959

종 명	휴면 발육단계	반응형	연 구 자
Delphacodes strialela Fall. 벼멸구	유충 날개크기	S	Kisimoto, 1956
Psyllidae(나무이류)			
Psylla pyri L.	성충, 계절형	L	Bormemaison과 Missonnier, 1956a,b
Aphididae(진딧물류)			
Aphis forbesi Weed.	단성생식 유성충, 계절적 다형성	-	Marcovitch, 1924
Aphis sorbi Kalt(?)	〃	-	〃
Aphis chloris Koch	〃	-	Wilson, 1938
Aphis fabae Sc. L=*rumicis*	단성생식' 유성형 계절적 다형성	-	Davidson, 1929 De Fluiter, 1924
Capitophorus hippophaes Walk.	〃	-	Marcovitch, 1924
Brevicoryne brassicae L. 양배추가루진딧물	〃	-	Bonnemaison, 1951
Myzus persicae Sulz 복숭아혹진딧물	〃	-	〃
Sappaphis plantaginea Pass	〃	-	〃
Acyrthosiphon pisum Harr.	〃	-	Kenten, 1955
Macrosiphum solanifolii Ptch. (=*euphorbiae* Thom.)	〃	-	Shull, 1928, 1929, 1930 Bonnemaison, 1951
Megoura viviae Buck.	〃	-	Lees, 1959a, 1959b
Orthoptera(메뚜기목)			
Tetrigidae(모메뚜기과)			
Acrydium arenosum	성충	L	Sabrosky, Larsen과 Nabours, 1953
Nomadacris septemfasciata Serv.	〃	L	Norris와 Richards, 1958 ; Norris, 1959
Schistocera gregaria Forsk.	성적성숙	-	Norris, 1957
Odonata(잠자리목)			
Aeschnidae(왕잠자리과)			
Anax imperator	유충	M(?)	Corbert, 1954, 1955, 1956
Acarina(응애목)			
Tetranychidae(응애과)			
Tetranychus urticae Koch 점박이응애	암컷성충	L	Bondarenko, 1950, 1958 ; Lees, 1953a ; Bondarenko와 Kuan Khaiyuan, 1958 Geispits, 1960
Metatetranychus ulmi Koch 사과응애	배자	L	Lees, 1950, 1953a 1953b ; Müller, 1950

종 명	휴면 발육단계	반응형	연 구 자
Metatetranychus bioculatus W. M.	-	N	Geispits, 1960 Lees, 1953a
Ixodidae(진드기과)			
Dermacentor variabilis Say	활동력 휴지	-	Smith와 Cole, 1941

참고문헌

소수의 우쿠라이나어 논문을 포함하고 있으나 모두가 러시아어로된 논문, 러시아어 이외의 쏘련학자논문을 비러어논문에 포함 시켰음. (M; Moscw State; L., Leningrad; MSOU, MOSCOW State University; LSU, Leningrad State University.)

ANDRIANOVA, N. S., 1948. The effect of light on growth and development of the Chinese Oak Silkworm. In the book *Culture of the Chinese Oak Silkworm in the USSR*. Sel'khozgiz, M., 38-47.

ARISTOV, M. T., 1932. Insect pests of the orchard. Sel'khozgiz, M.-L., 90-95.

AVAKYAN, G. D., 1953. New data on the biology of the Satin Moth. *Bull. Acad. Sci. Armen. SSR*, **6**, 10: 83-87.

BABAYAN, A. S., 1958. The biological characteristics of the Mallow Moth (*Pectinophora malvella* Hb.) on cotton plants. *Trans. Agric. Inst. Armen. SSR.* The Mallow Moth and methods of controlling it, 1: 21-48.

BEKLEMISHCHEV, V. N., 1944. Ecology of the Malaria Mosquito. Medgiz, M.

BELOV, P. F., 1951. Studies on the stages of development of the Chinese Oak Silkworm in connection with control of voltinism in it. In the book *The Chinese Oak Silkworm* (Trans. of the sericulture section's conferences on silkworm-breeding in 1949 and 1950). Sel'khozgiz, M., 5-61.

BONDARENKO, N. V., 1950. The effect of a shortened day on the annual cycle of development of the Common Spider Mite. *Rep. Acad. Sci. USSR*, **70**, 6: 1077-1080.

1958. The characteristics of diapause in the Spider Mite (*Tetranychus urticae* Koch.). *Zool. Zh.*, **37**, 7: 1012-1023.

BONDARENKO, N. V., and KUAN KHAI-YUAN', 1958. The characteristics of the onset of diapause in different geographical populations of the Spider Mite. *Rep. Acad. Sci. USSR*, **119**, 6: 1247-1250.

CHESNOKOV, P. G., 1936. The distribution and economic importance of crucifer-leaf-eating pests in vegetable culture. VASKHNIL, L., 3-90.

CHETVERIKOV, S. S., 1940. The selection of the Chinese Oak Silkworm (*Antheraea pernyi* Guer.) for univoltinism. In the book *Selection and Acclimatization of Oak Silkworms*. Sel'khozgiz, M., 16-22.

CHUGUNIN, YA. V., 1939. The results of studies of the Codling Moth in the Crimea. In the book *Trans. of the Crimea Fruit Station*, 1916-1938. M., **2**: 255-282.

DANILEVSKII, A. S., 1940. Experiments in the ecological analysis of the distribution and possibilities of acclimatization of the Tree-of-heaven Silkworm. *Zool. Zh.*, **19**, 1: 26-44.

1946. The significance of the resting stages in the life cycles and distribution of insects. *Sci. Bull. LSU*, **10**: 27-30.

1947. Feeding the Chinese Oak Silkworm on birch. In the book *Yellow Disease in the Bombyx and the Chinese Oak Silkworm.* Sel'khozgiz, M., 126-138.

1948. The photoperiodic reaction of insects in conditions of artificial light. *Rep. Acad. Sci. USSR*, **60**, 3: 481-484.

1949. The dependence of the geographical distribution of insects on ecological characteristics of their life cycles. *Entomol. Obozr.*, **30**, 3-4: 194-207.

1950. The temperature conditions of reactivation of diapausing stages of insects. *Trans. Leningrad Nat. Hist. Soc.*, **70**, 4: 90-107.

1951. The conditions of multi-annual diapause in Lepidoptera. *Entomol. Obozr.*, **31**, 3-4: 386-392.

1956. Photoperiodism as the regulator of seasonal cycles in insects. *N. A. Kholodkovskii Memorial Lectures*, 1954-1955. Acad. Sci. USSR, M.-L., 32-55.

1957a. Photoperiodism as a factor in the formation of geographical races of insects. *Entomol. Obozr.*, **36**, 1: 6-27.

1957b. Seasonal rhythms and intraspecific geographical differentiation in insects. *Bull. LSU*, **21**: 93-105.

DANILEVSKII, A. S., and K. F. GEISPITS, 1948. The effect of the daily periodicity of light on seasonal cycles of insects. *Rep. Acad. Sci. USSR*, **59**, 2: 237-240.

DANILEVSKII, A. S., and E. I. GLINYANAYA, 1949. The effect of the relation between the dark and light periods of the day on insect development. *Rep. Acad. Sci. USSR*, **68**, 4: 785-788.

1950. The effect of the rhythm of light and temperature on the onset of diapause in insects. *Rep. Acad. Sci. USSR*, **71**, 5: 963-966.

1958. The dependence of the gonotrophic cycle and imaginal diapause in bloodsucking mosquitoes on changes in day-length. *Sci. Mem. of LSU*, **240**: 34-51.

DANILEVSKII, A. S., and N. I. GORYSHIN, 1960. The relation between temperature and light conditions in regulating diapause in insects. *Trans. Peterhof Biol. Inst.*, LSU, **18**: 147-168.

DETINOVA, T. S., 1945. The effect of internal secretions on the maturation of sex organs and imaginal diapause in the common malaria mosquito. *Zool. Zh.*, **24**, 5: 291-298.

DOLIDZE, G. V., 1957a. Studies of the most important cabbage-head pests and the improvement of methods of controlling them in

Eastern Georgian conditions. Candidate's thesis. Acad. Sci. Georg. SSR, Tiflis.

1957b. A study of the ecology of the Cabbage Moth (*Barathra brassicae* L.) in Georgia. *Trans. Inst. Plant Protection, Acad. Sci. Georg. SSR*, **12**: 79-100.

1957c. Study of cabbage-head insect pests in Eastern Georgia. *Trans. Acad. Sci. Georg. SSR*, **18**, 1: 83-90.

EMME, A. M., 1953. Some theoretical questions on diapause in insects. *Usp. sovr. Biol. (Progress in modern Biology)*, **35**, 3: 395-424.

GEISPITS, K. F., 1949. Light as a factor regulating the developmental cycle of the Pine Moth. *Rep. Acad. Sci. USSR, new ser.*, **68**, 4: 781-784.

1953. The reaction of univoltine Lepidoptera to day-length. *Entomol. Obozr.*, **33**: 17-31.

1957. The mechanism of acceptance of light stimuli in the photoperiodic reaction of Lepidoptera larvae. *Zool. Zh.*, **36**, 4: 548-560.

1958. The adaptational significance of the photoperiodic reaction and its role in the ecology of the Pine Moth (*Dendrolimus pini* L.). *Sci. Mem. of LSU*, **240**: 21-33.

1960. The effect of the conditions in which preceding generations were reared on the photoperiodic reaction of geographical forms of the Cotton Spider Mite (*Tetranychus urticae* Koch.). *Trans. Peterhof Biol. Inst.*, LSU, **18**: 169-177.

GEISPITS, K. F., and N. N. KYAO, 1953. The effect of the duration of light on the development of some ichneumon flies (Hymenoptera, Braconidae). *Entomol. Obozr.*, **33**: 32-35.

GORYSHIN, N. I., 1953. The ecological analysis of the seasonal cycle of development of the Cotton-boll Worm in northern cotton-growing districts. Candidate's thesis, LSU.

1955. The relation between light and temperature factors in the photoperiodic reaction in insects. *Entomol. Obozr.*, **34**: 9-14.

1956. The photoperiodic reaction in the Colorado Beetle (*Leptinotarsa decemlineata* Say). *Rep. Acad. Sci. USSR*, **109**: 205-208.

1958a. The effect of day-length on the onset of diapause in the Colorado Beetle (*Leptinotarsa decemlineata* Say). In the book *The Colorado Beetle*. Acad. Sci. USSR, M., **2**: 136-149.

1958b. The ecological analysis of the seasonal cycle of development of the Cotton-boll Worm (*Chloridea obsoleta* F.) in the northern areas of its range. *Sci. Mem. of LSU*, **240**: 3-20.

IVANOVA, S. A., 1936. Seasonal changes in the sex glands of animals, and factors inducing them. *Usp. sovr. Biol.* (*Progress in modern Biology*), **5**, 6: 1087-1095.

KAL'BERGENOV, G. K., 1951. The biological and ecological bases for measures of Cabbage Moth control in the conditions of Moscow province. Candidate's thesis, MSU, 1-12.

KARLASH, K. V., 1954. Rozvitok i zhittezdatnist' lyalechok dubovogo shovkopryada zalezhno vid umov zberigannya ikh v osinn'ozimovii period. (In Ukrainian.) In the book *Ekologiya Dubovogo Sholkopryada*. Acad. Sci. Ukrain. SSR, 62-89.

KARPOVA, A. I., 1959. The development and diet of the Corn Borer *Pyrausta nubilalis* Hb. (Lepidoptera, Pyralidae) in new maize-growing districts. *Entomol. Obozr.*, **38**, 4: 724-733.

KHODUKIN, N. I., and A. I. LISOVA, 1953. The effect of the light rhythm on the development of diapausing larvae of *Anopheles bifurcatus* L. *Med. Parasitol. and parasitic Diseases*, **4**: 357-360.

1954. The effect of the light rhythm on fat development in *Anopheles maculipennis sacharovi* Fav. *Trans. Inst. Zool. Parasitol., Acad. Sci. Uzbek SSR*, **3**: 31-35.

KLEMENTS, A. K., 1958. The Cabbage Moth and measures for its control. *Trans. Sci-prod. Conf. on protection of plants from pests and diseases in the south-east.* Saratov Book Publ., 119-128.

KOMAROVA, O. S., 1949. Factors inducing diapause in the Grape Berry Moth. *Rep. Acad. Sci. USSR*, **68**, 4: 789-792.

1954. The life cycle and conditions of development of the Grape Berry Moth (*Polychrosis botrana* Schiff.). *Zool. Zh.*, **33**, 1: 102-113.

1959. The formation of wintering stock and pupal diapause in the Cotton-boll Worm. *Entomol. Obozr.*, **38**, 2: 352-361.

KONAKOV, N. N., 1927. The biology of flight of moths, from syrup-trap data at the Ramonskaya selection station in 1926. *Sb. SSU, Izd. Sort. sem. upr. sakharotresta.* Kiev, **2**, (10): 77-79.

KOVAL'SKAYA, T., 1958. The effect of the physiological state of the Colorado Beetle (*Leptinotarsa decemlineata* Say), at the time of entering hibernation, on the duration of diapause and mortality during hibernation. In the book *The Colorado Beetle.* Acad. Sci. USSR, M., **2**: 66-73.

KOZHANCHIKOV, I. V., 1935a. The role of anaerobic processes in larval diapause of some members of the Pyralidae. *Rep. Acad. Sci. USSR*, **2**, 3-4: 322-327.

1935b. Experimental investigations on the effect of temperature on the development of the Beet Webworm. *Zasch. Rast.* (*Plant Protection*), **7**: 44-63.

1936. The significance of ecological factors in the distribution of the Cabbage White Butterfly *Pieris brassicae* L. *Zashch. Rast.* (*Plant Protection*), **11**: 40-57.

1937a. The growth and physiological state of insects in relation to the influence of ecological factors. *Zool. Zh.*, **16**, 1: 88-106.

1937b. Moths, subfamily Agrotinae. Fauna of the USSR. *Lepidoptera*, **13**, No. 3: 28-63.

1938a. Experiments and observations on the effect of temperature on the development of pupae of the Cotton-boll Worm *Heliothis obsoleta* F. *Zashch. Rast.* (*Plant Protection*), **16**: 27-34.

1938b. The geographical distribution and physiological characteristics of *Pyrausta nubilalis* Hb. *Zool. Zh.*, **17**, 2: 246-259.

1939a. Thermostable respiration as a condition of cold-resistance in insects. *Zool. Zh.*, **18**, 1: 86-98.

1939b. Characteristics of the development of pupae of the Cabbage Maggot (*Hylemyia brassicae* Bouche) in different environmental conditions. *Bull. Adv. course of appl. Zool. and Phytopathol.*, **7**: 5-14.

1939c. The role of the thermal factor in the development and distribution of leaf-eaters (*Phaedon cochleariae* F. and *Gastroidea viridula* Deg.). *Bull. Adv. course of appl. Zool. and Phytopathol.*, **9**: 5-30.

1941. The distribution and annual fluctuation in numbers of Cutworms and Beet Webworms in accordance with temperature and humidity. *Zool. Zh.*, **20**, 1: 30-45.

1948. Hibernation and diapause in Lepidoptera, fam. Orgyidae (Lepidoptera, Insecta). *Bull. Acad. Sci. USSR, Biol. ser.*, **6**: 653-673.

1949. The amplitude of the daily temperature fluctuation as a factor in larval development of the Chinese Oak Silkworm (*Antheraea pernyi* Guer.). *Rep. Acad. Sci. USSR*, **62**, 2: 381-384.

1950a. Tussock Moths (Orgyidae). Fauna of the USSR. *Lepidoptera*, **12**: 1-583.

1950b. The conditions for a change to a new plant diet by the Cabbage Moth (*Barathra brassicae* L.). *Rep. Acad. Sci. USSR*, **73**, 2: 385-387.

1950c. The developmental cycle and geographical distribution of the Winter Moth (*Operophtera brumata* L.). *Entomol. Obozr.*, **31**, 1-2: 178-197.

KRISHTAL', O. P., and O. I. PETRUKHA, 1949. *Shkidniki bobovikh ta zlakovikh roslin.* (In Ukrainian.) Univ. of Kiev, **1**: 236-238.

KUZNETSOV, V. I., 1955. The leafrollers *Peronea lubricana* Mn. and *Peronea fimbriana* Thnbg. as forms of a single species. *Entomol. Obozr.*, **34**: 124-128.

1958. The zonal distribution of Lepidoptera and the formation of a fauna of forest and orchard pests in the mountains of western Kopet-Dagh. *Sci. Mem. of LSU*, **240**: 122-147.

KUZNETSOVA, I. A., 1955. Changes in fatty tissue as a result of the photoperiodic reaction and diapause in insects. *Zool. Zh.*, **34**, 3: 532-541.

LADYZHENSKAYA, L. A., 1935. The effects of temperature and humidity on the changes in pupation and the emergence of adults of the Corn Borer. *Zashch. Rast.* (*Plant Protection*), **4**: 79-86.

LARCHENKO, K. I., 1937. The developmental cycle of the fat body in the Beet Webworm and the Cutworm, and its connection with maturation and fertility. *Entomol. Obozr.*, **27**, 1-2: 29-75.

1949. The principles of development and reproduction in the Cutworm (*Agrotis segetum* Schiff.). *Bull. Acad. Sci. USSR, Biol. ser.*, **4**: 470-494.

1955. Diet and diapause in the Colorado Beetle (*Leptinotarsa decem-*

lineata Say). In the book *The Colorado Beetle.* Acad. Sci. USSR, M., 1: 42-59.

1956. The laws of ontogenesis in insects. *Trans. Zool. Inst. Acad. Sci. USSR*, **23**: 5-214.

1958a. The conditions of diet and diapause in the Colorado Beetle (*Leptinotarsa decemlineata* Say). In the book *The Colorado Beetle.* Acad. Sci. USSR, M., 2: 36-52.

1958b. The duration of development in the Colorado Beetle (*Leptinotarsa decemlineata* Say) depending on temperature. In the book *The Colorado Beetle.* Acad. Sci. USSR, M., 2: 81-92.

1958c. Forecasting the dates of development of the Colorado Beetle (*Leptinotarsa decemlineata* Say) in the Polish People's Republic. In the book *The Colorado Beetle.* Acad. Sci. USSR, M., 2: 93-105.

1958d. The phenological dates of development of the Colorado Beetle (*Leptinotarsa decemlineata* Say) and their connection with its distribution and fluctuations in numbers. In the book *The Colorado Beetle.* Acad. Sci. USSR, M., 2: 106-115.

LOBASHEV, M. E., and V. B. SAVVATEEV, 1959. *The physiology of the Daily Rhythm of Animals.* Acad. Sci. USSR, M.-L., 1-259.

LOZINA-LOZINSKII, L. K., 1937. Cold-resistance and anabiosis in Corn Borer larvae. *Zool. Zh.*, **16**, 4: 614-642.

1942. The resistance of insects to freezing. *Priroda* (*Nature*), **3-4**: 65-76.

1952. Viability and anabiosis in animals at low temperature. *Bull. of the P. F. Lesgaft Nat. Hist. Inst.*, **25**: 3-32.

LOZINA-LOZINSKII, L. K., and S. S. SOKOLOV, 1938. Cold-resistance of eggs of *Locusta migratoria. Zool. Zh.*, **17**, 1: 91-101.

LYUI KHUN-SHEN, 1960. The hormonal mechanism of voltinism in the silkworm (*Bombyx mori* L.) Candidate's thesis. Tashkent, Agric. Inst.

MAYR, E., 1947. Systematics and the origin of species. Foreign lit. publ. agency, M., 1-502.

MANUILOVA, T. D., 1958. Some remarks on devising methods of forecasting the numbers of the Cotton-boll Worm. *Coll. sc. Works, Entom. Sect., Cent. Asian Br. of VIZR*, Tashkent, 11-15.

MASLENNIKOVA, V. A., 1958. The conditions determining diapause in the parasitic Hymenoptera *Apanteles glomeratus* L. (Braconidae) and *Pteromalus puparum* (Chalcididae). *Entomol. Obozr.*, **37**, 3: 538-545.

1959a. The relation between the seasonal cycles of geographical populations of *Apanteles glomeratus* L. and its host *Pieris brassicae* L. *Entomol. Obozr.*, **38**, 3: 517-522.

1959b. Hibernation and diapause in *Trichogramma evanescens* Westw. *Bull. LSU*, **3**: 91-96.

MILYANOVSKII, E. S., 1956a. The lepidopterous fauna (Macrolepidoptera) of Abkhazia. *Trans. Zool. Inst. Acad. Sci. Georg. SSR*, **15**: 51-110.

1956b. Reasons for the absence of certain species of Lepidoptera from the Black Sea coast of Abkhazia. *Zool. Zh.*, **35**, 8: 1170-1176.

MKRTUMYAN, K. L., 1958. The role of different food plants in the development of the Mallow Moth in the Armenian SSR. *Trans. Agric. Inst. Armen. SSR.* The Mallow Moth and methods of controlling it. **1**: 69-79.

MONCHADSKII, A. S., 1935. The role of contact moisture after winter diapause in Corn Borer larvae. *Zashch. Rast.* (*Plant Protection*), **3**: 39-50.

NEDOVODIEV, P. F., 1953. Insect pests of cruciferous-vegetable culture in southern districts of Sverdlovsk province. Candidate's thesis, M.

PANTYUKHOV, G. A., 1956. Geographical variations in cold-resistance in several insects. *Zool. Zh.*, **35**, 9: 1312-1324.

1959. Temperature adaptations of geographical forms of several insects. *Thesis report at session IV of All-Union Entom. Soc.* Acad. Sci. USSR, M.-L., **1**: 121-122.

POSPELOV, V. P., 1910. *Post-embryonic Development and Imaginal Diapause in Lepidoptera.* Kiev, 1-248.

RIMSKII-KORSAKOV, M. N., V. I. GUSEV, *et al.*, 1949. *Forest Entomology.* Goslesbumizdat, M.-L., 1-507.

RUBTSOV, I. A., 1941. The influence of temperature and humidity on the development of eggs and larvae of the Cotton-boll Worm. *Bull. Zashch. Rast.* (*Plant Protection*), **1**: 9-19.

SAKHAROV, N. L., 1928. A study of cold-resistance in insects. *Zh. opytn. agronom. Yugo-vost.* (*J. expt. Agronomy in the Southeast*), **6**, 2: 85-104.

SAKHAROV, N. L., 1930 see SACHAROV, N. in the non-Russian list.

SAMYGIN, G. A., 1946. Photoperiodism in plants (review of literature and tables). *Trans. of K. A. Timiryazev Inst. of Plant Physiology*, **3**, 2: 129-162.

SHAPOSHNIKOV, G. KH., 1959. Changes of host and diapause in aphids (Aphididae) in the process of adaptation to the annual cycles of their food plants. *Entomol. Obozr.*, **38**, 3: 483-504.

SHARONOV, V. V., 1945. *Tables for the Calculation of Natural Light and Visibility.* Acad. Sci. USSR, M.-L., 1-198.

SHEL'DESHOVA, G. G., 1956. The biology and ecological characteristics of the Pear Moth (*Carpocapsa pyrivora* Danil.). Candidate's thesis. Zool. Inst. Acad. Sci. USSR, 1-14.

SHIPITSYNA, N. K., 1957a. Characteristic features of the autumn phenological development of *Anopheles maculipennis* in the Soviet Union. In the book *Seasonal Phenomena in the Life of Malaria Mosquitoes in the Soviet Union.* Inst. of Malaria and med. Parasitol., M., 306-333.

1957b. Seasonal periodicity in the life of the malaria mosquito *Anopheles maculipennis* and the importance of studying it for anti-malaria measures in the Soviet Union. In the book *Seasonal*

Phenomena in the Life of Malaria Mosquitoes in the Soviet Union. Inst. of Malaria and med. Parasitol., M., 485-517.

1959. Effect of decrease in daylight on onset of diapause in *Anopheles maculipennis* Mg. *Med. Parasitol. and parasit. Diseases*, **1**: 4-17.

SHUMAKOV, E. M., and L. A. YAKHIMOVICH, 1950. Peculiarities of the embryonic development of the Asiatic locust (*Locusta migratoria* L.) as a result of certain external environmental conditions. *Zool. Zh.*, **29**, 4: 327-340.

STEPANOVA, L. A., 1959. Experimental investigations of the ecology of the Turnip Fly *Athalia colibri* Christ. (Hymenoptera, Tenthredinidae). *Trans. Karel. Br. of Acad. Sci. USSR*, **14**: 138-150.

USHAKOV, B. P., 1956. The heat-resistance of cellular proteins in cold-blooded animals in connection with specific adaptation to the temperature conditions in which they live. *Zh. Obshch. Biol.* (*J. gen. Biol.*), **17**, 2: 154-160.

1958. The conservation of protoplasm of a species in poikilothermal animals. *Zool. Zh.*, **37**, 5: 693-706.

1959a. The heat-resistance of tissues as one of the diagnostic characteristics of species in poikilothermal animals. *Zool. Zh.*, **38**, 9: 1292-1302.

1959b. The mechanism of adaptation in cells of the animal organism. *Tsitologiya* (*Cytology*), **1**, 1: 35-47.

1959c. The physiology of cells and the problem of speciation in zoology. *Tsitologiya* (*Cytology*), **1**, 5: 541-565.

USHATINSKAYA, R. S., 1949. The control of several processes in the bodies of insects at low temperatures. *Rep. Acad. Sci. USSR*, **68**, 6: 1101-1104.

1957. *The Basis of Cold-resistance in Insects.* Acad. Sci. USSR, M., 1-314.

VASIL'EV, V. P., 1951. The ecological conditions of development and the zonal division of the range of the Codling Moth in the Ukrainian SSR. *Coll. works on plant protection, Ukrainian Fruit-growing Inst.* Kiev and Khar'kov, **32**: 4-50.

VENGOREK, V., see WĘGOREK, W.

VINOGRADOVA, E. B., 1958. The photoperiodic reaction in the malaria mosquito (*Anopheles maculipennis messeae* Fall.). *Sci. Mem. of LSU*, **240**: 52-60.

1960. The experimental investigation of ecological factors inducing imaginal diapause in bloodsucking mosquitoes (Diptera, Culicidae). *Entomol. Obozr.*, **39**, 2: 327-340.

WĘGOREK, W., 1958a. The investigation of hibernation in the Colorado Beetle (*Leptinotarsa decemlineata* Say) on the basis of its physiology. In the book *The Colorado Beetle.* Acad. Sci. USSR, M., **2**: 53-65.

1958b. The biology and ecology of the Colorado Beetle (*Leptinotarsa decemlineata* Say) in the Polish People's Republic. In the book *The Colorado Beetle.* Acad. Sci. USSR, M., **2**: 74-80.

1958c. The effect of day-length and quality of food on the biology of the Colorado Beetle (*Leptinotarsa decemlineata* Say). In the book *The Colorado Beetle*. Acad. Sci. USSR, M., **2**: 129-135.

WĘGOREK, W., see also in the non-Russian list for his publications in Polish.

ZOLOTAREV, E. KH., 1938. Summer and autumn diets of larvae of the Chinese Oak Silkworm and their effect on pupal diapause. *Zool. Zh.*, **17**, 4: 662-663.

1940a. Data on the ecology of voltinism in the Chinese Oak Silkworm. *Zool. Zh.*, **30**, 4: 631-645.

1940b. The causes of the onset of pupal diapause in the Chinese Oak Silkworm and methods of controlling it. In the book *Selection and Acclimatization of Chinese Oak Silkworms*. Sel'khozgiz, M., 39-62.

1947. Diapause and development of pupae of the Chinese Oak Silkworm. *Zool. Zh.*, **26**, 1: 539-544.

1948. The biology of pupal diapause in the Chinese Oak Silkworm. In the book *Rearing Chinese Oak Silkworms in the USSR*. Sel'-khozgiz, M., 48-63.

1950a. Some characteristics of the development of the Chinese Oak Silkworm in connection with the occurrence of diapause in its ontogenesis. *Bull. MSU*, **6**: 93-100.

1950b. The development of larvae of the Whitethorn Butterfly (*Aporia crataegi* L.) during hibernation. *Zool. Zh.*, **29**, 2: 152-158.

러시아어 이외의 논문

러시아어 이외의 언어

ANDREWARTHA, H. G., 1943. Diapause in the eggs of *Austroicetes cruciata* Sauss., with particular reference to the influence of temperature on the elimination of diapause. *Bull. entom. Res.*, **34**: 1-17.

1944. The influence of temperature on the elimination of diapause from eggs of the race of *Austroicetes cruciata* Sauss. (Acrididae) occurring in Western Australia. *Aust. J. exp. Biol. med. Sci.*, **22**: 17-20.

1952. Diapause in relation to the ecology of insects. *Biol. Rev.*, **27**: 50-107.

ANDREWARTHA, H. G., and L. C. BIRCH, 1954. *The Distribution and Abundance of Animals*. Chicago.

ARBUTHNOT, K. D., 1944. Strains of the European Corn Borer in the United States. *Techn. Bull. U.S. Dept. Agr.*, **869**: 1-20.

ATWAL, A. S., 1955. Influence of temperature, photoperiod and food on the speed of development, longevity, fecundity, and other qualities of the Diamondback Moth (*Plutella maculipennis* Curtis). *Aust. J. Zool.*, 3 (2): 185-221.

BABCOCK, K. W., 1927a. The European Corn Borer, *Pyrausta nubilalis* Hübn. I. A discussion of its dormant period. *Ecology*, **8**: 45-59.

1927b. The European Corn Borer, *Pyrausta nubilalis* Hübn. II. A discussion of its seasonal history in relation to various climates. *Ecology*, **8**: 177-193.

BAKER, F. C., 1935. The effect of photoperiodism on resting tree-hole mosquito larvae. *Canad. Entom.*, **67**: 149-153.

BECK, S. D., and W. HANEC, 1960. Diapause in the European Corn Borer *Pyrausta nubilalis* Hübn. *J. Ins. Physiol.*, **4**: 304-318.

BENOIT, J., 1950. Reproduction, caractères sexuels et hormones. Déterminisme du cycle sexuel saisonnier. *Traité de Zoologie*, **15**: 384-478.

BIRCH, L. C., and H. G. ANDREWARTHA, 1942. The influence of moisture on the eggs of *Austroicetes cruciata* Sauss., with reference to their ability to survive desiccation. *Aust. J. exp. Biol. med. Sci.*, **20**: 1-8.

BODENHEIMER, F. S., 1926. Ueber die Voraussage der Generationenzahl von Insecten. III. *Angew. Entom.*, **12**: 91.

BONNEMAISON, L., 1951. Contribution à l'étude des facteurs provoquant l'apparition des formes ailées et sexuées chez les Aphidinae. *Ann. Epiphyt.*, **2**: 1-380.

BONNEMAISON, L., et J. MISSONNIER, 1955a. Influence du photopériodisme sur le déterminisme des formes estivales ou hivernales et de la diapause chez *Psylla pyri* L. *C. r. Acad. Sci.*, Paris, **240**: 1277-1279.

1955. Recherches sur le déterminisme des formes estivales ou hivernales et de la diapause chez le psylle du poirier (*Psylla pyri* L.). *Ann. Epiphyt.*: 417-528.

BONNEMAISON, L., 1956. Déterminisme de l'apparition des larves estivales de *Periphyllus* (Aphidine). *C. r. Acad. Sci.*, Paris, **243**: 1166-1168.

BRADLEY, W. G., and K. D. ARBUTHNOT, 1938. The relation of the host physiology to the development of the Braconid parasite *Chelonus annulipes*. *Ann. entom. Soc. Amer.*, **31**: 359-365.

BROWNING, T. O., 1952a. The influence of temperature on the completion of diapause in the eggs of *Gryllulus commodus* Walker. *Aust. J. sci. Res.*, *B*, **5**: 112-127.

1952b. On the rate of completion of diapause development at constant temperatures in the eggs of *Gryllulus commodus* Walker. *Aust. J. sci. Res.*, *B*, **5**: 344-353.

BUCKLIN, D. H., 1953. Termination of diapause in grasshopper embryos cultured in vitro. *Anat. Rev.*, **117**: 539.

BÜNNING, E., and G. JOERRENS, 1959. Versuche zur photoperiodischen Diapauseinduktion bei *Pieris brassicae* L. *Naturwiss.*, **46**, 17: 518-519.

BUTENANDT, A., and P. KARLSON, 1954. Über die Isolierung eines metamorphose-Hormons der Insekten in kristallisierter Form. *Z. Naturf.*, **96**: 389-391.

CHURCH, N. S., 1953. Initiation of post-diapause development and reinstatement of diapause in *Cephus cinctus* Nort. (quoted by LEES, 1955).

1955a. Hormones and the termination and reinduction of diapause in *Cephus cinctus* Nort. *Canad. J. Zool.*, **33**, 5: 339-369.

1955b. Moisture and diapause in the Wheat Stem Saw-fly *Cephus cinctus* Nort. *Canad. Entom.*, **87**, 2: 85-97.

CORBET, P. S., 1954. Seasonal regulation in British dragon-flies. *Nature*, **174**: 655.

1955. A critical response to changing length of day in an insect. *Nature*, **175**: 338-339.

1956. Environmental factors influencing the induction and termination of diapause in the Emperor Dragon-fly *Anax imperator* Leach. *J. exp. Biol.*, **33**, 1: 1-14.

COUSIN, G., 1932. Étude expérimentale de la diapause des insectes. *Bull. Biol., suppl.*, **15**: 1-341.

DAVIDSON, J., 1929. On the occurrence of parthenogenetic and sexual forms in *Aphis rumicis* L. with special reference to the influence of environmental factors. *Ann. appl. Biol.*, **16**, 1: 104-134.

DAWSON, R. W., 1931. The problem of voltinism and dormancy in the Polyphemus Moth (*Telea polyphemus* Cramer). *J. exp. Zool.*, **59**: 87-132.

DICKSON, R. C., 1949. Factors governing the induction of diapause in the Oriental Fruit Moth. *Ann. entom. Soc. Amer.*, **42**: 511-537.

DICKSON, R. C., and E. J. SANDERS, 1945. Factors inducing diapause in the Oriental Fruit Moth. *J. econ. Entom.*, **38**, 5: 605-606.

DOSKOCIL, J., 1954. Příspěvek k poznání diapausy hmyzu. 1. Vliv délky osvětlení na vznik diapausy. *Věstník Československ. zool. Společn.*, **18**, 2: 139-145.

1956. Diapausa u *Orgyia antiqua* L. *Věstník Československ. zool. Společn.*, **20**, 2: 186-187.

1957a. Příspěvek k poznání diapausy hmyzu. 2. Vliv délky osvětlení na vznik diapausy vajíček. *Věstník Českoslov. zool. Společn.*, **21**, 3: 273-283.

1957b. Příspěvek k poznání diapausy hmyzu. 3. Diapausa vajíček *Orgyia antiqua* L. Časopis. *Českoslov. Společn. entom.*, **54**, 3: 213-216.

DUCLAUX, M. E., 1869. De l'influence du froid de l'hiver sur le développement de l'embryon du ver à soie, et sur l'éclosion de la graine. *C. r. Acad. Sci.*, Paris, **69**: 1021-1022.

1871. Études physiologiques sur la graine de ver à soie. *Ann. Chim. Phys. ser. IV*, **24**: 290-306.

1876. De l'action physiologique qu'exercent sur les graines de ver à soie des temperatures inférieures à zéro. *C. r. Acad. Sci.*, Paris, **83**: 1049-1051.

FUKAYA, M., 1950. On the factor inducing the dormancy of the Rice Borer, *Chilo simplex* Butler. *Trans. VIII Internat. Congr. Entom., Stockholm*: 223-225.

FUKUDA, S., 1951a. Alteration of voltinism in the silkworm by decapitating the pupa. *Zool. Mag. Japan*, **60**: 119-121.

1951b. Factors determining the production of non-diapause eggs in the silkworm. *Proc. Imp. Acad. Japan*, **27**, 9: 582-586.

1951c. The production of the diapause eggs by transplanting the suboesophageal ganglion in the silkworm. *Proc. Imp. Acad. Japan*, **27**: 672-677.

1952. Function of the pupal brain and suboesophageal ganglion in the production of non-diapause and diapause eggs in the silkworm. *Annot. Zool. Japan*, **25**: 149-155.

1953a. Determination of voltinism in the univoltine silkworm. *Proc. Imp. Acad. Japan*, **29**, 7: 381-384.

1953b. Determination of voltinism in the multi-voltine silkworm. *Proc. Imp. Acad. Japan*, **29**, 7: 385-389.

1953c. Alteration of voltinism in the silkworm following transection of pupal oesophageal connectives. *Proc. Imp. Acad. Japan*, **29**: 389-391.

GARLICK, W. C., 1948. A five-year field study of Codling Moth larval habits and adult emergence. *Scient. Agric.*, **28**: 273-292.

GOLDSCHMIDT, R., 1934. Limantria. *Bibl. genet.*, **11**: 1-186.

GREVILLIUS, A. Y., 1905. Zur Kenntnis der Biologie des Goldafters (*Euproctis chrysorrhoea*) und der durch denselben verursachten Beschädigungen. *Bot. Zbl., Abt.* 2, Beihefte, **18**: 222-322.

GRISON, P., 1947. Développement sans diapause des chenilles de *Euproctis phaeorrhoea* L. *C. r. Acad. Sci.*, Paris, **225**: 1089-1090.

1949. Effects d'implantation de cerveaux chez le Doriphore (*Leptinotarsa decemlineata* Say) en diapause. *C. r. Acad. Sci.*, Paris, **228**: 428-430.

HAMILTON, A. G., 1936. The relation of humidity and temperature to the development of three species of African locusts—*Locusta migratoria migratorioides, Schistocerca gregaria, Nomadacris septemfasciata. Trans. Entom. Soc., Lond.*, **85**: 1-60.

HASEGAWA, K., 1952. Studies on the voltinism in the silkworm, *Bombyx mori* L. with special reference to the organs concerning determination of voltinism. *J. Fac. Agr. Tottori Univ.*, **1**: 83-124.

1957. The diapause hormone of the silkworm, *Bombyx mori. Nature*, **179**: 1300-1301.

HELLER, J., 1926. Chemische Untersuchungen über die Metamorphose der Insekten. III. Über die „subitane" und „latent" Entwicklung. *Biochem. Z.*, **169**: 208-234.

HINTON, H. E., 1953. The initiation, maintenance and rupture of diapause: a new theory. *Entomologist*, **86**, 12: 278-291.

1957. Some aspects of diapause. *Science Progress*, **178**: 307-320.

HODEK, J., 1958. The influence of temperature, relative humidity and photoperiodicity on the speed of development in *Coccinella septempunctata* L. *Acta Soc. entom. Cechoslov.*, Praga, **55**: 124-141.

HODSON, A. C., and C. J. WEINMAN, 1945. Factors affecting recovery from diapause and hatching of eggs of the Forest Tent caterpillar, *Malacosoma disstria* Hbn. *Techn. Bull. Minn. Agric. Exp. Sta.*, **170**: 1-31.

HUGHES, R. D., 1960. Induction of diapause in *Erioischia brassicae* Bouche (Diptera, Anthomyidae). *J. exp. Biol.*, **37**, 2: 218-223.

INOUYE, H., and S. KAMANO, 1957. The effects of photoperiod and temperature on the induction of diapause in the Rice Stem Borer, *Chilo suppressalis* Walk. *Jap. J. appl. Entom. Zool.*, I: 100-105.

JANISCH, E., and H. MAERCKS, 1933. Licht und Insektenentwicklung. *Z. Morph. Ökol. Tiere*, **26**, 3: 372-384.

JERMI, T., and G. SARINGER, 1955. Die Rolle der Photoperiode in der Auslösung der Diapause des Kartoffelkäfers (*Leptinotarsa decemlineata* Say) und des amerikanischen weissen Bärenspinners (*Hyphantria cunea* Drury). *Acta agron. Acad. sci., Hung.*, **5**, 3-4: 419-440.

JOLY, P., 1945. La function ovarienne et son contrôle humoral chez les Dytiscides. *Arch. Zool. exp. gen.*, **84**: 49-164.

JONES, B. M., 1956a. Endocrine activity during insect embryogenesis. Function of the ventral head glands in locust embryos (*Locustana pardalina* and *Locusta migratoria*). *J. exp. Biol.*, **33**, 1: 174-185.

1956b. Endocrine activity during insect embryogenesis. Control of events in development following the embryonic moult (*Locusta migratoria* and *Locustana pardalina*). *J. exp. Biol.*, **33**, 4: 685-696.

KAISILA, J., 1954. Über das Vorkommen zweier Generationen bei den finnischen Grosschmetterlinge im allgemeinen und besonders im Sommer 1953. *Suom. Hyönteistiettellinen Aikakauskiya*, **20**, 1: 20-40.

KENTEN, J., 1955. The effect of photoperiod and temperature on reproduction in *Acyrthosiphon pisum* (Harris) and on the forms produced. *Bull. entom. Res.*, **46**: 599-624.

KEVAN, D. K., 1944. The bionomics of the Neotropical Cornstalk Borer, *Diatraea lineolata* Wlk. in Trinidad. *Bull. entom. Res.*, **35**: 23-30.

KISIMOTO, R., 1956. Effect of diapause in the fourth larval instar on the determination of wing-form in the adult of Small Brown Planthopper, *Delphacodes striatella* Fallen. *Ōyō-Kontyū*, **12**: 202-210.

1959a. Studies on the diapause in the Planthoppers and Leafhoppers. III. Sensitivity of various larval stages to photoperiod and the forms of ensuing adults in the Green Rice Leafhopper, *Nephotettix cincticeps* Uhler. *Japan. J. appl. Entom. Zool.*, **3**, 3: 200-207.

1959b. Studies on the diapause in the Planthoppers and Leafhoppers. Arrest of development in the fourth and fifth larval stage induced by short photoperiod in the Green Rice Leafhopper, *Nephotettix bipunctatus cincticeps* Uhler. *Japan. J. appl. Entom. Zool.*, **3**, 1: 49-54.

KLEIN, H. Z., 1932. Studien zur Ökologie und Epidemiologie der Kohlweißlinge. I. Der Einfluss der Temperatur und Luftfeuchtigkeit auf Entwicklung und Mortalität von *Pieris brassicae*. *Z. wiss. Insektenbiol.*, **26** : 395-448.

KOGURE, M., 1933. The influence of light and temperature on certain characters of the silkworm—*Bombyx mori. J. Dept. Agr. Kyushu Univ.*, **4**: 1-93.

KOT, J., 1958. Możliwości adaptacji gasienic owocówki jabłokówki (*Carpocapsa pomonella* L.) do pólnocnych warunków zimøwania. *Ekologia Polska, ser. B*, **4**, 2: 173-176.

KOZANTSCHIKOW, I. W. (=KOZHANCHIKOV, I. V.), 1938c. Physiological conditions of cold-hardiness in insects. *Bull. entom. Res.*, **29**, 3: 253-262.

KOZHANCHIKOV, I. V., see also in the Russian List.

KÜTHE, K., 1937. Zur Biologie und Bekämpfung des Apfelwicklers (*Carpocapsa pomonella*). *Z. angew. Entom.*, **24**, 1-4: 129-144.

LE BERRE, J. R., 1953. Contribution à l'étude biologique du criquet migrateur des Landes (*Locusta migratoria gallica* Rem.). *Bull. Biol. France Belg.*, **87** : 227-273.

LEES, A. D., 1950. Diapause and photoperiodism in the Fruit Tree Spider Mite (*Metatetranychus ulmi* Koch.). *Nature*, **166** : 874-875.

1953a. Environmental factors controlling the evocation and termination of diapause in the Fruit Tree Red Spider Mite *Metatetranychus ulmi* Koch. *Ann. appl. Biol.*, **40** : 449-486.

1953b. The significance of the light and dark phases in the photoperiodic control of diapause in *Metatetranychus ulmi* Koch. *Ann. appl. Biol.*, **40**, 3: 487-497.

1954. Photoperiodism in Arthropods. *Proc. I Internat. Photobiol. Congr.*, Amsterdam: 36-45.

1955. The physiology of diapause in arthropods. *Cambridge Monogr. exper. Biol.*, **4**: 1-151.

1956. The physiology and biochemistry of diapause. *Ann. Rev. Entom.*, **1** : 1-16.

1959a. Photoperiodism in insects and mites. In the book *Photoperiodism and Related Phenomena in Plants and Animals*. Ed. R. B. Withrow, Washington: 585-600.

1959b. The role of photoperiod and temperature in the determination of parthenogenetic and sexual forms in the aphid *Megoura viciae* Buckton. I. The influence of these factors on apterous virginoparae and their progeny. *J. Inst. Physiol.*, **3**: 92-117.

LOVE, G. J., and J. G. WHELCHEL, 1955. Photoperiodism and the development of *Aedes triseriatus. Ecology*, **36**, 2: 340-342.

MAERCKS, H., 1934. Untersuchungen zur Ökologie des Kohlweisslings (*Pieris brassicae* L.). Die Temperaturreaktionen und das Feuchtigkeitoptimum. *Z. Morph. Ökol. Tiere,* **28** : 692.

MARCHAL, P., 1936. Recherches sur la biologie et le développement des Hyménoptères parasites: Les Trichogrammes. *Ann. Epiphyt.,* **2** : 447-550.

MARCOVITCH, S., 1923. Plant lice and light exposure. *Science,* **58** : 537-538.

1924. The migration of the Aphididae and the appearance of the sexual forms as affected by the relative length of daily light exposure. *J. agric. Res.,* **27** : 513-522.

MASAKI, S., 1956a. The local variation in the diapause pattern of the Cabbage Moth, *Barathra brassicae* L., with particular reference to the aestival diapause. *Bull. Fac. Agric. Mie Univ.,* **13**: 29-46.

1956b. The effect of temperature on the termination of pupal diapause in *Barathra brassicae* L. *Japan. J. appl. Zool.,* **21**, 3: 97-107.

1957a. Ecological significance of diapause in the seasonal cycle of *Abraxis miranda* Btl. *Bull. Fac. Agric. Mie Univ.* **15**: 15-24.

1957b. Larval sensitive stage for the action of external factors controlling the occurrence of diapause in the Cabbage Moth pupa, *Barathra brassicae* L. *J. Fac. Agric. Hokkaido Univ.,* **50,** 3: 197-210.

1957c. Further experiments on the thermal relations of the Cabbage Moth pupa, *Barathra brassicae* L. *J. Fac. Agric. Hokkaido Univ.,* **50**, 3: 211-224.

1958. The response of a 'short-day' insect to certain external factors: the induction of diapause in *Abraxis miranda* Butl. *Japan. J. appl. Entom. Zool.,* **2**, 4: 285-294.

MATTHEE, J. J., 1951. The structure and physiology of the egg of *Locustana pardalina* Walk. *Sci. Bull. Dept. Agr. S. Afr.,* **316** : 1-83.

MILLER, L. W., 1950. Factors influencing diapause in the European Red Mite. *Nature,* **166** : 875.

MOROHOSHI, S., 1959. Hormonal studies on the diapause and non-diapause eggs of the silkworm *Bombyx mori* L. *J. insect Physiol.,* **3**, 1: 28-40.

MÜLLER, H. J., 1954. Der Saisondimorphismus bei Zikaden der Gattung *Euscelis* Brullé. *Beitr. Entom.,* **4**, 1: 1-56.

1955a. Die Bedeutung der Tageslänge für die Saisonformenbildung der Insekten, insbesondere bei den Zikaden. *Ber. 7. Wanderversamm. deut. Entom.* Berlin: 102-120.

1955b. Über den Einfluß der Tageslänge auf die Saisonformenprägung von *Euscelis plebejus* Fall. *Verh. deut. zool. Ges.* Tübingen, 1954: 307-316.

1955c. Die Saisonformenbildung von *Araschnia levana*, ein photoperiodisch gesteuerter Diapauseeffekt. *Naturwiss.,* **42**: 134-135.

1956. Die Wirkung verschiedener diurnaler Licht-Dunkel-Relationen auf die Saisonformenbildung von *Araschnia levana*. *Naturwiss.*, **43** : 503-504.

1957a. Über die Diapause von *Stenocranus minutus* Fabr. *Beitr. Entom.*, **7**, 3-4: 203-226.

1957b. Die Wirkung exogener Fartoren auf die zyklische Formenbildung der Insekten, insbesondere der Gattung *Euscelis* Brullé. *Zool. Jahrb. Abt. Syst. Ökol. Geograph. Tiere*, **85**, 4-5: 317-430.

1958a. Über den Einfluss der Photoperiode auf Diapause und Körpergrosse der Delphacide *Stenocranus minutus* Fabr. *Zool. Anz.*, **160**, 11-12: 294-312.

1958b. The taxonomic value of the male genitalia in Leafhoppers in the light of new studies on the seasonal forms of *Euscelis*. *Proc. X. Intern. Congr. Entom.*, **1** : 357-362.

1959. Tageslänge als Regulator des Gestaltwandels bei Insekten. *Umschau*, **2** : 36-39.

MÜLLER, L., and H. KAUTZ, 1939. *Pieris bryoniae* O. und *Pieris napi* L. *Abh. Oesterr. entom. Ver.*, **1**: 1-191.

MUROGA, H. 1951. On the consumption of inhibitory substance in silkworm eggs. *J. seric. Sci. Japan*, **20** : 92 (quoted by LEES, 1955).

MUTCHMOR, J. A., 1959. Some factors influencing the occurrence and size of the midsummer flight of the European Corn Borer, *Ostrinia nubilalis* (Hb.) in south-western Ontario. *Canad. Entom.*, **91** : 798-805.

MUTCHMOR, J. A., and W. E. BECKEL, 1958. Importance of temperature and photoperiod in inducing diapause in the European Corn Borer *Pyrausta nubilalis* (Hb.). *Nature*, **181** : 204.

1959. Some factors affecting diapause in the European Corn Borer *Ostrinia nubilalis* (Lepidoptera, Pyralidae). *Canad. J. Zool.*, **37**: 161-168.

NEISWANDER, C. R., 1947. Variations in the seasonal history of the European Corn Borer in Ohio. *J. econ. Entom.*, **40** : 407-412.

NITSCH, I. P., and F. W. WENT, 1959. The induction of flowering in *Xanthium pensylvanicum* under long days. In the book *Photoperiodism and Related Phenomena in Plants and Animals*. Ed. R. B. Withrow: 311-314.

NORDMAN, A. E., 1954. The geographical distribution in Europe of the migrations of the large white *Pieris brassicae*, and some remarks on their climatological causes. *Notul. entom.*, **34** : 99-106.

NORRIS, M. J., 1957. Factors affecting the rate of sexual maturation of the desert locust (*Schistocerca gregaria* Forsk.) in the laboratory. *Anti-locust Bull.*, **28** : 1-29.

1959. The influence of day-length on imaginal diapause in the Red Locust, *Nomadacris septemfasciata* Serv. *Entom. exp. et appl.*, **2** : 154-168.

NORRIS, M. J., and W. RICHARDS, 1958. Influence of photoperiod on imaginal diapause in Acridids. *Nature*, **181** : 58.

NOVAK, V., 1959. *Insektenhormone*, Prag: 1-283.

OTUKA, M., and H. SANTA, 1955. Studies on the diapause in the Cabbage Army-Worm, *Barathra brassicae* L. III. The effect of the rhythm of light and darkness on the induction of diapause. *Bull. Nat. Inst. Agric. Sci., Tokyo (C)*, **5** : 49-56.

PARIS, O. H., and CH. E. JENNER, 1959. Photoperiodic control of diapause in the Pitcher-plant Midge *Metriocnemus knabi*. In the book *Photoperiodism and Related Phenomena in Plants and Animals*. Ed. R. B. Withrow, Washington: 601-624.

PARSONS, F. S., and G. ULLYET, 1934. Investigations on the control of the American and Red Bollworm of cotton in S. Africa. *Bull. entom. Res.*, **25** : 341-381.

PAYNE, N., 1926. The effect of environmental temperatures upon insect freezing points. *Ecology*, **7** : 99-106.

PAYNE, N. M., 1929. Absolute humidity as a factor in insect cold hardiness with a note on the effect of nutrition on cold hardiness. *Ann. entom. Soc. Amer.*, **22** (4): 601-620.

PEARSON, E. O., and B. L. MITCHELL, 1945. Report on the status and control of pests of cotton in the lower river districts of Nyasaland (quoted by LEES, 1955).

PEPPER, J. H., 1938. The effect of certain climatic factors on the distribution of the Beet Webworm (*Loxostege sticticalis*) in North America. *Ecology*, **19** : 565-571.

PETERSEN, B., 1947. Die geographische Variation einiger fennoskandischer Lepidopteren. *Zool. Bidr. Uppsala*, **26** : 329-531.

1949. On the evolution of *Pieris napi*. *Evolution*, **3**: 269-278.

PICTET, A., 1936. La zoogéographie experimentale dans ses rapports avec la génétique. *Mém. Mus. Hist. natur. Belgique, ser.* 2, **3** : 233-282.

1937. Sur des croissements de races géographiques de Lépidoptère de pays très éloignées *Mitt. Schweiz. ent. Ges.*, **16** : 706-715.

PREBBLE, M. L., 1941. The diapause and related phenomena in *Gilpinia polytoma* (Hartig.). I-V. *Canad. J. Res. (D)*, **19** : 295-454.

PROSSER, C. L., 1955. Physiological variation in animals. *Biol. Rev.*, **30** : 229-262.

1957. The species problem from the view-point of a physiologist. In the book *The Species Problem*. Washington: 339-369.

PUNT, A., 1950. The respiration of insects. *Physiol. comp.*, **2** : 59-74.

RAHM, U. H., 1952. Die innersekretorische Steuerung der postembryonalen Entwicklung von *Sialis lutaria* L. *Rev. suisse Zool.*, **59** : 173-237.

READIO, P. A., 1931. Dormancy in *Reduvius personatus*. *Ann. entom. Soc. Amer.*, **24** : 19-39.

ROBINSON, W., 1928. Relation of hydrophilic colloids to winter hardiness of insects. *Colloid Symposium Monograph*, **5** : 199-218.

ROSSI-ESPAGNET, A., 1957. Alcune osservazioni sul complesso *Culex pipiens* della provincia di Latina. *Rend. Ist. super. Sanità*, **20**, 11: 1045-1049.

ROUBAUD, E., 1928. L'anhydrobiose réactivante dans le cycle évolutif de la Pyrale du mais. *C. r. Acad. Sci.* Paris. **186** : 792-793.

SABROSKY, C. N., J. LARSEN, and R. K. NABOURS, 1933. Experiments with light upon reproduction, growth and diapause in Grouse Locusts (Acridinae, Tetriginae). *Trans. Kansas Acad. Sci.*, **36** : 298-300.

SACHAROV, N., 1930. Studies in cold resistance in insects. *Ecology*, **11** : 505-517.

SACHAROV, N., see also SAKHAROV, N. L., in the Russian List.

SALT, G., 1941. The effects of hosts upon their insect parasites. *Biol. Rev.*, **16** : 239-264.

SALT, R. W., 1947. Some effects of temperature on the production and elimination of diapause in the Wheat Stem Saw-fly, *Cephus cinctus* Nort. *Canad. J. Res. (D)*, **25**, 2 : 66-86.

1949. Water uptake in eggs of *Melanoplus bivittatus* (Say). *Canad. J. Res. (D)*, **27** : 236-242.

1952. Some aspects of moisture absorption and loss in eggs of *Melanoplus bivittatus* Say. *Canad. J. Zool.*, **30** : 55-82.

SANDERSON, E. D., 1908. The relation of temperature to the hibernation of insects. *J. econ. Entom.*, **1** : 56-65.

SCHNEIDER, F., 1950. Die Entwicklung des Syrphidenparasiten *Diplazon fissorius* Grav. in uni-, oligo- und polyvoltinen Wirten und sein Verhalten bei parasitärer Aktivierung der Diapauselarven durch *Diplazon pectoratorius* Grav. *Mitt. Schweiz. entom. Ges.*, **23** : 155-194.

1951. Einige physiologische Beziehungen zwischen Syrphidenlarven und ihren Parasiten. *Z. angew. Entom.*, **33** : 150-162.

SCHNEIDERMAN, H. A., and C. M. WILLIAMS, 1953. The physiology of insect diapause. VII. The respiratory metabolism of the *Cecropia* silkworm during diapause and metamorphosis. *Biol. Bull.*, **105** : 320-334.

SELLIER, R., 1949. Diapause larvaire et macroptérisme chez *Gryllus campestris*. *C. r. Acad. Sci.*, Paris, **228** : 2055-2056.

SERAFIMOVSKI, A., 1954. Ciclus razvića topolinog gubara u okolini Beograda. *Zashchita bila*, Belgrade, **25** : 18-41.

SHULL, A. E., 1928. Duration of light and the wings of the Aphid *Macrosiphum solanifolii*. *Roux' Arch. Entw. Mech.*, **113** : 210-239.

1929. The effect of intensity and duration of light and of duration of darkness, partly modified by temperature upon wing-production of aphids. *Roux' Arch. Entw. Mech.*, **115** : 825-851.

1930. Control of gamic and parthenogenetic reproduction in winged aphids by temperature and light. *Z. indukt. Abstamm. Vererbungslehre*, **55** : 108-126.

1943. Origin of diverse strains of an aphid species within a limited area. *Papers Michigan Acad. Sci., Arts and Letters*, *28 (1942)*, *P. II, Zool.*: 425-431.

SIEGLER, E. H., 1946. Susceptibility of hibernating Codling Moth larvae to low temperatures and the bound-water content. *J. agric. Res.*, **72**, 10: 329-340.

SIMMONDS, F. J., 1948. The influence of maternal physiology on the incidence of diapause. *Phil. Trans. Roy. Soc., B.*, **233**: 385-414.

SLIFER, E. H., 1938. The formation and structure of a special water-absorbing area in the membranes covering the grasshopper egg. *Quart. J. micr. Sci.*, **80**: 437-457.

1946. The effects of xylol and other solvents on diapause in the grasshopper egg, together with a possible explanation for the action of these agents. *J. exp. Zool.*, **102**: 333-356.

SMITH, J., and R. L. LANGSTON, 1953. Continuous laboratory propagation of Western Grape Leaf Skeletonizer and parasites by prevention of diapause. *J. econ. Entom.*, **46**, 3: 477-484.

SMITH, S. C., 1941. A new form of Spruce Saw-fly identified by means of cytology and parthenogenesis. *Sci. Agric.*, **21**: 254-303.

SQUIRE, F. A., 1939. Observations on the larval diapause of the Pink Bollworm, *Platyedra gossypiella* Saund. *Bull. entom. Res.*, **30**: 475-481.

1940. On the nature and origin of the diapause in *Platyedra gossypiella* Saund. *Bull. entom. Res.*, **31**: 1-6.

STEINBERG, D. M., and S. KAMENSKY, 1936. Les prémisses oecologiques de la diapause de *Loxostege sticticalis* L. *Bull. biol. Fr. Bdg.*, **70**, 2: 145-183.

SÜFFERT, F., 1924. Bestimmungsfactoren des Zeichnungsmuster beim Saison-Dimorphismus von *Araschnia levana-prorsa*. *Biol. Zbl.*, **44**: 173-188.

TANAKA, J., 1944. Effect of day-length on hibernation of the Chinese Oak Silkworm (quoted by LEES, 1955).

1950a. Studies on hibernation with special reference to photoperiodicity and breeding of the Chinese Tussar-Silkworm. I. *J. seric. Sci. Japan*, **19**: 358.

1950b. Studies on hibernation with special reference to photoperiodicity and breeding of the Chinese Tussar-Silkworm. II. *J. seric. Sci. Japan*, **19**: 429.

1950c. Studies on hibernation with special reference to photoperiodicity and breeding of the Chinese Tussar-Silkworm. III. *J. seric. Sci. Japan*, **19**: 580.

1951. Studies on hibernation with special reference to photoperiodicity and breeding of the Chinese Tussar-Silkworm. V. *J. seric. Sci. Japan*, **20**: 132.

1953. Genetics of the silkworm, *Bombyx mori*. *Advanc. Genet.*, **5**: 239-317.

TATE, P., and M. VINCENT, 1936. The biology of autogenous and anautogenous races of *Culex pipiens*. *Parasitology*, **28**: 115-145.

THERON, P., 1943. Experiments on terminating the diapause in larvae of Codling Moth. *J. entom. Soc. S. Africa*, **6**: 114-123.

THOMSEN, E. E., 1952. Functional significance of the neurosecretory brain cells and the corpus cardiacum in the female Blow-fly *Calliphora erythrocephala* Meig. *J. exp. Biol.*, **29**: 137-172.

TOWNSEND, M. T., 1926. The breaking-up of hibernation in the Codling Moth larva. *Ann. ent. Soc. Amer.*, **19**: 429-439.

TULESCHKOV, K., 1935. Über Ursachen der Überwinterung der *Lymantria dispar*, L. *monacha* und anderer Lymantriiden im Eistadium. *Z. angew. Entom.*, **22**: 97-117.

UCHIDA, T., and S. MASAKI, 1954. The effect of photoperiod on the induction of diapause in the Cabbage Moth, *Barathra brassicae* L. *Mem. Fac. Agric. Hokkaido Univ.*, **2**, 1: 85-95.

UMEYA, Y., 1926. Experiments of ovarian transplantation and blood transfusions in silkworms, with special reference to the alternation of voltinism (*Bombyx mori* L.). *Bull. seric. Exp. Stat. Chosen*, **1**: 1-27.

UMEYA, L., and C. HARADA, 1955. On the genetic determination of the voltinism of silkworms. *Japan. J. Gen.*, **30**: 158-162.

UVAROV, B. P., 1931. Insects and climate. *Trans. entom. Soc.*, **79**: 1-247.

VANCE, A. M., 1939. Occurrence and responses of a partial second generation of the European Corn Borer in the Lake States. *J. econ. Entom.*, **32**: 83-90.

VANDERZANT, E., and R. REISER, 1956a. Aseptic rearing of the Pink Boll-worm on synthetic media. *J. econ. Entom.*, **49**, 1: 7-10.

1956b. Studies of the nutrition of the Pink Boll-worm using purified casein media. *J. econ. Entom.*, **49**, 4: 454-458.

WAY, M. J., B. A. HOPKINS, and P. M. SMITH, 1949. Photoperiodism and diapause in insects. *Nature*, **164**: 615.

WAY, M. J., and B. A. HOPKINS, 1950. The influence of photoperiod and temperature on the induction of diapause in *Diataraxia oleracea* L. *J. exp. biol.*, **27**: 365-375.

WAY, M. J., P. M. SMITH, and B. A. HOPKINS, 1951. The selection and rearing of leaf-eating insects for use as test subjects in the study of insecticide. *Bull. entom. Res.*, **42**: 331-354.

WĘGOREK, W., see also in the Russian List, for his publications in Russian.

1957a. Badania nad biologią i ekologią stonki ziemniaczanej (*Leptinotarsa decemlineata* Say). *Roczniki nauk rolniczych*, **74-A-2**: 136-185.

1957b. Badania nad zimowaniem stonki ziemniaczanej (*Leptinotarsa decemlineata* Say). *Roczniki nauk rolniczych*, **74-A-2**: 315-338.

1959a. Stonka ziemniaczana (*Leptinotarsa decemlineata* Say). *Prace naukowe Inst. ochr. rośl.*, **1**, 2: 7-178.

1959b. Badania nad pośrednim i bezpośrednim wlywem fotoperiodu na rozwój i fiziologie stonki ziemniaczanej (*Leptinotarsa decemlineata* Say). *Prace naukowe Inst. ochr. rośl.*, **1**, 3: 5-35.

WENT, F. W., 1959. The periodic aspect of photoperiodism and thermoperiodicity. In the book *Photoperiodism and related phenomena in plants and animals*. Ed. R. B. Withrow: 551-564.

WIGGLESWORTH, V. B., 1934. The physiology of ecdysis in *Rhodnius prolixus*. II. Factors controlling moulting and metamorphosis. *Quart. J. micr. Sci.*, **77**: 191-222.

1936. The function of the corpus allatum in the growth and reproduction of *Rhodnius prolixus*. *Quart. J. micr. Sci.*, **79**: 91-121.

1939. Principles of insect physiology. London: 1-434.

1948. The function of the corpus allatum in *Rhodnius prolixus*. *J. exp. Biol.*, **25**: 1-14.

1952a. The thoracic gland in *Rhodnius prolixus* and its role in moulting. *J. exp. Biol.*, **29**: 561-570.

1952b. Hormone balance and the control of metamorphosis in *Rhodnius prolixus*. *J. exp. Biol.*, **29**: 620-631.

1954. The physiology of insect metamorphosis. *Cambridge Monogr. exp. Biol.*, **1**: 1-152.

WILDE, J. DE, 1954. Aspects of diapause in adult insects with special regard to the Colorado Beetle, *Leptinotarsa decemlineata* Say. *Arch. Neerl. Zool.*, **10**: 375-385.

1955. The significance of the photoperiod for the occurrence of diapause in the adult *Leptinotarsa decemlineata* Say. *Proc. I Internat. Photobiol. Congr.*, Amsterdam.

WILDE, J. DE, and H. BONGA, 1958. Observations on threshold intensity and sensitivity to different wave lengths of photoperiodic responses in the Colorado Beetle (*Leptinotarsa decemlineata* Say). *Entom. exp. et appl.*, **1**: 301-307.

WILDE, J. DE, 1958. Perception of the photoperiod by the Colorado potato Beetle (*Leptinotarsa decemlineata* Say). *Prox. X. Internat. Congr. Entom.*, 1956, **2**: 213-218.

1959a. Fotoperiodiciteit bij insecten. *Vakblad Biol.*, **39**, 9: 153-162.

1959b. Endocrine influence on behaviour and reproduction in insects. *Acta Physiol. pharmacol. Neerlandica*, **8**.

WILDE, J. DE, C. S. DUINTJER, and L. MOOK, 1959. Physiology of diapause in the adult Colorado Beetle (*Leptinotarsa decemlineata* Say)—I. The Photoperiod as a controlling factor. *J. ins. Physiol.*, **3**: 75-85.

WILLIAMS, C. B., 1930. *The Migration of Butterflies*. London: 1-475.

1939. The migrations of the Cabbage White Butterfly *Pieris brassicae* L. *Verh. VII Internat. Congr. Entom. Weimar*, **1**: 482-493.

WILLIAMS, C. M., 1946. Physiology of insect diapause: the role of the brain in the production and termination of pupal dormancy in the Giant Silkworm *Platysamia cecropia*. *Biol. Bull.*, **90**: 234-243.

1947. Physiology of insect diapause. II. Interaction between the pupal brain and prothoracic glands in the metamorphosis of the Giant Silkworm, *Platysamia cecropia*. *Biol. Bull.*, **93**: 89-98.

1952a. Physiology of insect diapause. IV. The brain and prothoracic glands as an endocrine system in the *cecropia* silkworm. *Biol. Bull.*, **103**: 120-138.

1952b. Morphogenesis and the metamorphosis of insects. *Harvey Lectures*, **47**: 126-155.

WILSON, F., 1938. Some experiments on the influence of environment upon the forms of *Aphis chloris* Koch. *Trans. Entom. Soc. Lond.*, **87** : 165-180.

WISHART, G., 1947. Further observation on the changes taking place in the Corn Borer population in Western Ontario. *Canad. Entomologist*, **79** : 81-83.

WITHROW, R. B. (edit.), 1959. Photoperiodism and related phenomena in plants and animals. *Proc. Conf. Photoperiodism, 1957.* Washington: 1-203.

WOHLFAHRT, T., 1957. Über den Einfluss von Licht, Futterqualität und Temperature auf Puppenruhe und Diapause des mitteleuropäischen Segelfalters *Iphiclides podalirius* L. *Tagunsber. 8. Wandervers. deut. Entom.*, Berlin, **II** : 6-14.

WRESSELL, H. B., 1952. Increase of the multivoltine strain of the European Corn Borer *Pyrausta nubilalis* Hb. in south-western Ontario. *Ann. Rep. entom. Soc. Ontario*, **83** : 43-47.

ZEEUW, D., 1957. Flowering of *Xanthium* under long-day conditions. *Nature*, **180** : 588.

한국명

학명

[O]

[P]

[R]

[S]

곤충의 광주기성

초판 1쇄 인쇄일 2014년 5월 10일
초판 1쇄 발행일 2014년 5월 25일

저 자 Danilevskii
역 자 현 재 선

편집자 주 성 필

발행자 주 희 완
발행처 아카데미서적

서울특별시 강남구 논현동 117-2
Tel 516-3131 Fax 542-9254
E-mail: aca97@daum.net
Homepage: http://www.academybook.co.kr

＊파본은 교환해 드립니다.

값 25,000원

ISBN 978-89-7616-490-2 (93490)